W0258494

Teubner Studienbücher

Elektrotechnik

Elsner: **Nachrichtentheorie**
Band 1: Grundlagen. 167 Seiten. DM 18,80
Band 2: Der Übertragungskanal. 175 Seiten. DM 18,80

Heumann: **Grundlagen der Leistungselektronik**
2. Aufl. 239 Seiten. DM 28,80

Klein: **Finite Systemtheorie**
VIII, 186 Seiten. DM 26,80

Lautz: **Elektromagnetische Felder**
2. Aufl. 184 Seiten. DM 25,80

Leonhard: **Regelung in der elektrischen Antriebstechnik**
216 Seiten. DM 25,80

Leonhard: **Regelung in der elektrischen Energieversorgung**
196 Seiten. DM 25,80

Leonhard: **Statistische Analyse linearer Regelsysteme**
266 Seiten. DM 24,80

Michel: **Zweitor-Analyse mit Leistungswellen**
219 Seiten. DM 22,80

Profos: **Einführung in die Systemdynamik**
172 Seiten. DM 26,80

Physik

Becher/Böhm/Joos: **Eichtheorien der starken
und elektroschwachen Wechselwirkung**
395 Seiten. DM 34,—

Bourne/Kendall: **Vektoranalysis**
227 Seiten. DM 20,80

Daniel: **Beschleuniger**
215 Seiten. DM 25,80

Großmann: **Mathematischer Einführungskurs für die Physik**
3. Aufl. 288 Seiten. DM 26,80

Heber/Weber: **Grundlagen der Quantenphysik**
Band 1: Quantenmechanik. VI, 158 Seiten. DM 18,80
Band 2: Quantenfeldtheorie. VI, 178 Seiten. DM 19,80

Kamke/Krämer: **Physikalische Grundlagen der Maßeinheiten**
Mit einem Anhang über Fehlerrechnung. 218 Seiten. DM 19,80

Kneubühl: **Repetitorium der Physik**
XVI, 632 Seiten. DM 30,80

Lautz: **Elektromagnetische Felder**
2. Aufl. 184 Seiten. DM 25,80

Lohrmann: **Hochenergiephysik**
2. Aufl. 248 Seiten. DM 28,80

Fortsetzung auf der 3. Umschlagseite

Einführung in die Systemdynamik

Von Dr.-Ing. Paul Profos
Professor em. der Eidg. Technischen
Hochschule Zürich

Mit 81 Bildern und 18 Tafeln

 B. G. Teubner Stuttgart 1982

Prof. Dr.-Ing. Paul Profos

Geboren 1913. Von 1937 bis 1958 Industriepraxis. 1943 Doktorat, 1946 Habilitation. Von 1958 bis 1978 Ordinarius für Meß- und Regeltechnik an der Eidgenössischen Technischen Hochschule Zürich.

CIP-Kurztitelaufnahme der Deutschen Bibliothek

Profos, Paul:
Einführung in die Systemdynamik / von Paul
Profos. – Stuttgart : Teubner, 1982.
   (Teubner-Studienbücher : Maschinenbau,
   Elektrotechnik)
   ISBN 978-3-519-06306-3   ISBN 978-3-663-05851-9 (eBook)
   DOI 10.1007.978-3-663-05851-9

Satz: I. Junge, Düsseldorf

Umschlaggestaltung: W. Koch, Sindelfingen

Vorwort

Dynamische Probleme haben in der Technik schon immer eine Rolle gespielt. So wurde etwa das Schwungrad einer Dampfmaschine bald einmal nach dynamischen Gesichtspunkten ausgelegt. Es zeigt sich auch schon früh bei der Regelung von Kraftmaschinen, daß ohne eine tiefergehende Betrachtung der dynamischen Vorgänge die aufgetretenen Schwierigkeiten nicht zu meistern waren. Auch bei gewissen meßtechnischen Aufgaben, namentlich bei der Schwingungsmessung, waren dynamische Betrachtungen schon lange unerläßlich. Die Beispiele ließen sich vermehren. Trotzdem handelte es sich dabei immer um isolierte Einzelfälle, die jedesmal gesondert bearbeitet wurden ohne den Versuch, Methoden und Ergebnisse in einen weiteren Zusammenhang zu stellen.

Erst in den Vierzigerjahren setzte die Entwicklung der ursprünglich stark fachspezifischen Regeltheorie in Richtung einer quer durch alle technischen Gebiete verlaufenden a l l g e m e i n e n   R e g e l t h e o r i e ein, in Form der K y b e r n e t i k sogar bezogen auf nichttechnische Bereiche. Es hat aber teilweise noch Jahrzehnte gedauert, bis die im Rahmen der allgemeinen Regeltheorie entwickelten Methoden und Konzepte der S y s t e m d y n a m i k auch für die Behandlung analoger Probleme in anderen Gebieten wie z. B. der Meßtechnik, der Schwingungsanalyse usw. herangezogen wurden. Das gilt auch für die Untersuchung nichttechnischer dynamischer Systeme.

Heute kann man im Bereich der Ingenieurwissenschaften (Bauingenieurwesen, Maschinenbau, Verfahrenstechnik, Chemieingenieurwesen, Elektrotechnik etc.) sowie mancher Disziplinen der Naturwissenschaften (Mikrobiologie, Physiologie, Verhaltenswissenschaften etc.) auf die Methoden der Systemdynamik nicht mehr verzichten. Das hat seinen Grund nicht nur in der Allgemeingültigkeit und Leistungsfähigkeit dieser Methoden, sondern auch darin, daß sich dynamische Probleme immer öfter stellen und auch im Einzelfall zunehmend wichtiger werden. So werden z. B. wegen wachsender Anforderungen bezüglich der Schnelligkeit, der Leistung, des spezifischen Energie- und Materialverbrauchs etc. bei Konzeption und Konstruktion technischer Anlagen immer häufiger dynamische Gesichtspunkte maßgebend.

S y s t e m d y n a m i k   i s t   d i e   L e h r e   v o m   V e r h a l t e n   d y n a m i s c h e r   S y s t e m e   u n t e r   d e m   E i n f l u ß   z e i t l i c h   v e r ä n d e r l i c h e r   E i n w i r k u n g e n. Sie dient zunächst der Behandlung spezifisch systemdynamischer Probleme wie etwa der Untersuchung von Schwingungen an Gebäuden, Fahr- und Flugzeugen, Maschinen usw., von Temperaturschwankungen in Bauten, Maschinen und verfahrenstechnischen Apparaten, der Auswirkung von Bedienungseingriffen in Fabrikationsprozesse etc. Sie findet vor allem ausgedehnte Anwendung in der Regelungstechnik und der Meßdynamik, außerdem auch im erweiterten Rahmen der Kybernetik. Das Studium der theoretischen Grundlagen der Systemdynamik vermittelt somit den Zugang zu einer ganzen Reihe von Disziplinen und damit zugleich Verständnis für deren inneren Zusammenhang.

Im vorliegenden Buch werden die fundamentalen Begriffe, Konzepte und Methoden der Systemdynamik dargestellt. Nach einer allgemeinen Einführung in die Problematik im

1. Kapitel werden im 2. Kapitel zunächst die zur Beschreibung von Aktions- bzw. Signalverläufen benutzten mathematischen Hilfsmittel behandelt. Folgerichtig ist das 3. Kapitel dann den verschiedenen Beschreibungsmitteln für das Übertragungsverhalten von dynamischen Systemen gewidmet. Mit den für das grundlegende Verständnis besonders wichtigen Eigenschaften linearer, zeitinvarianter Systeme befaßt sich ausführlich das 4. Kapitel. Gegenstand des letzten Kapitels ist die Lösung der Fundamentalaufgaben der Systemdynamik für den Fall linearer Systeme.

Bei der Darstellung des Stoffes wird vom Grundsatz ausgegangen, daß zuerst einmal die fundamentalen Begriffe, Zusammenhänge und Methoden gründlich verstanden werden sollten, bevor an die Benutzung hochabstrakter mathematischer Hilfsmittel herangegangen wird. „Verstehen" bedeutet für den Ingenieur nicht nur gedankliches Nachvollziehen einer mathematischen Herleitung, sondern vor allem die F ä h i g k e i t, d i e e n t s p r e c h e n d e n Ü b e r l e g u n g e n a u f e i n e p r a k t i s c h e F r a g e - s t e l l u n g a n z u w e n d e n. Es wird daher eine möglichst einfache, anwendungsnahe Darstellung angestrebt, und der Anschaulichkeit und Verankerung in der Physik wird der Vorrang vor formaler Eleganz der mathematischen Behandlung gegeben. Um dem Anfänger den Übergang von der mathematischen Begründung zur praktischen Anwendung zu erleichtern, werden immer wieder absichtlich einfach gewählte Beispiele eingestreut.

Die besonderen Voraussetzungen hinsichtlich der mathematischen Vorkenntnisse des Lesers entsprechen dem üblichen Kenntnisstand von Hochschulabsolventen der anvisierten Fachrichtungen. Sie gehen über Kenntnisse der Behandlung linearer Differentialgleichungen sowie einiger Kapitel aus dem Gebiet der komplexen Analysis (insbesondere Fourier- und Laplace-Transformation) nicht hinaus.

Das Buch wendet sich primär an Maschinen-, Verfahrens- und Chemieingenieure, an Bauingenieure sowie an Elektroingenieure insbesondere der Richtung Energietechnik, mithin an „p r o z e ß o r i e n t i e r t e" I n g e n i e u r e, die sich in der Praxis mit Entwicklung, Bau oder Betrieb von technischen Anlagen wie Kraftwerken, verfahrens- oder fertigungstechnischen Produktionsanlagen, verkehrs- oder transporttechnischen Einrichtungen usw. befassen. Weiterhin sind auch N a t u r w i s s e n s c h a f t e r, namentlich Mikrobiologen, Physiologen und Verhaltenswissenschafter anvisiert. Dabei ist zunächst an die S t u d i e r e n d e n dieser Fachgebiete gedacht, wobei das Buch die im Rahmen ihrer Ausbildung angebotenen einschlägigen Kurse ergänzen soll. Daneben wendet sich das Buch aber auch an die große Zahl der i n d e r P r a x i s T ä t i g e n, welche sich mit Problemen der Systemdynamik auseinandersetz müssen, ohne daß ihnen im Rahmen ihrer Grundausbildung die entsprechenden Basiskenntnisse vermittelt worden wären.

Das Buch ist zunächst mit dem Ziel geschrieben, dem Leser zu einem g r u n d l e g e n - d e n V e r s t ä n d n i s dynamischer Vorgänge in komplexen Systemen zu verhelfen. Darüber hinaus soll es ihn befähigen, mit Hilfe der vermittelten Kenntnisse eine große Vielfalt von einschlägigen p r a k t i s c h e n P r o b l e m e n z u l ö s e n. Schließlich soll der dargebotene Stoff ein solides F u n d a m e n t vermitteln f ü r e i n e w e i - t e r e V e r t i e f u n g i n v e r w a n d t e n G e b i e t e n, insbesondere Meßdynamik und Regeltheorie. Die Erfahrung hat immer wieder bestätigt, daß von solchen sicheren Grundlagen aus der Schritt auch zu hochabstrakten Theorien dann verhältnismäßig leicht getan wird und keine Gefahr besteht, daß dabei die Praxis aus den Augen verloren wird.

Ich möchte nicht unterlassen, Herrn Dipl.-Ing. H. Domeisen für die sorgfältige Durchsicht des Manuskript bestens zu danken. Auch dem Verlag sei für die verständnisvolle Zusammenarbeit der gebührende Dank abgestattet.

Winterthur, im März 1981   P. Profos

Inhalt

Symbolverzeichnis

a	Koeffizient		m	Masse, Richtungsgröße
A	Fläche, Integrationskonstante, Realteil einer komplexen Größe, Querschnitt, Übertragungsmatrix		M	Massenstrom
			n	Ordnungszahl
			N	Zahl der Nullstellen
b	Koeffizient		p	Nullstelle
B	Bandbreite, Koeffizient des Imaginärteils einer komplexen Größe, Übertragungsmatrix		P	Parameter
			q	Pol
			r	Eigenwert
$B\,(x)$	Beschreibungsfunktion		R	Betrag des Frequenzgangs, Radiusvektor
c	Koeffizient			
C	Übertragungsmatrix		Re	Realteil
D	Dämpfungsgrad		s	komplexe Bildvariable, Laplace-Operator
e	Fehler, Koeffizient			
E	Zahl der Extremalstellen		$S\,(x)$	Summenhäufigkeitsfunktion
$E\,(x)$	Fehlerfunktional		$S\,(\omega)$	spektrale Leistungsdichtefunktion
f	Frequenz		t	laufende Zeit
f_g	Grenzfrequenz		T	Beobachtungszeit, Zeitkonstante
f_s	Tastfrequenz		T_0	Periode, Periodendauer
$F\,(i\,\omega)$	Komplexer Frequenzgang		T_s	Tastperiode
$F\,(s)$	Übertragungsfunktion		T_ϕ	Zeitverschiebung eines periodischen Signals
$\mathscr{F}\{\ \ \}$	Operationssymbol der Fourier-Transformation			
			u	Eingangsgröße
g	Erdbeschleunigung		v	Ausgangsgröße
$g\,(t)$	Einheitsimpulsantwort, Gewichtsfunktion		w	Führungsgröße
			x	Variable allgemein, Systemsvariable
h	Hub			
$h\,(t)$	Einheitssprungantwort, Übergangsfunktion		$x\,(i\,\omega)$	Fourier-Transformierte von x
			$x\,(s)$	Laplace-Transformierte von x
$h\,(x)$	Häufigkeitsdichtefunktion		y	Variable allgemein
H	Hurwitz-Determinante, Höhe, Pegelstand		z	Störgröße, Ordnungszahl
i	Einheit der imaginären Zahlen, Ordnungszahl		α	Ausflußzahl, Ordnungszahl, Winkel
j	Ordnungszahl		β	Ordnungszahl, Verhältnis
Im	Imaginärteil		δ	absolute Dämpfung, Konstante
k	Ordnungszahl, Verstärkung		$\delta\,(t)$	Dirac-Funktion, Einheits-Nadelfunktion
l	Ordnungszahl			
L	Länge, Transportweg		Δ	Differenz, Intervall
$\mathscr{L}\{\ \ \}$	Operationssymbol der Laplace-Transformation		$\epsilon\,(t)$	Heavyside-Funktion, Einheits-Sprungfunktion
			ν	Ordnungszahl

π	Ludolf'sche Zahl	ϕ	Phasenwinkel (Signalmodelle)
ρ	spezifische Dichte	$\phi(\tau)$	Korrelationsfunktion
σ	Standardabweichung	ψ	Winkel
τ	Zeitverschiebung	ω	Kreisfrequenz
φ	Phasenwinkel (Frequenzgang)	ω_g	Grenzkreisfrequenz
		ω_E	Eckkreisfrequenz

1 Einführung, Fundamentalbegriffe, Fundamentalaufgaben

1.1 Einführung

In vielen Bereichen der Technik stellt sich immer häufiger die Frage, wie sich ein t e c h n i s c h e s G e b i l d e unter dem Einfluß sich ändernder äußerer Wirkungen verhält. Aus der beliebig großen Zahl solcher Fälle seien einige typische herausgegriffen:

Bautechnik Verhalten von Bauwerken (Brücken, Hochhäuser, Kamine etc.) unter der Wirkung von Windböen, von Erschütterungen durch Verkehr, Maschinen, Erdbeben.

Verkehrstechnik Verhalten von Straßen- und Schienenfahrzeugen beim Passieren von Unebenheiten (Schlaglöcher, Schienenstöße), Verhalten von Flugzeugen oder Schiffen bei Steuereingriffen etc. (Flugsimulatoren).

Energietechnik Steuer- bzw. Regelverhalten von Kraftwerken bzw. ihrer Maschinen und Apparate unter Normalbetrieb oder im Störungsfall.

Verfahrenstechnik, Textiltechnik etc. Steuer- bzw. Regelverhalten von Produktionsanlagen im Normalbetrieb bzw. im Störungsfall.

Fertigungstechnik Verhalten von Werkzeugmaschinen unter dem Einfluß schwingungsanregender Kräfte.

Versorgungstechnik Verhalten von Versorgungsnetzen (Elektrizität, Wasser, Gas) gegenüber Konsumschwankungen bzw. im Störungsfall (Leitungsbruch etc.).

Militärtechnik Verhalten von Zielverfolgungssystemen etc.

Ähnliche Fragen stellen sich aber auch in n i c h t t e c h n i s c h e n B e r e i c h e n. So interessiert etwa die Reaktion ökonomischer, biologischer oder ökologischer Systeme auf Änderungen der Umweltverhältnisse, so z. B. das Verhalten von Kulturen von Mikroorganismen als Folge von Schwankungen der Lebensbedingungen (Temperatur, Sauerstoffkonzentration, pH-Wert etc.). Aber auch im Bereich der Physiologie, der Verhaltenswissenschaften und verwandter Gebiete stellen sich analoge Probleme (z. B. Modelle des Verkehrsflusses).

Der Anlaß zum Stellen solcher Fragen kann verschieden sein. Im Bereich der Technik steht im Vordergrund, daß im Zusammenhang mit dem E n t w u r f die r e c h n e r i s c h e V o r a u s b e s t i m m u n g d e s d y n a m i s c h e n V e r h a l t e n s eines technischen Gebildes immer wichtiger wird. Denn damit können Konzept, Auslegung, Konstruktion gezielt so beeinflußt werden, daß z. B. vorgegebene Eigenschaften erreicht oder innerhalb eines gegebenen Konzepts das bestmögliche Verhalten erzielt wird (Optimierung). Entsprechende Analysen werden auch in nichttechnischen Bereichen, vor allem für prognostische Zwecke, durchgeführt.

A n b e r e i t s e x i s t i e r e n d e n technischen Einrichtungen wird andererseits eine n a c h t r ä g l i c h e d y n a m i s c h e A n a l y s e oft zu dem Zweck vorgenommen, die Ursachen von unbefriedigenden Eigenschaften, von Störungen oder gar Schäden zu finden und damit gezielt Abhilfemaßnahmen treffen zu können.

In technischen und nichttechnischen Bereichen werden dynamische Analysen schließlich nicht selten im Zusammenhang mit der Erforschung unbekannter Systeme durchgeführt, vielfach kombiniert mit experimentellen Untersuchungen.

Mit den grundlegenden Methoden und Hilfsmitteln zur rechnerischen Lösung von Fragen dieser Art befaßt sich das vorliegende Buch.

Um derartige rechnerische Untersuchungen durchführen zu können, müssen vor allem zwei Voraussetzungen erfüllt sein:

1. muß der Verlauf der das System beeinflussenden Einwirkungen in einer für die Rechnung geeigneten Form beschrieben werden, z. B. als mathematische Funktion der Zeit.

2. muß der innerhalb des zu untersuchenden Systems sich vollziehende Prozeß der Wirkungsübertragung in rechnerisch faßbarer Form ausgedrückt werden, z. B. durch ein System von Differentialgleichungen.

Die erstere dieser Beschreibungen wird als Signalbeschreibung oder Signalmodell bezeichnet, die letztere als System- oder Prozeßmodell. Bei beiden handelt es sich um mathematische bzw. numerische, also um abstrakte Modelle[1]).

Vergleicht man nun die aus den verschiedensten Gebieten stammenden Signal- bzw. Prozeßmodelle, so stellt man auffallende formale Ähnlichkeiten fest, die auf eine innere Verwandtschaft der Problemstellungen und damit auch auf die Möglichkeit einheitlicher, universeller Lösungsmethoden hinweist.

Eine solche einheitliche Behandlung bringt sehr wichtige Vorteile. Zunächst wird damit eine viel ökonomischere Bearbeitung möglich. Viel bedeutsamer noch ist aber, daß damit auch ein tieferes Verständnis des Prozeßgeschehens gewonnen und die Möglichkeit der Verallgemeinerung und interdisziplinären Übertragbarkeit grundsätzlicher Ergebnisse geschaffen wird.

In diesem Buche werden Methoden zur Bildung von Signal- und Prozeßmodellen beschrieben, zusammen mit den noch benötigten Hilfsmitteln zur Lösung der einschlägigen Aufgaben. Um die wesentlichen Aspekte dabei nicht durch mathematischen Formalismus zu verdecken und im Hinblick auf den Einführungscharakter des Buches wird ein mittleres theoretisches Niveau eingehalten und gegebenenfalls auf zwar elegantere, aber sehr abstrakte mathematische Hilfsmittel verzichtet. Um ein tieferes Verständnis zu erleichtern, wird die analytische Behandlung bevorzugt, da nur diese zu allgemein gültigen Ergebnissen und Aussagen führt. Der Übergang zu den dem Digitalrechner besonders angepaßten numerischen

---

[1]) im Gegensatz zu den bei Modellversuchen verwendeten physischen Modellen.

M e t h o d e n kann, nachdem einmal ein grundlegendes Verständnis der theoretischen
Zusammenhänge erarbeitet und damit der Überblick gesichert ist, erfahrungsgemäß
ohne große Schwierigkeiten erfolgen. Es wird daher dem Leser überlassen, diesen
Schritt selbständig zu tun. Dies umsomehr, als heute zahlreiche einschlägige Rechen-
programme, zum Teil auch anwendbar für programmierbare Taschenrechner, verfügbar
sind, dank welchen sich die Programmierarbeit stark reduziert.

1.2 Fundamentalbegriffe

Im vorangehenden Abschnitt wurde auf Analogien zwischen verschiedenartigen dynamischen Phänomenen hingewiesen und daraus die Möglichkeit einer einheitlichen rechnerischen Behandlung abgeleitet. Voraussetzung dazu sind allerdings sehr allgemein
anwendbare B e g r i f f e, die zwangsläufig von der jeweiligen materiellen Realisie-
rungsform abstrahieren müssen. In diesem Abschnitt werden einige fundamentale
Begriffe definiert und anhand eines einfachen Beispiels illustriert. Später werden noch
weitere Begriffe benötigt; sie werden dann jeweils nach Bedarf eingeführt.

Als B e i s p i e l wird eine hydraulische Anlage betrachtet (s. Bild 1.1). In einem Überlaufgefäß wird ein konstanter Pegelstand H_0 aufrechterhalten. Durch ein am Gefäß-
boden angeordnetes Ventil mit dem maximalen Öffnungsquerschnitt A_0 kann der
Wasserstrom M_1 durch Verstellen des Ventilhubes h von außen beeinflußt werden. Der
maximale Ventilhub sei h_0, der Zusammenhang zwischen h und M_1 sei linear angenommen.

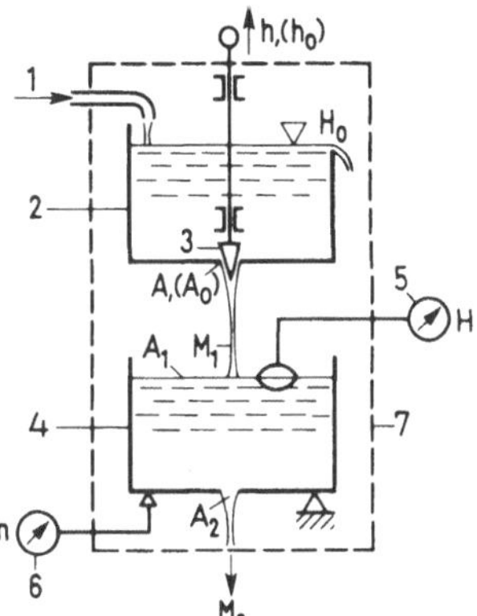

1.1
Technologisches Schema eines hydraulischen Systems.
1 Zufluß, 2 Überlaufgefäß, 3 Ventil, 4 Auslaufgefäß,
5 Pegelstandsanzeige, 6 Inhaltsanzeige (Masse),
7 Systemsgrenze

Der Wasserstrom M_1 ergießt sich nun in das Auslaufgefäß mit dem Querschnitt A_1.
Hierbei stellt sich bei konstantem M_1 ein bestimmter Wasserstand H ein derart, daß
der davon abhängige Abfluß M_2 durch die Bodenöffnung A_2 gerade gleich dem Zulauf M_1 wird. Dem Niveau H entspricht dann jeweils ein Gefäßinhalt m.

Nun besteht nur im Beharrungsfalle eine feste Zuordnung zwischen den Größen h, M_1,
H, m und M_2. Eine Änderung der Ventilstellung h löst, wie man leicht überlegt, d y -

n a m i s c h e V o r g ä n g e aus. Wenn wir der Einfachheit halber annehmen, daß einer sprunghaften Änderung der Ventilstellung h der Wasserstrom M_1 verzögerungsfrei folge, so wird das dynamische Geschehen durch den im Ausflußbehälter sich abspielenden Speichervorgang bestimmt, mit dem eine Anpassung des Abflusses M_2 einhergeht.

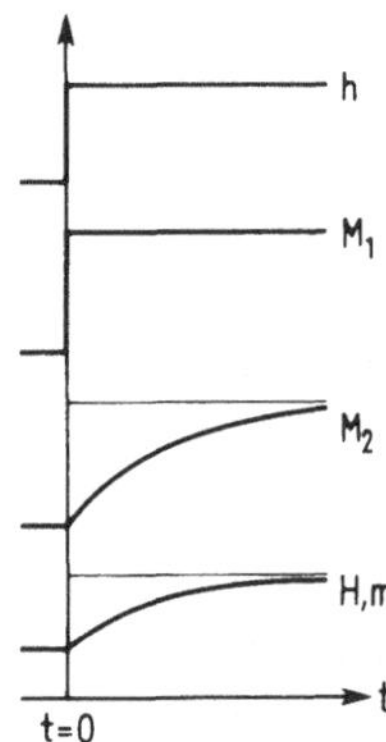

Zunächst nimmt unter dem vergrößerten Zulauf M_1 der Behälterinhalt m und damit auch der Wasserstand H zu, was bewirkt, daß sich auf Grund des Ausflußgesetzes auch M_2 zunehmend vergrößert. Diese inneren Änderungen spielen sich solange ab, bis M_2 den Wert des Zulaufs M_1 erreicht hat und damit ein neuer Beharrungszustand eingetreten ist (s. Bild 1.2).

1.2
Zeitlicher Verlauf der Größen M_1, M_2, H und m bei sprunghafter Änderung von h

Wir stellen also fest, daß eine von außen vorgenommene Änderung der Ventilstellung h einen Prozeß von Anpassungs- bzw. Ausgleichsvorgängen auslöst, wobei sich die Anlagegrößen M_1, m, h und M_2 in bestimmter Weise zeitlich ändern. Wie diese Vorgänge im einzelnen verlaufen, hängt bei gegebener Art der Ventilbewegung von der Ventilkennlinie (h_0, A_0) und der Behältergeometrie (A_1, A_2) ab.

Nun brauchen nicht alle genannten Anlagegrößen für den Betreiber der Anlage von Interesse zu sein. Oft ist etwa der Wasserstand H eine wichtige Betriebsgröße, besonders dann, wenn dieser durch Hinzufügen eines Niveaureglers geregelt werden soll. Der Regler würde dann auf den Ventilhub h einwirken. Mitunter wird H aber auch einfach zur Orientierung des Betriebspersonals angezeigt. – Interessant könnte eventuell auch der Abfluß M_2 sein, z. B. wenn er in einen weiteren Behälter geleitet wird und dort auch Spiegelschwankungen auslöst. – Es könnte schließlich auch nach dem zeitlichen Verlauf des Inhalts m gefragt werden, der z. B. durch Wägung zu erfassen wäre (in Bild 1.1 durch eine auf den Inhalt geeichte Federwaage angedeutet).

Führt man nun an Stelle der nur für dieses Beispiel geltenden Bezeichnungen bzw. Begriffe a l l g e m e i n e , auf beliebige Fälle anwendbare ein, so ergibt sich folgendes:

Wir betrachten ein S y s t e m (hydraulische Anlage), das sich aus einzelnen K o m p o n e n t e n (Überlaufgefäß mit Ventil, Auslaufbehälter) zusammensetzt, die wirkungsmäßig miteinander verknüpft sind. Das System ist gegenüber seiner Umgebung abgegrenzt (s. Bild 1.1).

Dieses System steht unter dem Einfluß äußerer Einwirkungen, d. h. von E i n g a n g s a k t i o n e n bzw. E i n g a n g s g r ö ß e n (Ventilhubverstellung), welche Änderungen von S y s t e m g r ö ß e n (M_1, m, h, M_2) kausal hervorrufen und damit den Systemzustand beeinflussen. Infolge der Kausalität ist der Wirkungssinn eindeutig und

nicht umkehrbar. Dabei beeinflußt eine g e g e n w ä r t i g e Änderung einer Eingangsgröße auch die z u k ü n f t i g e n Werte der Systemgrößen, was bedeutet, daß ein
d y n a m i s c h e s   S y s t e m vorliegt. Einzelne dieser Systemgrößen können nach
außen wirken (z. B. M_2) oder auch von außen beobachtet bzw. gemessen werden (H
oder m). Solche Systemsgrößen oder aus solchen gebildete Größen werden als A u s -
g a n g s g r ö ß e n bezeichnet.

Die Übertragung der Änderung einer Eingangsgröße auf die Systems- bzw. Ausgangsgrößen erfolgt durch den Ü b e r t r a g u n g s p r o z e ß (Speicher- und Auslaufvor-
gang). Dieser wird durch die S t r u k t u r des Systems, d. h. durch die den Übertragungsprozeß beschreibenden physikalischen Gesetze, und durch die in diese eingehen-
den S y s t e m p a r a m e t e r (H_0, h_0, A_0, A_1, A_2) bestimmt.

Im Rahmen der Systemdynamik interessiert der Z u s a m m e n h a n g zwischen den
Verläufen der Eingangs- und der Ausgangsgrößen eines Systems (im Beispiel: Zusammenhang zwischen h (t) und H (t)). Dieser Zusammenhang wird auch als Ü b e r t r a -
g u n g s v e r h a l t e n bezeichnet.

Eingangs-, Systems- und Ausgangsgrößen, also Variable in einem System, welche gerichtet Wirkungen übertragen, werden allgemein auch als S i g n a l e bezeichnet (Signale
im weiteren Sinne). Als Signale im engeren Sinne gelten solche Größen, die I n f o r -
m a t i o n s t r ä g e r sind. Letzterer Signalbegriff ist namentlich für die Meß- und
Regeltechnik von Bedeutung.

Es ist naheliegend und zweckmäßig, zusammen mit verallgemeinerten Begriffen auch
eine von den technischen Einzelheiten der Anlage abstrahierende bildliche Darstellung
des Systems zu verwenden. Dies kann in sehr sinnfälliger Form mit Hilfe des sog.
B l o c k s c h a l t b i l d e s geschehen. Blöcke können ein ganzes System oder geräte-
technische oder funktionsmäßige Komponenten eines solchen versinnbildlichen
(Bild 1.3a, 1.3b). Sie können aber auch mathematische oder logische Operationen
symbolisieren, durch welche Eingangs- und Ausgangsgrößen miteinander verknüpft

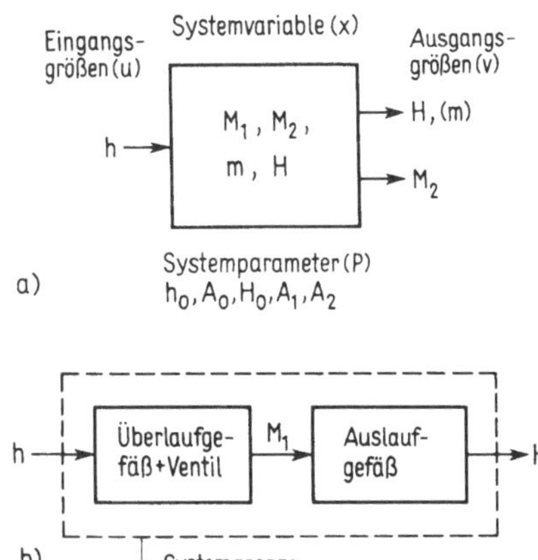

1.3
Blockschemadarstellungen des Systems nach
Bild 1.1
a) Block symbolisiert Gesamtanlage (System)
b) Blöcke symbolisieren die Funktionen von
   Komponenten

werden (Bild 1.3c). In diesem Falle spricht man von einem S i g n a l f l u ß p l a n
oder S t r u k t u r s c h e m a.

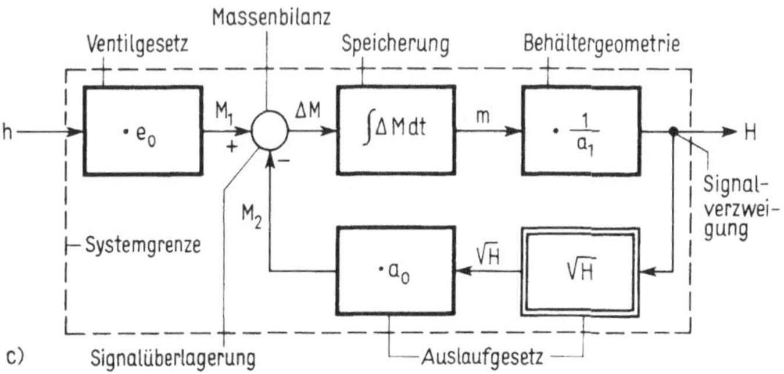

1.3 c) Blöcke symbolisieren mathematische Beziehungen zwischen den einzelnen
       Signalen (Signalflußplan)

Eingangs-, Systems- und Ausgangsgrößen, d. h. Signale, werden im Blockschema als
Linien (Signalpfade) dargestellt, ihr Wirkungssinn wird durch einen Pfeil ausgedrückt.
Signale können sich v e r z w e i g e n, d. h. an mehreren Stellen zugleich ungeschwächt
wirksam werden (s. Bild 1.3c). Oft werden Signale gleicher Art auch ü b e r l a g e r t
(Summen- oder Differenzbildung), was durch ein besonderes Symbol (s. Bild 1.3c)
dargestellt wird.

Im Hinblick auf die zentrale Bedeutung der geprägten Begriffe werden die entsprechenden Definitionen nachfolgend nochmals zusammengestellt.

System Menge von miteinander in gesetzmäßiger Beziehung stehenden Komponenten.
Ein System ist durch eine konkrete oder abstrakte Umgrenzung von seiner Umgebung
getrennt.

Dynamisches System System, dessen innerer Zustand sich unter dem Einfluß von
außen erfolgender Aktionen kausal so verändert, daß eine gegenwärtige Aktion die
zukünftigen Zustände des Systems beeinflußt.

Eingangsaktion Veränderlicher, von der Umgebung auf ein dynamisches System ein-
wirkender ursächlicher Einfluß.

Eingangsgröße (Eingangsvariable) Größe, welche eine Eingangsaktion quantifiziert.

Systemgröße (Systemvariable) Quantifizierte Eigenschaften u/o innere Wirkungen
eines dynamischen Systems, welche als Folge einer Änderung von Eingangsgrößen
variieren und im Systeminnern gerichtet weiter u/o nach außen übertragen werden.

Ausgangsgröße (Ausgangsvariable) Systemgröße, die nach außen wirkt bzw. die von
außen beobachtet wird, oder aus solchen Größen gebildete weitere Größe.

Übertragungsprozeß (Prozeß) Physikalisches u/o informatorisches Geschehen, durch
welches Eingangsgrößen auf die Systemgrößen bzw. die Ausgangsgrößen eines dynamischen Systems wirken.

Übertragungsverhalten Zusammenhang zwischen dem Verlauf der Eingangsgröße(n) und dem dadurch verursachten Verlauf der Ausgangsgröße(n) eines Systems.

Systemparameter (Systemkenngrößen) Feste oder veränderliche Kenngrößen, welche den Übertragungsprozeß quantitativ festlegen.

Struktur eines dynamischen Systems: Art der gesetzmäßigen Verknüpfung der Eingangs-, System- und Ausgangsgrößen.

Signale im weiteren Sinne: Eingangs-, System- und Ausgangsgrößen, d. h. Größen, welche gerichtet übertragen werden.

Signale im engeren Sinne: Größen, durch welche gerichtet Information übertragen wird.

Blockschaltbild Abstrakte graphische Darstellung eines dynamischen Systems.

Signalflußplan Graphische Darstellung der mathematischen Verknüpfungen zwischen Eingangs-, System- und Ausgangsgrößen eines dynamischen Systems.

1.3 Fundamentalaufgaben

In Abschnitt 1.1 wurden bereits aus der Sicht der Praxis beispielhafte Aufgabenstellungen der Systemdynamik genannt. Dabei ging es darum, die Verbindung mit der Anwendung herzustellen, ohne die Absicht einer systematischen Ordnung. Mit Hilfe der in Abschnitt 1.2 definierten Grundbegriffe ist es aber jetzt möglich, sich einen solchen systematischen Überblick über die verschiedenen Arten der auftretenden Fragestellungen zu verschaffen. Damit wird auch zugleich der Vorteil einer verallgemeinerten Betrachtungsweise evident, indem gezeigt wird, daß die in den verschiedensten Anwendungsgebieten auftretenden Probleme sich auf einige wenige fundamentale Aufgabenstellungen zurückführen lassen.

Fast immer liegen in der Praxis dynamische Systeme vor mit mehreren Eingangs- und Ausgangsgrößen. Der Einfachheit halber wird indes hier nur der Fall je e i n e r Eingangs- und Ausgangsgröße unserer Systematik zugrunde gelegt (s. Bild 1.4). Dies ist berechtigt, da das Vorgehen bei diesem einfachsten Fall sich auch auf Systeme mit einer Mehrzahl von Eingangs- u/o Ausgangsgrößen übertragen läßt.

1.4
Blockschema eines Systems mit je einer Eingangs- und Ausgangsgröße (die Formelzeichen u, v entsprechen dem Normentwurf DIN 19 221, April 1979)

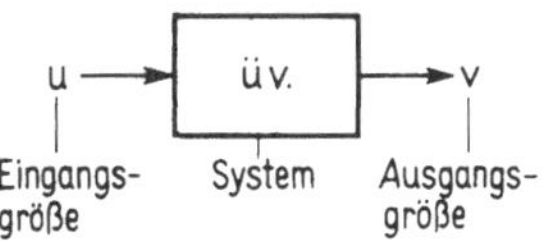

Die fundamentalen Aufgabenstellungen sind in Tafel 1.1 zusammengestellt, mit Hinweisen auf einige besonders typische Anwendungsbeispiele.

Die in der Praxis häufigste Aufgabe ist diejenige der S y s t e m a n a l y s e. Dabei ist das zu untersuchende System gegeben und liegt meist in Form einer Konstruktionszeichnung bzw. eines Anlageplans vor (Projekt- oder Entwurfstadium). Im Zusammenhang mit der Inbetriebnahme oder aufgetretenen Störungen kann das System anderer-

Tafel 1.1 Fundamentalaufgaben der Systemdynamik

Fundamentalaufgabe	Gegeben	Gesucht	Anwendungsbeispiele
1 System-Analyse (Vorwärts-Analyse)	u, ÜV	v	Meßtechnik Steuerungstechnik Regelungstechnik Schwingungen etc.
2 Inverse System-Analyse (Rückwärts-Analyse)	ÜV, v	u	Meßtechnik Steuerungstechnik Nachlaufregelung
3 System-Identifikation	u, v	ÜV	experimentelle Prozeßmodellbildung
4 System-Synthese	u, gewünschte Eigenschaften von v	realisierbares optimales ÜV	Dynam. Prozeß-Optimierung, Meßtechnik, Regelungstechnik etc.

seits auch in Form einer konkreten, betriebsfähigen Anlage gegeben sein. In allen diesen Fällen besteht die Möglichkeit der r e c h n e r i s c h e n S y s t e m a n a l y s e, bei der betriebsfähigen Anlage eventuell — und immer nur in begrenztem Ausmaß — auch die der e x p e r i m e n t e l l e n U n t e r s u c h u n g.

Die zu lösende Fundamentalaufgabe besteht dann darin, aus dem bekannten bzw. vorgegebenen Eingangsgrößenverlauf u und dem ebenfalls als gegeben zu betrachtenden Übertragungsverhalten ÜV des Systems den unbekannten Ausgangsgrößenverlauf zu ermitteln. Diese Art der Fragestellung tritt im Zusammenhang mit sehr vielen und sehr verschiedenartigen Ingenieuraufgaben auf.

Weniger häufig, aber nicht minder wichtig ist die i n v e r s e S y s t e m a n a l y s e. Hier ist die Fragestellung gegenüber vorhin insofern umgekehrt, als jetzt der Ausgangsgrößenverlauf gegeben und nach dem Eingangsgrößenverlauf gefragt ist. Ein klassisches Beispiel für diese Art der Fragestellung liefert die Meßtechnik, wenn es darum geht, aus dem durch dynamische Meßfehler verfälschten Anzeigeverlauf den wahren Verlauf der Meßgröße (gleich Eingangsgröße des Meßsystems) zu rekonstruieren. Aber auch in anderem Zusammenhang stellt sich diese Art von Aufgaben.

Anders geartet ist die Fragestellung bei der S y s t e m i d e n t i f i k a t i o n (auch P r o z e ß i d e n t i f i k a t i o n g e n a n n t). Hier werden die Verläufe von u und v als bekannt (i. a. aus Messungen) vorausgesetzt. Gesucht ist das Übertragungsverhalten ÜV, d.h. praktisch ein mathematisches M o d e l l d e s Ü b e r t r a g u n g s - p r o z e s s e s (P r o z e ß m o d e l l). Diese Art der Fragestellung ist typisch für die e x p e r i m e n t e l l e M o d e l l b i l d u n g.

Eine weitere Art von Fundamentalaufgaben ist diejenige der S y s t e m s y n t h e s e. Sie stellt sich überall dort, wo im systematischen Verfahren ein System nach dynamischen Gesichtspunkten konzipiert und entworfen werden soll. Im Regelfall sind hierbei der Eingangsgrößenverlauf u, der Anfangszustand des Systems sowie Begrenzungen für den Änderungsbereich bestimmter Variablen u/o Parameter vorgegeben, ferner Kriterien zur Bewertung der Güte des Verhaltens des Systems bzw. des Verlaufes von v. Gesucht wird das o p t i m a l e   r e a l i s i e r b a r e   Ü b e r t r a g u n g s v e r h a l t e n des zu synthetisierenden Systems (Struktur und Parameter). Oft wird die Aufgabe auch vereinfacht gestellt derart, daß die Struktur auch noch vorgegeben wird und nur die optimalen Systemparameter zu bestimmen sind.

Voraussetzung für die Lösung aller dieser Fundamentalaufgaben ist, daß sowohl die Signalverläufe (u, v) wie auch das Übertragungsverhalten in einer für die Rechnung geeigneten Weise beschrieben werden können, d.h. als m a t h e m a t i s c h e   M o d e l l e . In den beiden folgenden Kapiteln werden derartige Modelle sowie Methoden zu deren Gewinnung vorgestellt.

2 Signale und deren mathematische Beschreibung – Signalmodelle

2.1 Allgemeine Eigenschaften von Signalen

Der Begriff des Signals ist im 1. Kapitel definiert worden. Für die späteren Betrachtungen sei hier nur nochmals festgehalten, daß ein Signal mathematisch als Funktion der Zeit aufgefaßt werden kann und daß es die Rolle eines Informationsträgers übernimmt, wenn ihm Information gesetzmäßig zugeordnet ist.

In vielen Fällen werden Signale durch Messung gewonnen. Dabei ist es praktisch unvermeidlich, daß neben der Größe, die gemessen werden soll und der das sog. N u t z - s i g n a l entsprechend würde, auch noch Störeinflüsse mit ins Signal eingehen. Das vom Meßgerät abgegebene Signal setzt sich daher immer aus einem N u t z s i g n a l - und einem S t ö r s i g n a l a n t e i l zusammen. Störsignale werden aber auch bei der Signalübertragung durch ein dynamisches System eingestreut, was die verschiedensten physikalischen Ursachen haben kann (elektrostatische oder elektromagnetische Felder, Erschütterungen, Temperaturschwankungen, aber auch Vorgänge im molekularen Bereich wie Widerstandsrauschen etc.). Es sind also gegebenenfalls zu unterscheiden:

Nutzsignale Sie stellen den beabsichtigten, d. h. den die interessierende Information tragenden Signalanteil dar.

Störsignale Sie stellen den unbeabsichtigten, keine relevante Information tragenden Signalanteil dar. Störsignale verfälschen das Signal und erschweren die Erkennung (Entschlüsselung) des Nutzsignals.

Wenn Signale als Informationsträger wirken, wird ein Z u o r d n u n g s g e s e t z (Kode, Schlüssel) benötigt, das den Zusammenhang zwischen Information und einer passenden Eigenschaft des Signals, dem sog. I n f o r m a t i o n s p a r a m e t e r festlegt. Die Wahl des Informationsparameters richtet sich nach der Art des Signals (z. B. Gleichspannung, Wechselspannung). In Tafel 2.1 sind einige häufig benutzte Informationsparameter aufgeführt.

Tafel 2.1 Informationsparameter

Signalart	Oft benutzte Informationsparameter
Gleichgröße (z. B. Drucksignal)	Momentanwert (Amplitude)
Wechselgröße (z. B. Wechselspannung)	Amplitude, Frequenz
Pulsfolge (z. B. elektrische Spannungspulse)	Pulsamplitude, Pulsdauer, Pulsfrequenz, Pulsphase, Pulskode

Der Informationsparameter muß eine eindeutige Funktion der Zeit sein. Im Falle von sprunghaften Signaländerungen wird dem Postulat der Eindeutigkeit dadurch Rechnung getragen, daß man sich den Übergang z. B. von x_1 auf x_2 als Grenzfall eines rampenförmigen Verlaufes mit gegen Null strebender Übergangszeit Δt vorstellt (s. dazu Bild 2.1 a). Für diesen Grenzfall wird im folgenden die Schreibweise benutzt (s. Bild 2.1 b):

$$x(t_0^-) = x_1 = \text{Grenzwert bei Annäherung an den Zeitpunkt}$$
$$t_0 \text{ von Werten } t < t_0 \text{ her}$$

$$x(t_0^+) = x_2 = \text{Grenzwert bei Annäherung an den Zeitpunkt}$$
$$t_0 \text{ von Werten } t > t_0 \text{ her}$$

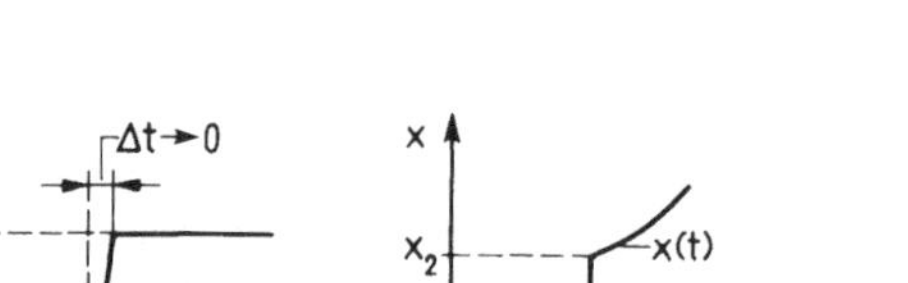
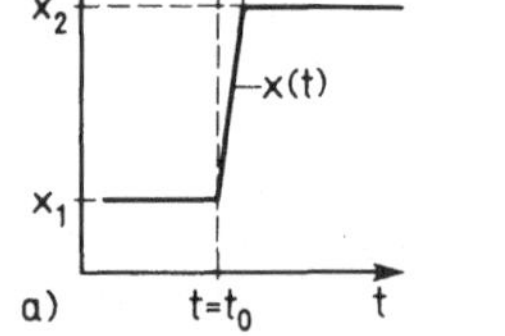
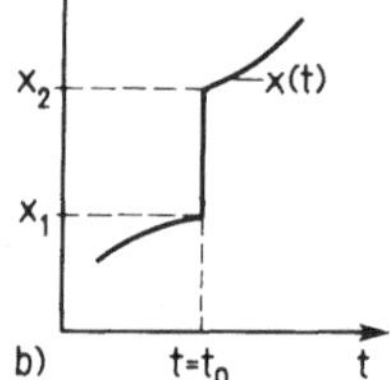

2.1 Zur Definition der Sprungänderung eines Analogsignals

Im weiteren wird nur noch auf die dem Gleichgrößensignal entsprechende Signalform eingegangen, da diese in technischen Systemen sehr oft auftritt und zugleich die allgemeinste Form darstellt (sie enthält die anderen Formen als Spezialfälle).

2.2 Signalarten, Einteilung von Signalen

Es erweist sich im allgemeinen als zweckmäßig, die Art der mathematischen Beschreibung gewissen Eigenschaften des Signals anzupassen. Im folgenden werden daher Signale nach entsprechenden Gesichtspunkten unterschieden und eingeteilt.

Kontinuierliche bzw. diskontinuierliche Signale Dieses Einteilungsmerkmal bezieht sich auf die Zeit. Zeitlich k o n t i n u i e r l i c h e S i g n a l e sind zu jedem beliebigen Zeitpunkt verfügbar bzw. können sich zu jedem beliebigen Zeitpunkt ändern. Zeitlich d i s k o n t i n u i e r l i c h e (zeitdiskrete) S i g n a l e ändern sich nur zu bestimmten, oft in gleichbleibenden Intervallen sich folgenden Zeitpunkten bzw. liegen vielfach nur zu diesen Zeitpunkten vor.

Analoge bzw. diskrete Signale Dieses Einteilungsmerkmal bezieht sich auf den Informationsparameter. Bei einem a n a l o g e n S i g n a l kann sich der Momentanwert des Informationsparameters in beliebig feiner Abstufung ändern, d. h. sein Wertevorrat innerhalb eines bestimmten Bereiches ist unendlich groß. Das Signal ist mithin n i c h t q u a n t i s i e r t. Es sei aber darauf hingewiesen, daß analog nicht gleichbedeutend mit s t e t i g sein muß, ein Analogsignal also in seinem zeitlichen Verlauf Unstetigkeitsstellen (Sprünge) aufweisen kann.

Im Gegensatz zum analogen Signal kann sich der Momentanwert des Informationsparameters eines d i s k r e t e n S i g n a l s nicht beliebig fein, sondern nur in bestimmter endlicher Abstufung ändern. Das Signal ist also q u a n t i s i e r t und kann daher durch eine Zahlenfolge ausgedrückt werden.

Bei diskreten Signalen unterscheidet man noch zwischen digitalen Signalen und Mehrpunktsignalen. Bei d i g i t a l e n S i g n a l e n entsprechen die diskreten Werte des Informationsparameters dezimalen oder häufiger binären Zahlenwerten. B i n ä r - s i g n a l e weisen nur zwei diskrete Werte auf.

Im folgenden werden aus den gleichen Gründen, wie sie bereits im Zusammenhang mit der Beschränkung auf Gleichwertsignale angeführt wurden, i. a. nur noch analoge Signale betrachtet.

Determinierte bzw. stochastische Signale Ein d e t e r m i n i e r t e s S i g n a l ist dadurch gekennzeichnet, daß sein zeitlicher Verlauf bzw. der zeitliche Verlauf seines Informationsparameters exakt angebbar und daher auch im voraus bestimmbar ist. Der Verlauf eines s t o c h a s t i s c h e n[1]) S i g n a l s hängt dagegen vom Zufall ab und ist daher im einzelnen nicht exakt beschreibbar. Eine Voraussage ist hier immer nur mit einer gewissen Wahrscheinlichkeit möglich.

Nutzsignale sind sehr oft determinierte, Störsignale häufig stochastische Signale. Doch gilt dies nicht allgemein.

Periodische bzw. aperiodische Signale Ein p e r i o d i s c h e s S i g n a l liegt dann vor, wenn es sich in gleichbleibenden Zeitintervallen T_0 wiederholt, d. h. wenn gilt:

$$x\,(t) = x\,(t + n \cdot T_0); \qquad n = 1, 2, 3 \ldots$$

Durch eine Zeitverschiebung $\Delta T = \pm n \cdot T_0$ kann somit der Signalverlauf $x\,(t \pm n \cdot T_0)$ zur Deckung mit dem Originalverlauf $x\,(t)$ gebracht werden. Daher genügt es auch, den Signalverlauf nur für ein einziges Intervall T_0 zu beschreiben.

------

[1]) ὁ στόχος = das Vermutete

A p e r i o d i s c h e   S i g n a l e lassen sich im Gegensatz zu den periodischen durch Zeitverschiebung nicht zur Deckung mit sich selber bringen. Für eine vollständige Beschreibung des Signalverlaufs muß daher im Prinzip der gesamte Zeitraum $-\infty < t < +\infty$ betrachtet werden.

Monotone bzw. oszillatorische Signale Als m o n o t o n wird ein Signalverlauf dann bezeichnet, wenn er im betrachteten Zeitabschnitt schwingungsfrei ist.

O s z i l l a t o r i s c h e   S i g n a l e zeigen dagegen einen schwingenden Verlauf.

Stationäre bzw. instationäre Signale Als s t a t i o n ä r wird ein Signal dann bezeichnet, wenn sich seine statistischen Eigenschaften (s. Abschnitt 2.4) nicht ändern, wenn das Beobachtungsintervall T verschoben oder erweitert wird. – Signale, welche dieser Anforderung nicht genügen, sind i n s t a t i o n ä r.

Schon aus dieser Definition ist ersichtlich, daß nur periodische und stochastische Signale stationär sein können. Bei periodischen Signalen ist zu beachten, daß die Beobachtungsdauer T stets ein ganzes Vielfaches der Periodendauer T_0 sein sollte.

In Tafel 2.2 sind einige typische Verläufe analoger Signale zusammengestellt, welche die obigen Definitionen illustrieren.

In der Praxis treten derartige reine Signalformen allerdings eher selten auf. Meist stellen gemessene Signale Mischungen von zwei oder mehreren Reinformen dar. Besonders häufig ist einem determinierten Nutzsignal ein stochastisches Störsignal überlagert (Meßrauschen). Auch die Einstreuung periodischer Störsignale wird oft beobachtet (Netzbrumm).

Tafel 2.2 Typische Beispiele von analogen Signalverläufen

Signalverlauf	determiniert	stochastisch	aperiodisch	periodisch	monoton	oszillatorisch	stationär	instationär
(Dreiecksignal)	x			x		x	x	
(ansteigende Kurve)	x		x		x			x
(gedämpfte Schwingung)	x		x			x		x
(Rauschsignal)		x	x			x		alternativ beides möglich

2.3 Mittel zur mathematischen Beschreibung determinierter Signale

In vielen Fällen ist es erwünscht bzw. nötig, den z e i t l i c h e n   V e r l a u f eines
Signals bzw. seines Informationsparameters direkt (d. h. im Zeitbereich) oder indirekt
(d. h. im Frequenzbereich) zu beschreiben. Dafür stehen verschiedene Beschreibungsmittel zur Verfügung, die sich je nach Fall mehr oder weniger eignen. Die richtige Wahl
dieser Mittel setzt die Kenntnis ihrer Eigenschaften und Anwendungsbereiche voraus.
Die folgenden Abschnitte vermitteln hierüber den erforderlichen Überblick. Sie beziehen sich auf analoge Signale.

2.3.1 Beschreibungsmittel im Zeitbereich

Bei der Beschreibung von Signalverläufen im Zeitbereich wird der Signalparameter x
als Funktion der unabhängigen Variablen „Zeit" dargestellt.

2.3.1.1 Analytische Beschreibung In manchen Fällen ist es möglich, die Funktion x (t)
innerhalb des interessierenden Zeitintervalls geschlossen analytisch zu beschreiben.
Typische Beispiele hierfür sind etwa die harmonische Schwingung

$$x(t) = \hat{x} \cdot \cos(\omega_0 t) \qquad (\text{Zeitintervall} -\infty < t < +\infty)$$

oder der exponentielle Verlauf

$$x(t) = k \cdot (1 - e^{-t/T}) \qquad (\text{Zeitintervall } 0 < t < +\infty)$$

Sehr oft kommen Kombinationen von trigonometrischen und Exponentialfunktionen
vor. Solche Darstellungen sind besonders für die Wiedergabe von z e i t l i c h   e i n -
s e i t i g   b e g r e n z t e n, stetigen Signalverläufen geeignet.

Verläuft das zu beschreibende Signal allgemein periodisch u/o weist es Unstetigkeiten
auf, so muß die analytische Beschreibung absatzweise erfolgen und wird dann meist
umständlich. Beispiele:

Rampenverlauf nach Bild 2.2a:

$$-\infty < t \leqslant 0: \qquad x = 0$$
$$0 < t \leqslant T: \qquad x = K \cdot t$$
$$T < t < +\infty: \qquad x = K \cdot T$$

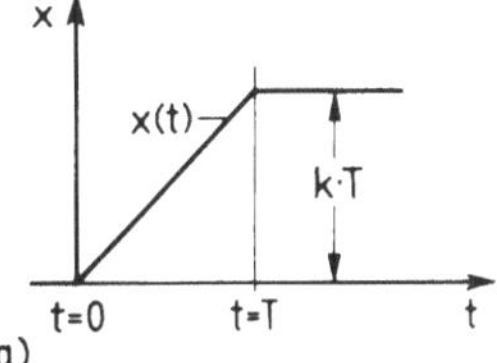

Periodischer Verlauf nach Bild 2.2b:

$$0 < t \leqslant T: \qquad x = K \cdot t$$
$$T < t \leqslant 2T: \qquad x = K \cdot (t - T)$$
$$2T < t \leqslant 3T: \qquad x = K \cdot (t - 2T)$$

. . . .

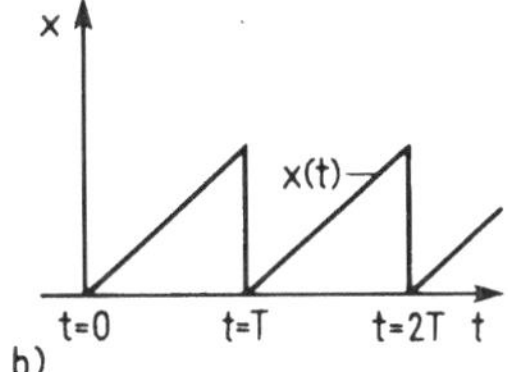

2.2
Zur absatzweisen Beschreibung von Signalen im Zeitbereich

2.3.1.2 Beschreibung durch Impulsreihen Bei genügend kleiner T a s t p e r i o d e T_s[1])
kann ein eindeutiger Signalverlauf immer durch eine F o l g e v o n I m p u l s e n
hinreichend genau approximiert werden (s. Bild 2.3). An die Stelle des kontinuierlichen
Signals x (t) tritt dann das diskontinuierliche Signal x* (t), das nur zu den Tastzeiten
$t_k = k \cdot T_s$ (k = 0, 1, 2 . . .) dem jeweiligen Momentanwert des Signals gleich ist. Das
Ersatzsignal x* (t) wird durch eine W e r t e f o l g e beschrieben:

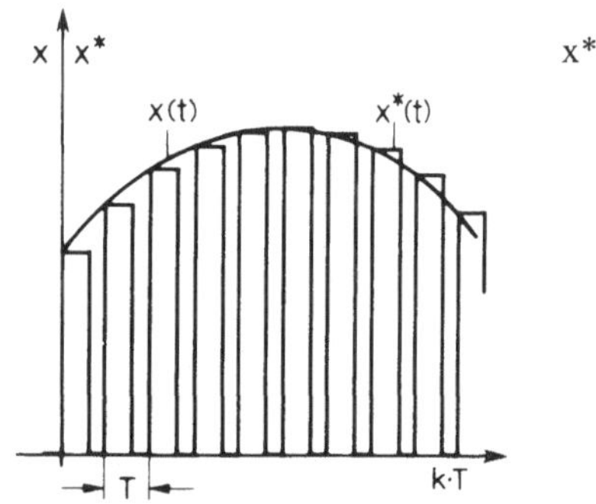

$$x^*(t) = x(0), \quad x(T_s), \quad x(2\,T_s), \quad x(3\,T_s), \ldots \tag{2.1}$$

2.3
Zur Signalbeschreibung durch Impulsfolgen

Es ist einleuchtend, daß die Genauigkeit der Beschreibung von x (t) durch x* (t) um so
besser wird, je kleiner die Tastperiode T_s gewählt wird. Allerdings steigt gleichzeitig
auch der Rechenaufwand entsprechend, so daß man daran interessiert ist, T_s nicht
unnötig klein zu machen. Die obere Grenze für T_s wird nun durch das A b t a s t -
t h e o r e m v o n S h a n n o n festgelegt, nach welchem gilt:

$$T_s < \frac{1}{2\,f_{max}} \tag{2.2}$$

f_{max} ist hierbei die Frequenz der s c h n e l l s t e n i m S i g n a l x (t) n o c h e n t -
h a l t e n e n T e i l s c h w i n g u n g (s. dazu auch Abschnitt 2.3.2). Es muß beach-
tet werden, daß bei Nichteinhalten des Shannon-Theorems der sog. A l i a s i n g -
F e h l e r[2]) auftritt, d. h. nichtexistierende niederfrequente Signalanteile vorgetäuscht
werden (s. Bild 2.4). Dieser Fehler kann vermieden werden, wenn nicht interessierende

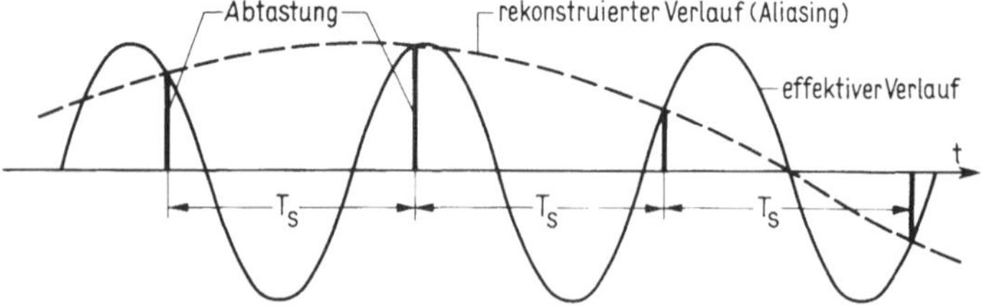

2.4 Fehlerhafte Rekonstruktion einer Sinusschwingung aus den getasteten Momentan-
    werten bei zu großer Tastperiode T (Aliasing)

---

[1]) der Index s ist aus der englischen Bezeichnung „sampling time" abgeleitet
[2]) engl.: alias = Deckname

Signalkomponenten mit Frequenzen oberhalb der halben T a s t f r e q u e n z
$f_g/2 = 1/2\,T_s$ durch spektrale F i l t e r u n g des Signals unterdrückt werden (A n t i -
A l i a s i n g - F i l t e r; s. Abschnitt 4.5.5).

2.3.2 Beschreibungsmittel im Frequenzbereich

Bei der Beschreibung von Signalverläufen im Frequenzbereich wird anstelle der Zeit
die F r e q u e n z als unabhängige Variable benutzt und der Signalverlauf als (i. a.
unendliche) Summe von harmonischen oder gedämpften Teilschwingungen dargestellt.
Die Abhängigkeit der Amplitude und der Phasenlage dieser Teilschwingungen von der
Frequenz wird als S p e k t r u m bezeichnet (Amplitudenspektrum, Phasenspektrum).
Der Zusammenhang zwischen der spektralen Beschreibung eines Signals und seiner Darstellung im Zeitbereich ist in jedem Fall durch eine sog. F u n k t i o n a l t r a n s -
f o r m a t i o n gegeben, die eine allgemeine Rechenvorschrift darstellt.

2.3.2.1 Beschreibung harmonischer Signale
Allgemein bekannt ist die t r i g o n o -
m e t r i s c h e B e s c h r e i b u n g s f o r m einer harmonischen Bewegung

$$x\,(t) = \hat{x} \cdot \cos\,(\omega_0\,t + \phi) \tag{2.3}$$

mit den Parametern

Kreisfrequenz ω_0	$[\text{rad} \cdot \text{s}^{-1}]$
Amplitude $\hat{x}$	$[x]$
Phase ϕ	$[\text{rad}]$

Hinweise:

– ω_0 hängt mit der Frequenz f_0 $[\text{s}^{-1}]$ bzw. der Periode T_0 [s] wie folgt zusammen:

$$\omega_0 = 2\,\pi\,f_0 = 2\,\pi/T_0$$

– Die Phasenlage ϕ ist nur bestimmbar bezüglich einer festen Referenzzeit t_0, z. B.
  dem Zeitnullpunkt $t_0 = 0$. Mit der Zeitverschiebung T_ϕ gegenüber diesem Nullpunkt
  ist

$$\phi = 2\,\pi\,T_\phi/T_0 = T_\phi \cdot \omega_0$$

  wobei ein positiver Phasenwinkel ($\phi > 0$) eine gegenüber dem Verlauf mit der Phase
  $\phi = 0$ v o r e i l e n d e, ein negativer Phasenwinkel eine n a c h e i l e n d e
  S c h w i n g u n g bedeutet.

Mit Hilfe des trigonometrischen Additionstheorems

$$\cos\,(\alpha + \beta) = \cos\alpha\,\cos\beta - \sin\alpha\,\sin\beta$$

läßt sich Gl. (2.3) in Gl. (2.4) überführen ($\alpha = \phi$, $\beta = \omega_0 \cdot t$):

$$x\,(t) = a \cdot \cos\,(\omega_0\,t) + b \cdot \sin\,(\omega_0\,t) \tag{2.4}$$

wobei die Beziehungen

$$a = \hat{x} \cdot \cos\phi; \quad b = -\,\hat{x} \cdot \sin\phi$$

sofort den Übergang von der Darstellung nach Gl. (2.3) auf diejenige nach Gl. (2.4) vollziehen lassen. Für die umgekehrte Operation gilt:

$$\hat{x} = \sqrt{a^2 + b^2}; \quad \phi = \text{arctg}\,(-b/a)$$

Neben der trigonometrischen Darstellungsweise besteht auch die Möglichkeit der Beschreibung der harmonischen Bewegung durch eine k o m p l e x e   F u n k t i o n. Die komplexe Darstellung hat den bedeutenden Vorteil der viel einfacheren rechnerischen Handhabung.

Aus den bekannten Euler-Relationen

$$e^{i\psi} = \cos\psi + i\sin\psi; \quad e^{-i\psi} = \cos\psi - i\sin\psi$$

findet man die Beziehungen:

$$\cos\psi = \frac{1}{2}\,(e^{i\psi} + e^{-i\psi}) \tag{2.5a}$$

$$\sin\psi = \frac{1}{2\cdot i}\,(e^{i\psi} - e^{-i\psi}) \tag{2.5b}$$

Durch Einsetzen von Gl. (2.5a) in Gl. (2.3) ergibt sich mit $\psi = \omega_0 t + \phi$ die gesuchte komplexe Darstellungsform:

$$x(t) = \frac{1}{2}\,\hat{x}\,[e^{i(\omega_0 t + \phi)} + e^{-i(\omega_0 t + \phi)}] \tag{2.6}$$

Wie aus der Zeigerdarstellung von Gl. (2.6) in Bild 2.5 anschaulich hervorgeht, ist die Summe der beiden komplexen Größen immer reell.

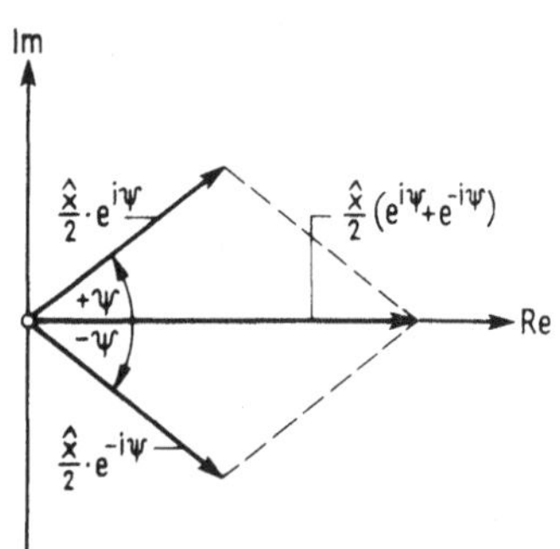

2.5
Addition von konjugiert komplexen Größen in der Gauß'schen Zahlenebene (Zeigerdarstellung)

Sofern man sich darauf beschränkt, die Funktion x (t) nur linearen Operationen zu unterwerfen (Addition, Subtraktion, Multiplikation mit Konstante), kann an Stelle von Gl. (2.6) die noch einfacher zu handhabende Form nach Gl. (2.7) verwendet werden:

$$\underline{x} = \hat{x}\cdot e^{i(\omega_0 t + \phi)} = A + i\cdot B \tag{2.7}$$

$\underline{x}$ kann als Zeiger[1] in der Gauss'schen Zahlenebene aufgefaßt werden, der mit der Winkelgeschwindigkeit ω_0 im Gegenuhrzeigersinn um den Ursprung rotiert und im Zeitnullpunkt t = 0 die Anfangswinkellage ϕ hat. Die darzustellende harmonische Zeitfunktion x (t) wird dann in jedem Zeitpunkt t durch den R e a l t e i l des Vektors $\underline{x}$

---

[1] Die Bedeutung von $\underline{x}$ als Vektor wird durch Unterstreichen ausgedrückt.

dargestellt (Projektion von $\underline{x}$ auf die Realachse (s. Bild 2.6), also

$$x(t) = \mathrm{Re}\{\underline{x}\} = \hat{x}\cos(\omega_0 t + \phi) \tag{2.8}$$

Die Gleichungen (2.3), (2.4), (2.6) und (2.8) sind an sich Beschreibungen des harmonischen Signals im Zeitbereich. Der Übergang auf die s p e k t r a l e D a r s t e l l u n g ist hier sehr einfach. Man geht davon aus, daß gemäß Gl. (2.3) die Festlegung der drei Parameter ω_0, $\hat{x}$ und ϕ genügt, um die Funktion $x(t)$ zu bestimmen. Die bildliche Darstellung erfolgt dabei zweckmäßigerweise so, daß über der Kreisfrequenz ω (oder auch der Frequenz f) als Abszisse Amplitude $\hat{x}$ und Phasenwinkel ϕ je als Ordinaten aufgetragen werden (s. Bild 2.7). Die harmonische Bewegung hat demnach ein d i s k r e t e s S p e k t r u m mit je einer einzigen Spektrallinie im A m p l i t u d e n- und P h a s e n s p e k t r u m.

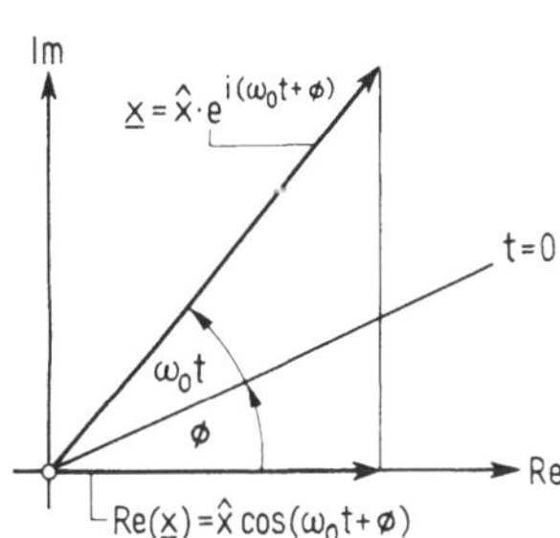

2.6 Vereinfachte Zeigerdarstellung
einer harmonischen Schwingung

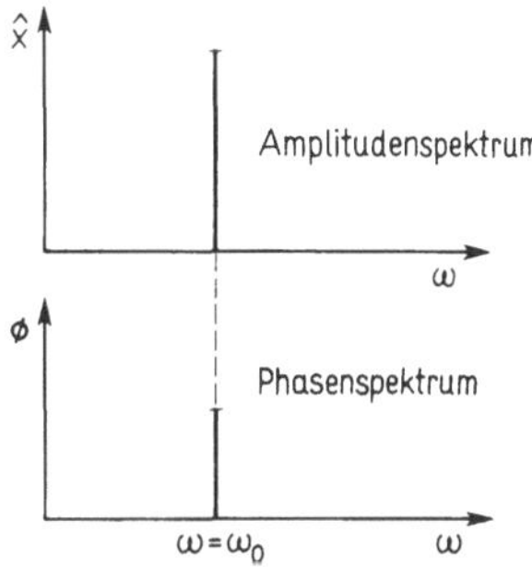

2.7 Spektrale Darstellung einer
harmonischen Schwingung

Bis auf die zu Gl. (2.7) gemachten Einschränkungen sind alle fünf Darstellungsformen der harmonischen Schwingung im Prinzip gleichwertig und durcheinander ersetzbar. Da sie aber verschiedene Eigenschaften aufweisen, werden wir uns je nach Fall derjenigen Form bedienen, die am meisten Vorteile bietet. Zur Illustration zwei Beispiele.

Beispiel 2.1

Aufgabenstellung: Überlagerung (Addition) von zwei gleichfrequenten, phasenverschobenen harmonischen Schwingungen verschiedener Amplitude:

$$x_1(t) = \hat{x}_1 \cos(\omega_0 t + \phi_1) \quad \text{und} \quad x_2(t) = \hat{x}_2 \cos(\omega_0 t + \phi_2)$$

Lösungsgang: Die Lösung dieser Aufgabe ist mit Hilfe der trigonometrischen Darstellungsformen viel umständlicher als mit der komplexen Schreibweise. Es wird daher zuerst auf diese übergegangen. Da anschließend eine lineare Operation (Addition) vorgenommen werden soll, darf dabei von der einfacheren Darstellung nach Gl. (2.7) Gebrauch gemacht werden.

$$\underline{x_1} = \hat{x}_1 \cdot e^{i(\omega_0 t + \phi_1)} = A_1 + i\cdot B_1$$

$$\underline{x_2} = \hat{x}_2 \cdot e^{i(\omega_0 t + \phi_2)} = A_2 + i\cdot B_2$$

Nun wird $\underline{x} = \underline{x}_1 + \underline{x}_2$ durch Vektoraddition gefunden (s. Bild 2.8), und das Ergebnis lautet:

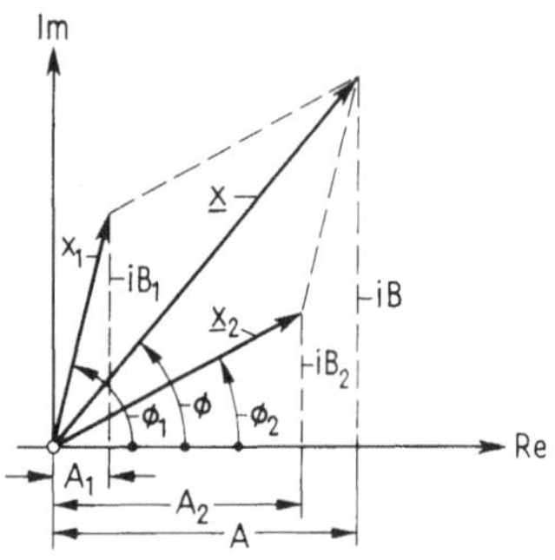

$$\underline{x} = \hat{x} \cdot e^{i(\omega_0 t + \phi)}$$

mit den Parametern

$$\hat{x} = \sqrt{(A_1 + A_2)^2 + (B_1 + B_2)^2}$$

$$\text{und} \quad \phi = \text{arctg} \frac{B_1 + B_2}{A_1 + A_2}$$

2.8
Überlagerung von zwei harmonischen Schwingungen durch Vektoraddition

Beispiel 2.2

Aufgabenstellung: Man bilde das Signal

$$x(t) = [\hat{x} \cos(\omega_0 t)]^2$$

Lösungsgang: Die Lösung kann auf trigonometrischem Wege mit Hilfe des Satzes

$$\cos^2 \psi = \frac{1}{2}(1 + \cos 2\psi)$$

gefunden werden. Setzt man $\psi = \omega_0 t$, so folgt unmittelbar

$$x(t) = \frac{\hat{x}^2}{2}[1 + \cos(2\omega_0 t)]$$

Durch die Quadrierung ist also im wesentlichen ein harmonisches Signal mit der d o p - p e l t e n F r e q u e n z $2\omega_0$, außerdem ein G l e i c h g r ö ß e n a n t e i l $1/2 \cdot \hat{x}^2$ entstanden (s. auch Bild 2.9).

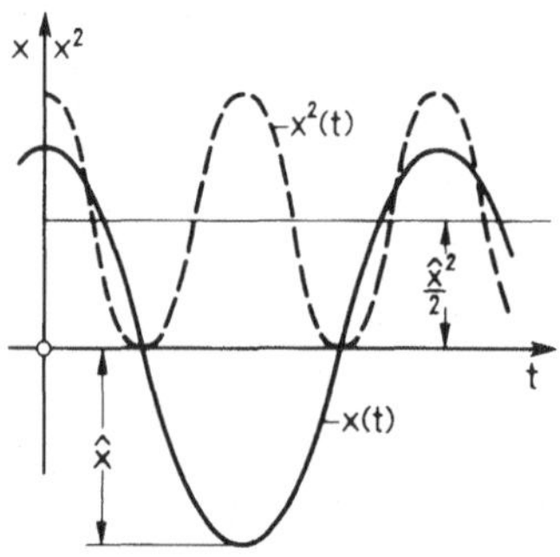

2.9
Verlauf von $x(t) = \hat{x} \cdot \cos(\omega_0 t)$ und von $x^2(t)$

Sucht man die Lösung mit Hilfe der komplexen Darstellungsweise, so ist zu beachten, daß hier keine lineare Operation vorgenommen wird, weshalb Gl. (2.7) nicht angewendet werden darf. Sie würde zu einem falschen Ergebnis führen, wovon man sich leicht überzeugt. Mit Gl. (2.6) findet man dagegen

$$x(t) = \left[\frac{\hat{x}}{2}\left(e^{i\omega_0 t} + e^{-i\omega_0 t}\right)\right]^2 = \frac{\hat{x}^2}{4}\left(e^{2i\omega_0 t} - 2i\omega_0 t + 2e^0\right)$$

$$= \frac{\hat{x}^2}{2}\left[\frac{e^{2i\omega_0 t} + e^{-2i\omega_0 t}}{2} + 1\right] = \frac{\hat{x}^2}{2}\left[1 + \cos(2\omega_0 t)\right]$$

das richtige Resultat.

2.3.2.2 Beschreibung periodischer Signale durch Fourier-Reihen Bekanntlich läßt sich jede eindeutige periodische Funktion durch eine F o u r i e r - R e i h e darstellen. Es gilt nämlich:

$$x(t) = \frac{a_0}{2} + \sum_{n=1}^{\infty} a_n \cos(n\omega_0 t) + \sum_{n=1}^{\infty} b_n \sin(n\omega_0 t) \qquad (2.9)$$

Die auf der rechten Seite von Gl. (2.9) beschriebene Funktion besteht neben einem Gleichgrößenanteil $a_0/2$ aus einer unendlichen Summe von Cosinus- und Sinusfunktionen mit den Amplituden a_n bzw. b_n und den Frequenzen $n\omega_0$. Die Glieder mit der Frequenz $\omega = \omega_0$ ($n = 1$) werden als G r u n d h a r m o n i s c h e bezeichnet, die übrigen als O b e r w e l l e n.

Für die Bestimmung der Amplitudenwerte gilt folgende Rechenvorschrift

$$a_n = \frac{2}{T_0} \int_{t_0}^{t_0+T_0} x(t) \cdot \cos(n\omega_0 t)\, dt$$

$$(2.10)$$

$$b_n = \frac{2}{T_0} \int_{t_0}^{t_0+T_0} x(t) \cdot \sin(n\omega_0 t)\, dt$$

mit $\qquad \omega_0 = 2\pi/T_0$; ($T_0$ = Periodendauer).

Diese Rechenvorschrift ist auch gültig für die Bestimmung des Gleichgrößenanteils $a_0/2$. Es wird somit ($n = 0$):

$$\frac{a_0}{2} = \frac{1}{2} \cdot \frac{2}{T_0} \int_{t_0}^{t_0+T_0} x(t) \cdot \cos(0)\, dt = \frac{1}{T_0} \int_{t_0}^{t_0+T_0} x(t) \cdot dt$$

und da dieser Ausdruck den a r i t h m e t i s c h e n   M i t t e l w e r t $\bar{x}$ des Signalverlaufes über eine Periodendauer T_0 darstellt, wird $a_0/2 = \bar{x}$. Durch passende Wahl des Ordinaten-Nullpunkts kann demnach $a_0/2$ immer zum Verschwinden gebracht werden. b_0 w i r d   i m m e r   0.

Da man die jeweils gleichfrequenten cos- und sin-Glieder zu je einer einzigen harmonischen Schwingung zusammenfassen kann (vgl. Abschnitt 2.3.2.1), läßt sich Gl. (2.9) auch in die Form überführen:

$$x(t) = c_0 + \sum_{n=1}^{\infty} c_n \cdot \cos(n\omega_0 t + \phi_n) \qquad (2.11)$$

Dabei berechnen sich die neuen Parameter aus den früher bestimmten wie folgt:

$$c_0 = a_0/2 = \bar{x}$$
$$c_n = \sqrt{a_n^2 + b_n^2}\,; \quad n = 1, 2 \ldots \tag{2.12}$$
$$\phi_n = \operatorname{arctg}(-b_n/a_n)$$

Die Beschreibungsformen für allgemeine periodische Signale nach den Gl. (2.9) und (2.11) entsprechen den t r i g o n o m e t r i s c h e n D a r s t e l l u n g s f o r m e n der harmonischen Schwingung durch die Gl. (2.4) bzw. (2.3). Auch hier kann nun wieder mit Hilfe der Euler-Relation die trigonometrische in eine k o m p l e x e B e s c h r e i b u n g s f o r m übergeführt werden, analog zu Gl. (2.6). Man erhält dann

$$x(t) = \frac{a_0}{2} + \frac{1}{2} \sum_{n=1}^{\infty} (a_n - i \cdot b_n) \cdot e^{in\omega_0 t} + (a_n + i \cdot b_n) \cdot e^{-in\omega_0 t} \tag{2.13}$$

Die Koeffizienten a_0, a_n, b_n haben dabei dieselbe Bedeutung wie früher, die Klammerausdrücke stellen aber hier i. a. komplexe Größen dar. Gl. (2.13) läßt sich auch in die häufiger benutzte, kompaktere Form umwandeln:

$$x(t) = \sum_{n=-\infty}^{+\infty} c_n \cdot e^{in\omega_0 t} \tag{2.14}$$

mit $$c_n = \frac{1}{2}(a_n - i \cdot b_n) = \frac{1}{T_0} \int_{t_0}^{t_0 + T_0} x(t) \cdot e^{-in\omega_0 t}\, dt \tag{2.15}$$

als k o m p l e x e n F o u r i e r - K o e f f i z i e n t e n. Hierin ist für $n = 0$ wie früher:

$$c_0 = a_0/2 = \bar{x} \quad \text{und} \quad b_0 = 0.$$

Im Gegensatz zu den Formeln (2.9), (2.11) und (2.13) erstreckt sich bei der komplexen Fourier-Reihe nach Gl. (2.14) die Summation auch über die physikalisch nicht existierenden n e g a t i v e n F r e q u e n z e n. Da die entsprechenden Teilschwingungsvektoren jedoch konjugiert komplex sind (d. h. an der Realachse gespiegelt), so sind die Teilsummen immer reell und damit ist es auch die Gesamtsumme.

In Analogie zur spektralen Darstellung einer einzelnen harmonischen Schwingung (s. Abschnitt 2.3.2.1) läßt sich auch die Fourier-Reihen-Beschreibung, die ja nichts anderes als eine Summe von harmonischen Schwingungen ist, als S p e k t r u m dar-

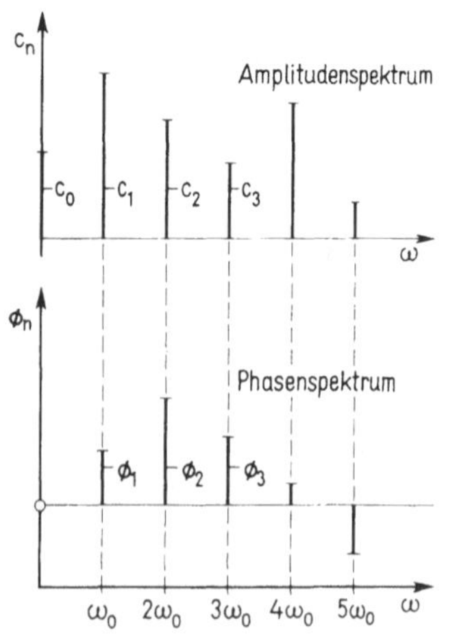

2.10
Spektrale Darstellung eines allgemeinen periodischen Signals

stellen. Gebräuchlich ist v. a. eine Darstellung entsprechend Gl. (2.11), wobei sich in Analogie zu Bild 2.7 ein A m p l i t u d e n - und ein P h a s e n s p e k t r u m ergibt (s. Bild 2.10). Daneben sind natürlich auch spektrale Darstellungen entsprechend den Gl. (2.9) bzw. (2.14) möglich.

Das Spektrum nach Bild 2.10 ist insofern typisch für einen periodischen Signalverlauf, als es n u r f ü r d i s k r e t e F r e q u e n z w e r t e, die ganze Vielfache der Kreis-frequenz ω_0 der Grundharmonischen sind, T e i l s c h w i n g u n g e n a u f w e i s t.

Allgemeine Eigenschaften der Fourier-Reihen-Darstellung Da die Fourier-Reihe, wie Gl. (2.9) zeigt, eine u n e n d l i c h e R e i h e ist, müßten für eine exakte Nachbildung der Funktion x (t) i. a. unendlich viele Glieder berücksichtigt werden, was aber prak-tisch weder möglich noch nötig ist. Wieviele Glieder jeweils berücksichtigt werden müssen, hängt vom Signalverlauf x (t) sowie von der verlangten Genauigkeit ab. Dabei ist die Eigenschaft der abgebrochenen Fourier-Reihe wichtig, immer die bei der jeweils gewählten Gliederzahl bestmögliche Näherung darzustellen.

Die K o n v e r g e n z der Fourier-Reihe ist praktisch immer gesichert. Sie ist um so besser, je mehr sich der nachzubildende Signalverlauf der reinen Sinusfunktion nähert. Andererseits kann bei stark davon abweichenden Verläufen, z. B. beim Auftreten aus-geprägter Spitzen, die Konvergenz schlecht werden. Dann muß entweder eine hohe Gliederzahl oder geringe Genauigkeit der Nachbildung in Kauf genommen werden.

Die Fourier-Koeffizienten a_n, b_n bzw. c_n, ϕ_n hängen nach den Gl. (2.10) bzw. (2.12) von der Wahl des Zeitnullpunkts t_0 ab. Wenn der Signalverlauf gewisse Symmetrie-bedingungen erfüllt, kann die Reihe durch geschickte Wahl von t_0 vereinfacht werden, indem dann bestimmte Fourier-Koeffizienten verschwinden.

Ungerade Funktion x (t) = − x (− t); (Punktsymmetrie bezüglich des Ursprungs; s. Beispiel Bild 2.11 a). Hier verschwinden, wie man leicht mit Gl. (2.10) nachprüft, alle a_n für n ⩾ 1, d. h. die Reihe weist nur noch Sinusglieder auf. Das gilt auch für die Darstellung nach Gl. (2.11), da in diesem Falle gemäß Gl. (2.12) sämtliche Phasen-winkel $\phi_n = - \pi/2$ werden.

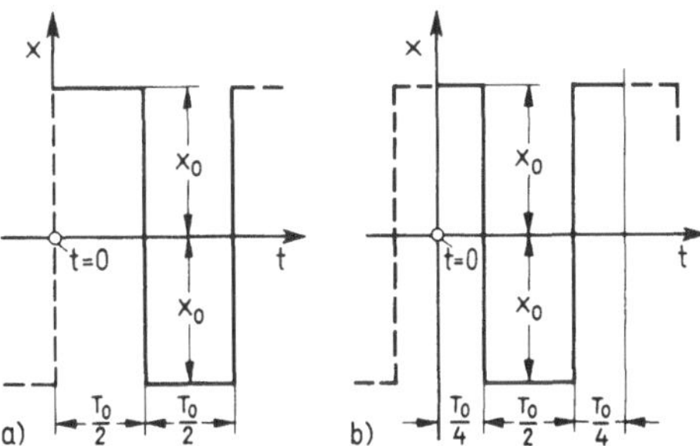

2.11
Rechteckschwingung als Beispiel
a) einer ungeraden − b) einer geraden Funktion

Gerade Funktion x (t) = x (− t); (Spiegelsymmetrie bezüglich der Ordinatenachse; s. Beispiel Bild 2.11 b).

Hier verschwinden alle b_n, d. h. die Reihe weist nur noch Cosinusglieder auf. Bei der Darstellung nach Gl. (2.11) bedeutet dies das Verschwinden aller Phasenwinkel ϕ_n.

Bei der z a h l e n m ä ß i g e n B e r e c h n u n g der Fourier-Koeffizienten wird am besten je nach Fall vorgegangen. Läßt sich x (t) stückweise analytisch beschreiben, so ist oft eine geschlossene Berechnung möglich, wie folgendes Beispiel zeigt.

Beispiel 2.3

Aufgabenstellung: Man ermittle die Fourier-Reihe einer Rechteckschwingung nach Bild 2.11 a.

Lösungsgang: Aus Bild 2.11 a entnimmt man:

$$t_0 = 0$$

für $0 < t \leqslant T_0/2$ ist $x (t) = + x_0$

für $T_0/2 < t \leqslant T_0$ ist $x (t) = - x_0$

Mit Gl. (2.10) folgt nun:

$$a_0/2 = \bar{x} = 0$$

$$a_n = 0 \text{ für alle } n \geqslant 1 \quad \text{(ungerade Funktion)}$$

$$b_n = \frac{2}{T_0} \left[\int_0^{T_0/2} x_0 \cdot \sin (n \, \frac{2\pi}{T_0} t) \, dt + \int_{T_0/2}^{T_0} - x_0 \cdot \sin (n \, \frac{2\pi}{T_0} t) \, dt \right]$$

Durch Integration und Einsetzen der Grenzen findet man:

$$b_n = \frac{2 x_0}{n \pi} (1 - \cos n \, \pi)$$

Nun ist zunächst in jedem Falle $b_0 = 0$, wie schon früher festgestellt wurde. Ferner verschwinden alle b_n für gerade n, da hierfür $\cos (n \, \pi) = + 1$. Es verbleiben somit nur noch die Koeffizienten für ungerade n, für die wird:

$$b_n = \frac{4 x_0}{n \pi}$$

Damit lautet die Fourier-Reihe:

$$x (t) = \frac{4 x_0}{\pi} \left[\sin (\omega_0 t) + \frac{1}{3} \sin (3 \, \omega_0 t) + \frac{1}{5} \sin (5 \, \omega_0 t) + \ldots \right]$$

Bild 2.12 zeigt das entsprechende Spektrum, Bild 2.13 den Grad der Annäherung an den exakten Rechteckverlauf x (t) durch eine Fourier-Reihe mit Abbruch nach der 1., 3. bzw. 5. Teilschwingung.

In Tafel 2.3 sind für einige weitere symmetrische Signalverläufe die Fourier-Koeffizienten formelmäßig und zahlenmäßig (bis n = 15) zusammengestellt. Dabei zeigen erwartungsgemäß die Fälle b und c sehr gute, die Fälle a und d relativ schlechte Konvergenz.

Ist x (t) graphisch (z. B. als Schreiber-Diagramm) oder tabellarisch gegeben, so müssen die Fourier-Koeffizienten durch n u m e r i s c h e I n t e g r a t i o n ermittelt werden, wobei mit Vorteil ein Digitalrechner zu Hilfe genommen wird. Sollen nur einige wenige Teilschwingungen berücksichtigt werden (eventuell nur die Grundharmonische), dann ist oft die g r a p h i s c h e I n t e g r a t i o n das schnellste Berechnungsverfahren, insbesondere wenn ein Planimeter zur Verfügung steht.

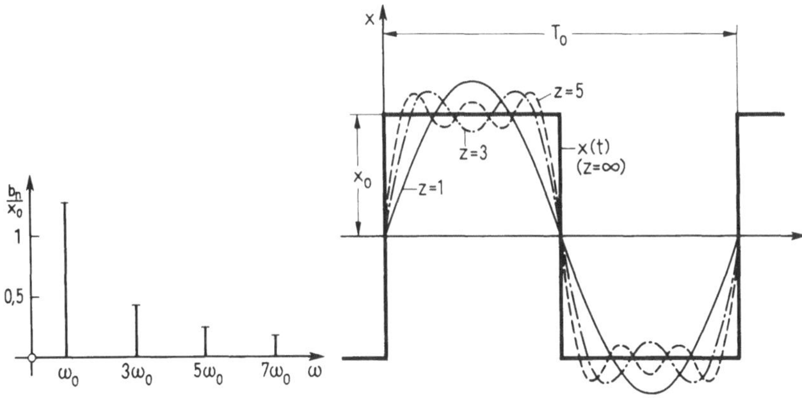

2.12 Spektrum einer Rechteckschwingung (ungerade Funktion)

2.13 Fourier-Synthese einer Rechteckschwingung für
z = 1, 3, 5

Tafel 2.3 Fourier-Koeffizienten für einige symmetrische Signalverläufe

Signalverlauf	$b_n = \ldots;\ (a_n = 0)$	n	b_n	n	b_n	n	b_n
Rechteck a)	$\dfrac{4 \cdot x_0}{n \cdot \pi}$ $n = 1, 3, 5 \ldots$	1 3 5	1,2722 0,4244 0,2547	7 9 11	0,1819 0,1415 0,1157	13 15	0,0979 0,0849
Trapez b)	$\dfrac{12 \cdot x_0}{n^2 \cdot \pi^2} \cdot \sin(n\pi/3)$ $n = 1, 3, 5 \ldots$	1 3 5	1,0530 0 −0,0421	7 9 11	0,0215 0 −0,0087	13 15	0,0062 0
Dreieck c)	$\dfrac{8 \cdot x_0}{n^2 \cdot \pi^2} \cdot (-1)^{\frac{n-1}{2}}$ $n = 1, 3, 5 \ldots$	1 3 5	0,8106 −0,0901 0,0324	7 9 11	−0,0165 0,0100 −0,0067	13 15	0,0048 −0,0036
Sägezahn d)	$\dfrac{8 \cdot x_0}{n \cdot \pi} \cdot (-1)^{n+1}$ $n = 1, 2, 3 \ldots$	1 2 3 4 5	0,6366 −0,3183 0,2122 −0,1592 0,1273	6 7 8 9 10	−0,1061 0,0909 −0,0796 0,0707 −0,0637	11 12 13 14 15	0,0579 −0,0531 0,0490 −0,0455 0,0424

2.3.2.3 Beschreibung von Signalen mit Hilfe der Fourier-Transformation Die komplexe Fourier-Reihe nach Gl. (2.14) ist, wie die anderen Darstellungsformen dieser Reihe, zunächst nur für periodische Signalverläufe definiert. Durch entsprechendes Ausdehnen der Periodendauer T_0 können aber auch nichtperiodische Verläufe als q u a s i - p e r i o d i s c h e behandelt und damit der Fourier-Reihendarstellung zugänglich gemacht werden. Im Grenzfall $T_0 \to \infty$ strebt hierbei die Frequenz der Grundharmonischen $\omega_0 \to 0$, und damit geht das diskrete Spektrum der Fourier-Reihe in ein k o n t i n u i e r l i c h e s über.

Nun ergibt sich durch diesen Grenzübergang oft die Schwierigkeit, daß die Amplitudenwerte c_n ebenfalls gegen 0 tendieren. Setzt man jedoch an deren Stelle die sog. k o m - p l e x e A m p l i t u d e n d i c h t e[1])

$$\lim_{T_0 \to \infty} T_0 \cdot c_n = x(i\omega) \quad ; \quad (\omega = n \cdot \omega_0)$$

so findet man für deren Bedeutung mit Gl. (2.15):

$$x(i\omega) = \int_{-\infty}^{+\infty} x(t) \cdot e^{-i\omega t} \cdot dt = \mathscr{F}\{x(t)\} \tag{2.16}$$

Diese Rechenanweisung, die auf die Funktion $x(t)$ anzuwenden ist, wird als F o u r i e r - T r a n s f o r m a t i o n, die entstehende, i. a. komplexe Amplitudendichte-Funktion $x(i\omega)$ auch als F o u r i e r - T r a n s f o r m i e r t e der Zeitfunktion $x(t)$ bezeichnet.

Diese Funktionaltransformation ist u m k e h r b a r, d. h. aus $x(i\omega)$ kann die Zeitfunktion $x(t)$ berechnet werden nach der Rücktransformationsformel:

$$x(t) = \frac{1}{2\pi} \int_{-\infty}^{+\infty} x(i\omega) \cdot e^{i\omega t} \, d\omega = {}^{-1}\mathscr{F}\{x(i\omega)\} \tag{2.17}$$

Wie erwähnt, ist die Fourier-Transformierte $x(i\omega)$ i. a. eine k o m p l e x e F u n k - t i o n, d. h. es ist i. a.

$$x(i\omega) = A(\omega) + i \cdot B(\omega)$$

Real- und Imaginärteil lassen sich separat berechnen mit den Gl. (2.16) entsprechenden folgenden Beziehungen

$$A(\omega) = \int_{-\infty}^{+\infty} x(t) \cdot \cos(\omega t)\, dt$$

$$\tag{2.18}$$

$$B(\omega) = \int_{-\infty}^{+\infty} x(t) \cdot \sin(\omega t)\, dt$$

Aus den Gl. (2.18) geht hervor, daß sich, wie bei der Fourier-Reihe, so auch bei der Fourier-Transformation Symmetrieeigenschaften von $x(t)$ ausnutzen lassen. Für g e r a d e F u n k t i o n e n verschwindet allgemein $B(\omega)$ und es wird $x(i\omega) = A(\omega)$ eine reelle Funktion. Bei u n g e r a d e n $x(t)$ wird dagegen $x(i\omega) = i \cdot B(\omega)$, d. h. eine rein imaginäre Funktion.

---

[1]) Als s p e k t r a l e A m p l i t u d e n d i c h t e wird i. a. der Betrag $|x(i\omega)|$ der komplexen Größe $x(i\omega)$ bezeichnet.

Wie bereits erwähnt, entfällt bei der Fourier-Transformation die Beschränkung auf periodische Signale, so daß diese Transformation im Prinzip auf Signale mit beliebigem Verlauf anwendbar ist. Allerdings ist bei z e i t l i c h n i c h t b e g r e n z t e n S i g n a l e n, d.h. bei solchen, die auch nach sehr langer Zeit nicht gegen Null streben, die K o n v e r g e n z des Integrals Gl. (2.16) n i c h t g e s i c h e r t; die Fourier-Transformation ist dann i. a. nicht anwendbar.

Ist der Signalverlauf x (t) formelmäßig gegeben, so kann Gl. (2.16) analytisch gelöst werden. Dies ist jedoch meist nicht nötig, da ausführliche F u n k t i o n s l e x i k a zur Verfügung stehen, aus denen die entsprechenden Fourier-Transformierten x (i ω) entnommen werden können [1]. In diesem Zusammenhang leisten die O p e r a - t i o n s r e g e l n der Fourier-Transformation gute Dienste. Sie sind zusammen mit einem kleinen Funktionslexikon im Anhang 6.1 dieses Buches zu finden.

Bei graphisch oder numerisch gegebenem Verlauf von x (t) läßt sich x (i ω) durch numerische Integration ermitteln, wobei mit Vorteil von der Möglichkeit Gebrauch gemacht wird, Real- und Imaginärteil getrennt nach Gl. (2.18) zu berechnen.

Der Rechenaufwand kann erheblich reduziert werden, wenn sich die Stützwerte in gleichen Zeitabständen folgen und ihre Anzahl eine Potenz von 2 ist (Fast Fourier Trans-formation [2]). Darauf sollte schon bei der Gewinnung der Stützwerte (Messung etc.) Rücksicht genommen werden.

Voraussetzung für hinreichend genaue Ergebnisse der numerischen Integration ist in jedem Falle eine hinreichend große Zahl von Stützpunkten bzw. hinreichend kleine Zeitintervalle der Abtastung des Funktionsverlaufs (s. dazu auch Abschnitt 2.3.1.2: Abtasttheorem von Shannon).

Beispiel 2.4

Aufgabenstellung: Man ermittle die Fourier-Transformierte eines Rechtecksignals nach Bild 2.14a.

Lösungsgang: Mit Hilfe von Gl. (2.18) findet man

$$A (\omega) = \int_{-\infty}^{+\infty} x (t) \cdot \cos (\omega t)\, dt = \int_{-T/2}^{+T/2} x_0 \cdot \cos (\omega t)\, dt$$

$$= 2\, x_0 \int_{0}^{T/2} \cos (\omega t)\, dt = x_0 \cdot T\, \frac{\sin (\omega T/2)}{\omega T/2}$$

$$B (\omega) = \int_{-\infty}^{+\infty} x (t) \cdot \sin (\omega t)\, dt = 0 \quad (\text{da } x (t) \text{ gerade Funktion})$$

Folglich ist

$$x (i \omega) = A (\omega) = x_0 \cdot T\, \frac{\sin (\omega T/2)}{\omega T/2}$$

Die entsprechende spektrale Amplitudendichte-Verteilung ist in Bild 2.14b dargestellt.

Ein Rechtecksignal enthält demnach Komponenten mit Frequenzen zwischen 0 und ∞. Allerdings sind die Amplitudendichten für Frequenzen oberhalb $\omega = 2\,\pi/T$ nur noch klein und verschwinden zudem periodisch für $\omega = n \cdot 2\,\pi/T$ ($\pm n = 1, 2 \ldots$). Macht man die Impulsdauer T kleiner, so wird der Bereich großer Amplitudendichten ent-sprechend breiter, und für $T \to 0$ (Nadelfunktion, „Schlag") entsteht theoretisch ein

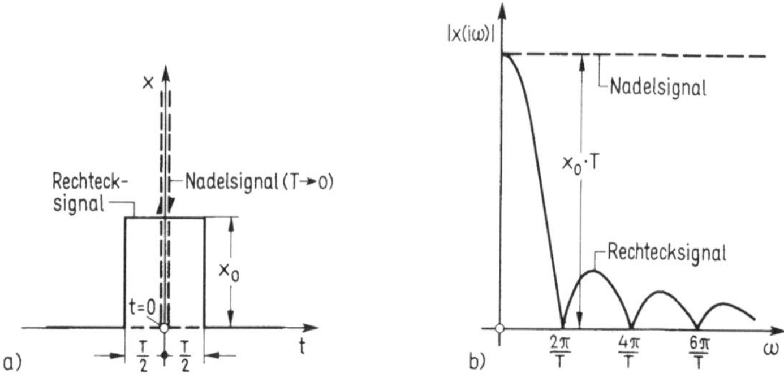

2.14 Rechtecksignal a) und seine spektrale Amplitudendichteverteilung b)

Signal mit konstanter spektraler Amplitudendichte $|x\,(i\,\omega)| = x_0 \cdot T$ (s. auch Bild 2.14 a, b, gestrichelt gezeichnete Verläufe).

Beispiel 2.5

Aufgabenstellung: Man ermittle die Fourier-Transformierte des harmonischen Signals $x\,(t) = \hat{x} \cdot \cos(\omega_0\,t)$.

Lösungsgang: Schreibt man $x\,(t)$ nach Gl. (2.6) in komplexer Form, so wird

$$x\,(i\,\omega) = \int\limits_{-\infty}^{+\infty} x\,(t) \cdot e^{-i\,\omega\,t}\,dt = \frac{\hat{x}}{2} \int\limits_{-\infty}^{+\infty} (e^{i\,\omega_0\,t} + e^{-i\,\omega_0\,t})\,e^{-i\,\omega_0\,t}\,dt$$

Dieses Integral verschwindet für alle ω-Werte außer für $\omega = \pm\,\omega_0$, wofür es $+\infty$ wird. Somit gilt

$$x\,(i\,\omega) = \pi\,\hat{x} \cdot \delta\,(\omega + \omega_0) + \pi\,\hat{x} \cdot \delta\,(\omega - \omega_0) \quad {}^{1})$$

Danach ist die spektrale Amplitudendichte-Verteilung der harmonischen Schwingung durch zwei Nadelfunktionen für die Frequenzwerte $\omega = \pm\,\omega_0$ beschrieben, wie dies Bild 2.15 veranschaulicht.

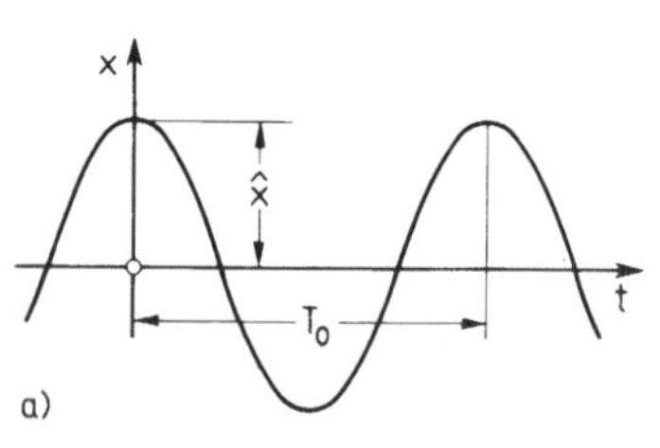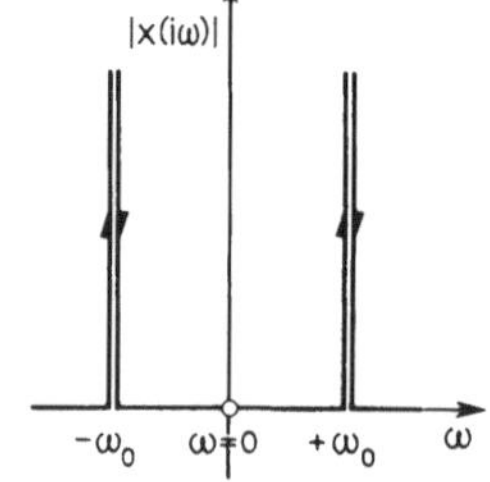

2.15 Cosinussignal a) und seine spektrale Amplitudendichteverteilung b)

${}^{1})$ Die Notation $\delta\,(x)$ bezeichnet allgemein die Einheits-Nadelfunktion (Dirac-Funktion), die für verschwindendes Argument x unendlich wird, für alle übrigen Argumentwerte Null ist. Definitionsgemäß ist ferner

$$\int\limits_{-\infty}^{+\infty} \delta\,(x) \cdot dx \equiv 1$$

2.3.2.4 Beschreibung von Signalen mit Hilfe der Laplace-Transformation Im vorangehenden Abschnitt wurde festgestellt, daß die Existenz der Fourier-Transformierten $x(i\omega)$ bei zeitlich nicht abklingenden Signalen (ein- oder beidseitig zeitlich unbegrenzt) nicht gesichert und daher die Fourier-Transformation für eine wichtige Klasse von Signalen nicht anwendbar ist. Nun kann aber die Konvergenz praktisch in jedem Fall dadurch erzwungen werden, daß die Funktionaltransformation nach der Rechenvorschrift

$$x(s) = \int\limits_{0}^{+\infty} x(t) \cdot e^{-st}\, dt = \mathscr{L}\{x(t)\} \tag{2.19}$$

durchgeführt wird. Sie wird als L a p l a c e - T r a n s f o r m a t i o n bezeichnet[1]).

Der sog. L a p l a c e - O p e r a t o r s hat hierbei die Bedeutung $s = \delta + i\omega$, ist also eine komplexe Größe[2]), und die L a p l a c e - T r a n s f o r m i e r t e $x(s)$ ist damit i. a. ebenfalls eine komplexe Funktion.

Für eindeutige zeitliche Signalverläufe ist der Zusammenhang zwischen $x(t)$ und $x(s)$ e i n d e u t i g , d. h. $x(t)$ ist aus einem gegebenen $x(s)$ wieder auffindbar, und zwar nach der folgenden Rechenvorschrift (Rücktransformation):

$$x(t) = \frac{1}{2\pi i} \int\limits_{\delta - i\infty}^{\delta + i\infty} x(s) \cdot e^{st}\, ds = {}^{-1}\mathscr{L}\{x(s)\} \tag{2.20}$$

Während die Durchführung der Transformation nach Gl. (2.19) kaum Probleme bringt, bereitet die Rücktransformation nach Gl. (2.20) nicht selten mathematische Schwierigkeiten. Man kann sie aber fast immer dadurch umgehen, daß man ein entsprechendes F u n k t i o n s l e x i k o n benutzt. Ein kleines, aber schon für die meisten praktischen Fälle ausreichendes Lexikon ist, zusammen mit den wichtigsten Operationsregeln, im Anhang 6.2 enthalten. Ausführlichere Zusammenstellungen sind in der Literatur zu finden [3].

Es sei noch darauf hingewiesen, daß sowohl die Transformation als auch die Rücktransformation auf graphischem Wege möglich ist [4], was besonders dann vorteilhaft sein kann, wenn die zu transformierende Funktion graphisch oder tabellarisch vorliegt.

---

[1]) Die durch Formel (2.19) definierte e i n s e i t i g u n e n d l i c h e L a p l a c e - T r a n s f o r m a t i o n ist nur auf Funktionen anwendbar, die für $t \leqslant 0^-$ verschwinden. Dies bedeutet für die Praxis kaum eine Einschränkung, da alle technischen Vorgänge von endlicher Dauer sind. Vom technischen Standpunkt aus müßte der C a r s o n - W a g n e r - T r a n s f o r m a t i o n der Vorzug gegeben werden; doch ist diese in der Literatur kaum verbreitet.

[2]) δ ist eine zur Sicherung der Konvergenz des Integrals benötigte positive Konstante ohne weiteren Einfluß auf die Rechnung.

Beispiel 2.6

Aufgabenstellung: Man bestimme die Laplace-Transformierte der Sprungfunktion gemäß Bild 2.16a (zeitlich einseitig unbegrenztes Signal).

Lösungsgang: Im Zeitbereich gelte:

$$t \leqslant 0^- \quad : \; x = 0$$
$$t \geqslant 0^+ \quad : \; x = x_0$$

oder mit der symbolischen Schreibweise $\epsilon\,(t)$ für die Einheitssprungfunktion (Heavyside-Funktion) (Sprung von 0 auf 1 im Zeitpunkt $t = 0$):

$$x\,(t) = x_0 \cdot \epsilon\,(t)$$

Durch Einsetzen in die Transformationsformel (2.19) und Lösen des uneigentlichen Integrals findet man

$$\mathscr{L}\,\{x\,(t)\} = \int\limits_0^\infty x_0 \cdot e^{-st}\, dt = -\frac{x_0}{s} \cdot e^{-st}\,\bigg|_0^\infty = \frac{x_0}{s}$$

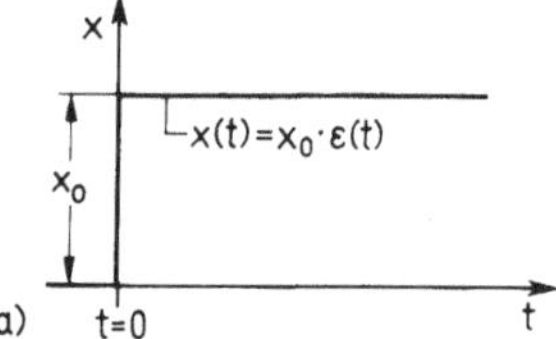

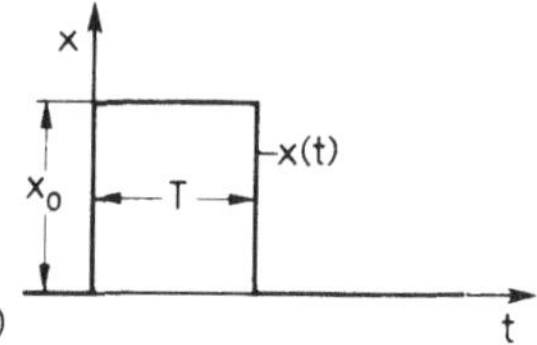

2.16 Sprungfunktion a) und Rechteckfunktion b)

Beispiel 2.7

Aufgabenstellung: Man bestimme die Laplace-Transformierte der in Bild 2.16b dargestellten Rechteckfunktion (zeitlich beidseitig begrenztes Signal).

Lösungsgang: Im Zeitbereich gelte:

$$t \; \leqslant 0^- \qquad : \; x = 0$$
$$0^+ \leqslant t \leqslant T^- \quad : \; x = x_0$$
$$T^+ \leqslant t \qquad : \; x = 0$$

oder mit der vorhin eingeführten symbolischen Schreibweise:

$$x\,(t) = x_0 \cdot \epsilon\,(t) - x_0 \cdot \epsilon\,(t - T)$$

Die gesuchte Transformierte $x\,(s)$ kann entweder wieder durch Anwenden von Gl. (2.19) oder mit Hilfe des Funktionslexikons gefunden werden. Nach den Operationsregeln der Laplace-Transformation darf eine Summenfunktion gliedweise transformiert werden (Operationsregel 4), mithin:

$$\mathscr{L}\,\{x_0 \cdot \epsilon\,(t)\} = \frac{x_0}{s} \qquad\qquad \text{(Lex. Nr. 2)}$$

$$\mathscr{L}\,\{x_0 \cdot \epsilon\,(t - T)\} = \frac{x_0}{s} \cdot e^{-sT} \qquad \text{(Lex. Nr. 2, Op.-Regel Nr. 9)}$$

Damit wird

$$\mathscr{L}\{x(t)\} = \mathscr{L}\{x_0 \cdot \epsilon(t)\} - \mathscr{L}\{x_0 \cdot \epsilon(t-T)\} = x_0 \cdot \frac{1-e^{-sT}}{s}$$

Beispiel 2.8

Aufgabenstellung: Man ermittle die Laplace-Transformierte der zeitlich einseitig unbegrenzten harmonischen Schwingung.

Lösungsgang: Im Zeitbereich ist:

$$x(t) = \hat{x} \cdot \cos(\omega_0 t) \qquad \text{für} \quad t \geqslant 0^+$$

Mit Hilfe von Lex. Nr. 27 findet man für den Bildbereich:

$$x(s) = x \cdot \frac{s}{s^2 - \omega_0^2}$$

2.4 Mittel zur mathematischen Beschreibung stochastischer Signale

Die in Abschnitt 2.3 behandelten Hilfsmittel zur mathematischen Signalbeschreibung können naturgemäß nur auf determinierte Signale angewandt werden, deren Verlauf also im einzelnen bestimmbar bzw. vorausbestimmbar ist. Auf stochastische Signale sind sie jedoch nicht anwendbar.

Obwohl der Z u f a l l bei der Entstehung stochastischer Signale mitwirkt, sind sie indessen doch n i c h t   v ö l l i g   r e g e l l o s und weisen gewisse Eigenschaften auf, die quantitativ faßbar sind. Offensichtlich kann es sich hierbei aber nur um D u r c h - s c h n i t t s a u s s a g e n handeln, die mit Hilfe der mathematischen Statistik und Wahrscheinlichkeitsrechnung gewonnen werden[1]).

Damit solche Aussagen auf vergleichsweise einfache Weise ermittelt und gehandhabt werden können, müssen zwei Bedingungen erfüllt sein: S t a t i o n a r i t ä t und E r g o d i z i t ä t. In theoretischer Strenge kann diesen Bedingungen in der Praxis allerdings nie Genüge getan werden, da immer nur endliche Beobachtungszeiten bzw. begrenztes Beobachtungsmaterial zur Verfügung stehen. Es sollte aber doch immer wieder nachgeprüft werden, ob die Bedingungen der Stationarität und Ergodizität a n n ä h e r n d erfüllt sind oder nicht.

Praktisch stationär ist ein Signal dann, wenn sich seine statistischen Eigenschaften nicht s i g n i f i k a n t ändern, wenn das Beobachtungsintervall verschoben oder erweitert wird. Damit wird zugleich die minimale Größe von T abgegrenzt.

Praktisch ergodisch ist ein durch einen bestimmten Prozeß erzeugtes stochastisches Signal dann, wenn von diesem auf die statistischen Eigenschaften von anderen Signalen, die von g l e i c h a r t i g e n   P r o z e s s e n   e r z e u g t wurden, geschlossen werden darf. Diese Bedingung ist dann erfüllt, wenn der von e i n e m Signal x(t) gebildete z e i t l i c h e   M i t t e l w e r t praktisch gleich dem E n s e m b l e - M i t t e l w e r t

---

[1]) Derartige Aussagen sind u. U. auch sinnvoll für periodische Signale.

der aus einer genügend großen S c h a r   v o n   S i g n a l e n entnommenen Momentanwerte $x_i(t_0)$ ist. Dabei ist vorausgesetzt, daß die Signale $x_i(t)$ aus verschiedenen, aber gleichartigen und unter gleichen Bedingungen stehenden Prozessen stammen.

Während die Stationarität verhältnismäßig einfach und mit tragbarem Aufwand nachprüfbar ist (es wird nur e i n   S i g n a l bzw. nur e i n   P r o z e ß dazu benötigt), kann die Ergodizitätsbedingung in der Praxis nur in seltenen Ausnahmefällen direkt kontrolliert werden. Man muß sich daher in der Regel damit begnügen, daß Ergodizität auf Grund der Gleichartigkeit der signalerzeugenden Prozesse sehr w a h r s c h e i n - l i c h ist.

Die nachfolgenden Betrachtungen beschränken sich, wie schon diejenigen von Abschnitt 2.3, auf analoge Signale.

2.4.1 Kenngrößen und Kennfunktionen im Amplitudenbereich

2.4.1.1 Kenngrößen im Amplitudenbereich Kenngrößen stochastischer Signale müssen nach den soeben angestellten Überlegungen Durchschnittseigenschaften charakterisieren, also M i t t e l w e r t e sein. Folgende Mittelwerte sind für unsere Zwecke besonders wichtig:

Der a r i t h m e t i s c h e   M i t t e l w e r t $\bar{x}$ ist wie folgt definiert:

$$\bar{x} = \frac{1}{T} \int_0^T x(t)\, dt \tag{2.21}$$

$\bar{x}$ strebt mit unbegrenzt wachsendem Beobachtungsintervall T dem sog. E r w a r - t u n g s w e r t   1.   O r d n u n g zu. Durch geeignete Wahl des Ordinatennullpunkts kann $\bar{x}$ immer zum Verschwinden gebracht werden.

Der q u a d r a t i s c h e   M i t t e l w e r t $\overline{x^2}$ ist definiert durch

$$\overline{x^2} = \frac{1}{T} \int_0^T x^2(t)\, dt \tag{2.22}$$

Sein Grenzwert für $T \to \infty$ wird sinngemäß als E r w a r t u n g s w e r t   2.   O r d - n u n g bezeichnet.

Durch Radizieren folgt aus Gl. (2.22) die Rechenvorschrift zur Bildung des sog. E f f e k t i v w e r t s, der in der Literatur auch als r m s - W e r t[1]) bezeichnet wird:

$$x_{eff} = \sqrt{\frac{1}{T} \int_0^T x^2(t)\, dt} = \sqrt{\overline{x^2}} \tag{2.23}$$

Der durch die Rechenvorschrift

$$\sigma^2 = \frac{1}{T} \int_0^T (x(t) - \bar{x})^2\, dt \tag{2.24}$$

---

[1]) eng.: root mean square value

definierte Mittelwert wird V a r i a n z genannt, aus welchem sich durch Radizieren die S t a n d a r d a b w e i c h u n g berechnet.

$$\sigma = \sqrt{\frac{1}{T} \int_0^T (x(t) - \bar{x})^2 \, dt}$$
(2.25)

Es läßt sich zeigen, daß zwischen $\bar{x}$, $\overline{x^2}$ und σ^2 eine einfache Beziehung besteht (s. auch Bild 2.17)

$$\overline{x^2} = \sigma^2 + \bar{x}^2$$
(2.26)

Dementsprechend genügt es, jeweils nur zwei der drei fraglichen Größen durch die relativ aufwendige Mittelwertbildung zu bestimmen.

Gelegentlich wird auch etwa der sog. B e t r a g s - m i t t e l w e r t benutzt, der definiert wird durch

$$\overline{|x|} = \frac{1}{T} \int_0^T |x| \cdot dt$$
(2.27)

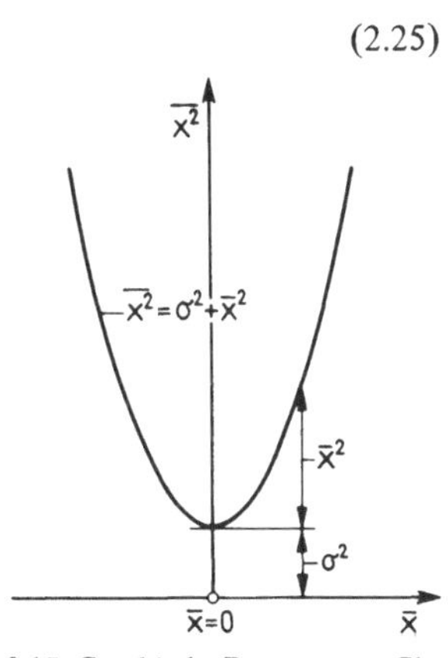

2.17 Graphische Deutung von Gl. (2.26)

Da bei stochastischen Signalen x (t) nicht als mathematische Funktion vorliegt, ist eine analytische Berechnung der fraglichen Mittelwerte nicht möglich. Die Integration bzw. Summation muß daher mit anderen Mitteln (numerisch, graphisch) durchgeführt werden.

Bei periodischen Signalen ist eventuell eine analytische Auswertung der fraglichen Formeln möglich. Als Beispiel hierzu werde der Fall des harmonischen Signals betrachtet.

Beispiel 2.9

Aufgabenstellung: Man ermittle die verschiedenen Mittelwerte des Signals x (t) = $\hat{x} \cdot \cos(\omega_0 t)$.

Lösungsgang: Die fraglichen Mittelwerte werden jeweils durch Integration über eine Periode $T_0 = 2\pi/\omega_0$ gefunden:

$$\bar{x} = \frac{1}{T_0} \cdot \int_0^{T_0} \hat{x} \cdot \sin(\omega_0 t) \cdot dt = 0$$

$$\overline{x^2} = \frac{1}{T_0} \cdot \int_0^{T_0} \hat{x}^2 \cdot \sin^2(\omega_0 t) \cdot dt$$

$$= \frac{2}{T_0} \cdot \hat{x}^2 \cdot \int_0^{T_0/2} \sin^2(\omega_0 t) \cdot dt = \frac{\hat{x}^2}{2}$$

$$x_{eff} = \sqrt{\overline{x^2}} = \frac{\hat{x}}{\sqrt{2}}$$

Da $\bar{x} = 0$, ist außerdem

$$\sigma^2 = \overline{x^2} \quad \text{und damit} \quad \sigma = x_{eff}.$$

Schließlich findet man für den Betragsmittelwert

$$\overline{|x|} = \frac{1}{T_0} \cdot \int\limits_0^{T_0} \hat{x}\,|\sin(\omega_0\,t)| \cdot dt = \frac{2\,\hat{x}}{T_0} \cdot \int\limits_0^{T_0/2} \sin(\omega_0\,t) \cdot dt = \frac{2\,\hat{x}}{\pi}$$

2.4.1.2 Kennfunktionen im Amplitudenbereich Während die in Abschnitt 2.4.1.1 behandelten Kenngrößen Durchschnittsangaben über alle in einem Signal während des Beobachtungsintervalls auftretenden Momentanwerte (Amplituden) liefern, sollen Kennfunktionen statistische Angaben über die anteilmäßige V e r t e i l u n g d e r a u f t r e t e n d e n A m p l i t u d e n w e r t e bzw. damit zusammenhängender Eigenschaften vermitteln.

Zur Charakterisierung der Häufigkeit des Auftretens bestimmter Amplitudenwerte dient die V e r t e i l u n g s f u n k t i o n d e r A m p l i t u d e n h ä u f i g k e i t s - d i c h t e $h(x)$. Teilt man zunächst nach Bild 2.18 die Amplitudenachse in Klassen der Breite Δx ein, so berechnet sich die relative Häufigkeit für das Auftreten entsprechender Werte im fraglichen Intervall Δx_k mit Hilfe des Ausdrucks

$$h_k = \frac{1}{T} \sum_{i=1}^n \Delta t_i$$

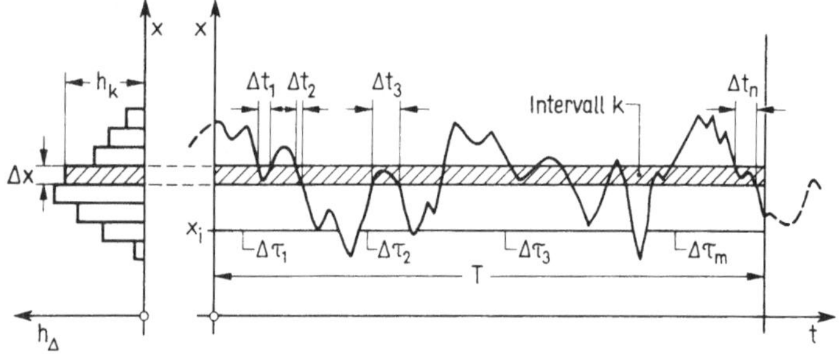

2.18 Zur Berechnung der Amplitudenhäufigkeit bzw. der Summenhäufigkeit

Bezieht man die h_k auf die Klassenbreite Δx und läßt letztere gegen 0, die Beobachtungsdauer T gleichzeitig gegen ∞ streben, so erhält man mit

$$h(x) = \lim_{\substack{\Delta x \to 0 \\ T \to \infty}} \frac{1}{\Delta x\,T} \sum_{i=1}^n \Delta t_i \tag{2.28}$$

eine Beziehung, mit welcher sich die Verteilung der Amplitudenhäufigkeitsdichte $h(x)$, d.h. der Abhängigkeit von der Amplitudengröße x, berechnen läßt.

Man kann zeigen, daß die Verteilungsfunktion $h(x)$ bei stochastischen Signalen, deren Zustandekommen auf das rein zufällige Eintreten bzw. Nichteintreten einer sehr großen Anzahl von Einzelereignissen zurückzuführen ist, die Form der G a u ß ' s c h e n V e r t e i l u n g oder N o r m a l v e r t e i l u n g annimmt (s.a. Bild 2.19):

$$h_n(x) = \frac{1}{\sigma\sqrt{2\pi}}\ e^{-\dfrac{(x-\bar{x})^2}{2\sigma^2}} \qquad (2.29)$$

Hierin bedeuten $\bar{x}$ der arithmetische Mittelwert nach Gl. (2.21), σ die Standardabweichung nach Gl. (2.26). Viele stochastische Signale der Praxis weisen Verteilungsfunktionen auf, die der Gauß'schen Verteilung sehr nahekommen.

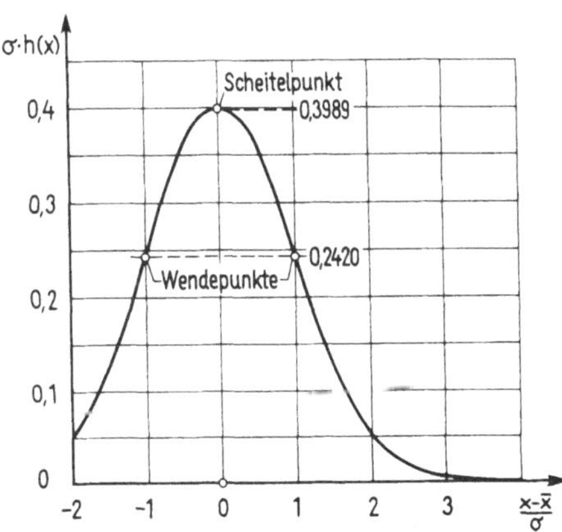

2.19
Normierte Glockenkurve der Gauß-Verteilung

Daß das aber nicht immer der Fall sein muß, zeigen einige Verteilungskurven von periodischen Signalverläufen (s. Bild 2.20). So weicht z. B. die Amplitudendichteverteilung des harmonischen Signals sehr stark von der Normalverteilung ab.

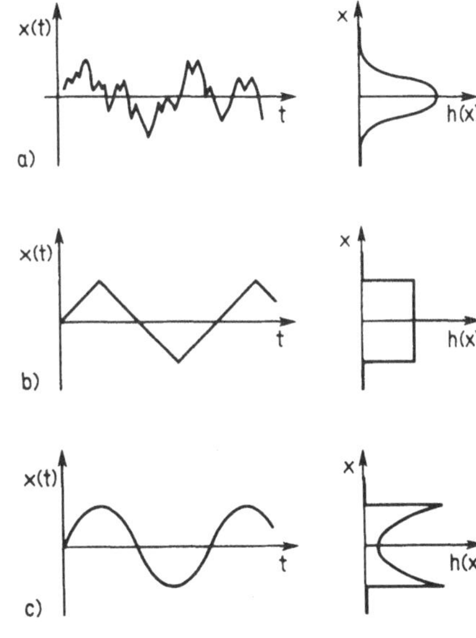

2.20
Beispiele von Amplitudendichteverteilungen,
a) Rauschvorgang; b) Dreiecksverlauf;
c) Sinusverlauf

An Stelle der Amplitudendichteverteilung h (x) wird oft auch deren Integral, die S u m m e n h ä u f i g k e i t s v e r t e i l u n g   d e r   A m p l i t u d e n, benutzt (s. a. Bilder 2.18 und 2.21):

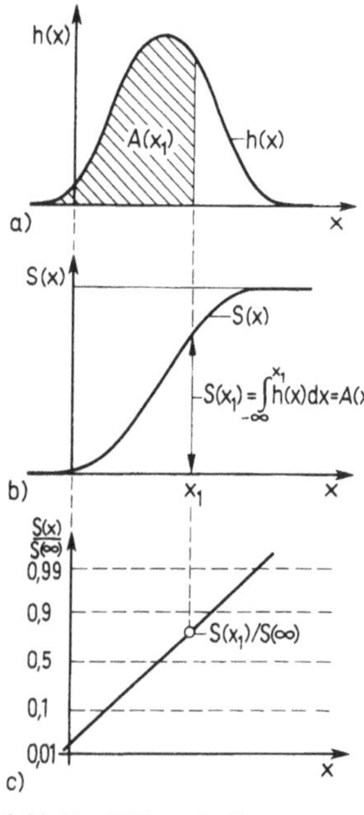

2.21 Zur Bildung der Summenhäufigkeitsfunktion S (x) (Erläuterung im Text)

$$S\,(x) = \int_{-\infty}^{x} h\,(x) \cdot dx = \lim_{T \to \infty} \frac{1}{T} \sum_{i=1}^{m} \Delta \tau_i \qquad (2.30)$$

S (x) stellt die (in Bild 2.21 schraffierte) Fläche unter der Kurve h (x) dar und gibt die relative Häufigkeit des Auftretens von Amplitudenwerten im Bereich $-\infty$ bis x an (s. Bild 2.21 b). Dementsprechend ist für den gesamten Amplitudenbereich (von $-\infty$ bis $+\infty$)

$$S\,(\infty) = \int_{-\infty}^{+\infty} h\,(x) \cdot dx = \frac{T}{T} \equiv 1$$

Es ist praktisch, S (x) mit derart verzerrtem Maßstab darzustellen, daß sich bei Gauß-Verteilungen Geraden für die Summenhäufigkeitskurven ergeben (sog. S u m m e n h ä u f i g k e i t s p a p i e r, s. Bild 2.21 c). Mit dieser Darstellungsart läßt sich sehr schnell nachprüfen, ob angenähert eine Normalverteilung vorliegt, indem mit Hilfe des Ausdrucks rechts in Gl. (2.30) einige Punkte von S (x) bestimmt (s. dazu Bild 2.18) und ins Diagramm eingetragen werden.

2.4.1.3 Praktische Ermittlung der Kennwerte bzw. Kennfunktionen

Wenn einigermaßen zuverlässige zahlenmäßige Angaben über Kennwerte bzw. Kennfunktionen gewonnen werden sollen, so muß ein umfangreiches Zahlenmaterial (mindestens einige hundert, besser einige tausend Stützpunkte) verarbeitet werden. Die Durchführung entsprechender Berechnungen von Hand wird sehr erleichtert durch p r o g r a m m i e r b a r e   R e c h n e r. Wiederholen sich solche Berechnungen öfter, so lohnt sich u. U. die Anschaffung von Spezialgeräten, die vom handbedienten, einfachen K l a s s i e r g e r ä t bis zum Spezialrechner im off line- oder on line-Betrieb gehen können [5].

2.4.2 Kennfunktionen im Zeitbereich

2.4.2.1 Autokorrelationsfunktion, Autokovarianzfunktion

Es wurde bereits darauf hingewiesen, daß auch stochastische Signale nicht völlig regellos verlaufen. Eine diesbezügliche Eigenschaft ist die sog. E r h a l t u n g s t e n d e n z eines Signals, d. h. die

Tendenz, sich über kleine Zeitintervalle geradlinig fortzusetzen. Mit Hilfe der Korrelationsrechnung läßt sich diese Eigenschaft rechnerisch ausdrücken, was zu der Beziehung führt [24]:

$$\phi_{xx}(\tau) = \lim_{T \to \infty} \frac{1}{T} \int_{-T/2}^{+T/2} x(t) \cdot x(t + \tau)\, dt \qquad (2.31)$$

Sie drückt die Abhängigkeit der Erhaltungstendenz ϕ von der Größe der Verschiebungszeit τ aus und wird als A u t o k o r r e l a t i o n s f u n k t i o n bezeichnet. Gl. (2.31) liefert zugleich die Rechenvorschrift zur Gewinnung dieser Funktion. Danach ist für parametrische Werte der Verschiebungszeit τ das Produkt der Funktionswerte $x(t) \cdot x(t + \tau)$ über das ganze Beobachtungsintervall T zu mitteln (s. a. Bild 2.22).

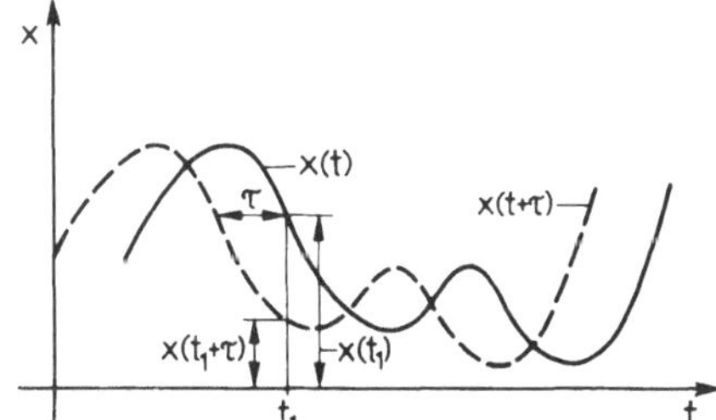

2.22
Zur Berechnung der Autokorrelationsfunktion

Häufig wird an Stelle der Autokorrelationsfunktion die sog. A u t o k o v a r i a n z f u n k t i o n $\phi_{\Delta x \Delta x}(\tau)$ verwendet. Sie steht mit der ersteren in folgendem Zusammenhang (s. a. Bild 2.23):

$$\phi_{\Delta x \Delta x}(\tau) = \phi_{xx}(\tau) - \overline{x}^{2} \qquad (2.32)$$

worin $\overline{x}^{2}$ das Quadrat des arithmetischen Mittelwerts des Signals $x(t)$ bedeutet.

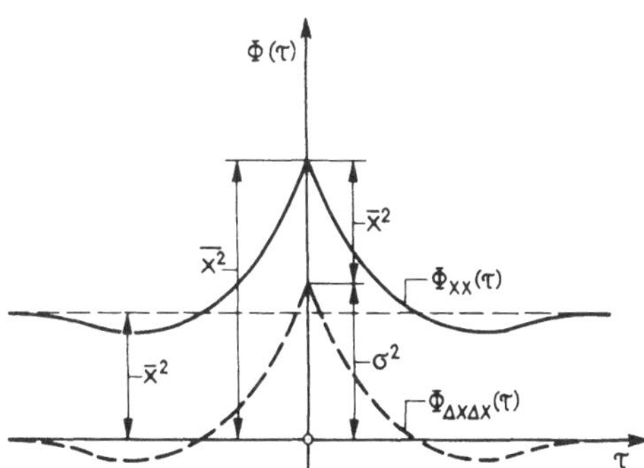

2.23
Zusammenhang zwischen Autokorrelationsfunktion und Autokovarianzfunktion

2.4.2.2 Eigenschaften der Kennfunktionen, Beispiele Die Rechenvorschriften nach Gl. (2.31) bzw. (2.32), die man auf das Signal $x(t)$ anzuwenden hat, entsprechen einer Funktionaltransformation: aus $x(t)$ wird eine neue, zeitabhängige Funktion

$\phi(\tau)$ gewonnen. Da jedoch durch die Mittelwertbildung die Information über den detaillierten Signalverlauf verloren geht, ist diese Transformation n i c h t u m k e h r - b a r. Das läßt sich auch so interpretieren, daß einer bestimmten Autokorrelationsfunktion $\phi(\tau)$ beliebig viele verschiedene Signalverläufe $x_i(t)$ entsprechen können.

Setzt man in Gl. (2.31) die Verschiebungszeit $\tau = 0$, so erhält man

$$\phi_{xx}(0) = \lim_{T \to \infty} \frac{1}{T} \int_{-T/2}^{+T/2} x^2(t) \cdot dt = \overline{x^2}$$

d. h. den quadratischen Mittelwert des Signals. Man kann zeigen, daß dies auch zugleich der Maximalwert der Funktion $\phi_{xx}(\tau)$ ist (s. a. Bild 2.23). Für die Autokovarianzfunktion gilt entsprechend (s. a. Gl. (2.26)):

$$\phi_{\Delta x \Delta x}(0) = \overline{x^2} - \overline{x}^2 = \sigma^2$$

Da die zeitliche Verschiebung der Kurve $x(t)$ um $+\tau$ oder $-\tau$ nach Gl. (2.31) zum selben Mittelwert führt, ist $\phi_{xx}(\tau)$ (und damit auch $\phi_{\Delta x \Delta x}(\tau)$) eine g e r a d e F u n k t i o n; sie verläuft mithin spiegelbildlich zur durch den Punkt $\tau = 0$ gelegten Ordinatenachse (s. Bild 2.23).

Ist $x(t)$ ein s t a t i o n ä r e s, r e i n s t o c h a s t i s c h e s S i g n a l, so strebt $\phi_{xx}(\tau)$ für unbegrenzt wachsendes τ dem Wert $\overline{x}^2$ zu, die Autokovarianzfunktion mithin gegen Null.

Für jedes z e i t l i c h b e g r e n z t e S i g n a l verschwindet sowohl $\phi_{xx}(\tau)$ wie auch $\phi_{\Delta x \Delta x}(\tau)$.

Ist $x(t)$ ein p e r i o d i s c h e s S i g n a l, so ist auch $\phi_{xx}(\tau)$ periodisch, ebenso $\phi_{\Delta x \Delta x}(\tau)$. Insbesondere gilt für das harmonische Signal $x(t) = \hat{x} \cdot \cos(\omega_0 t + \phi)$:

$$\phi_{xx}(\tau) = \frac{\hat{x}^2}{2} \cos(\omega_0 t)$$

Wie man sieht, geht die Phaseninformation ϕ beim Übergang auf die Autokorrelationsfunktion verloren, so daß auch in diesem Fall das Signal $x(t)$ aus $\phi_{xx}(\tau)$ nicht wieder rekonstruiert werden kann.

Wichtig ist für viele Fälle das S u p e r p o s i t i o n s g e s e t z. Sind $x_1(t)$ und $x_2(t)$ zwei voneinander unabhängige[1]) determinierte oder stochastische Teilsignale und ist

$$x(t) = x_1(t) + x_2(t),$$

so gilt für die Autokorrelationsfunktion

$$\phi_{xx}(\tau) = \phi_{x1\,x1}(\tau) + \phi_{x2\,x2}(\tau)$$

---

[1]) Diese Bedingung ist erfüllt, wenn die sog. K r e u z k o r r e l a t i o n s f u n k t i o n

$$\phi_{x1\,x2}(\tau) = \lim_{T \to \infty} \frac{1}{T} \int_{-T/2}^{+T/2} x_1(t) \cdot x_2(t + \tau) \cdot dt$$

verschwindet.

Geringe E r h a l t u n g s t e n d e n z eines Signals drückt sich durch schnellen Abfall
der Autokorrelierten $\phi_{xx}(\tau)$ vom Maximalwert $\phi_{xx}(0)$ aus, große Erhaltungstendenz
durch entsprechend langsameren Abfall.

Beispiele

In Bild 2.24 sind einige typische Signalverläufe und deren Autokorrelationsfunktionen
zusammengestellt (qualitative Verläufe). Sie illustrieren die wichtigsten der vorstehend
diskutierten Eigenschaften.

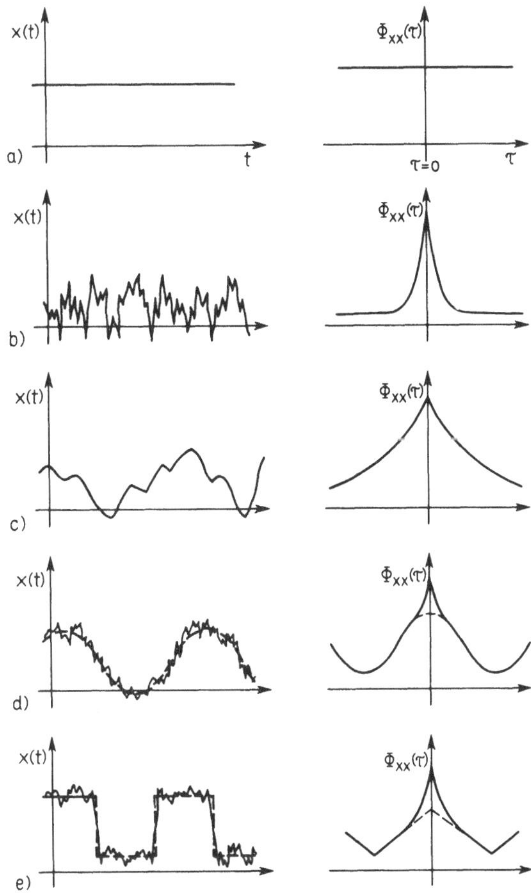

2.24 Einige Signale und deren Autokorrelationsfunktionen (qua-
litativ)
a) Gleichgrößensignal; b) hochfrequentes Rauschsignal;
c) niederfrequentes Rauschsignal; d) harmonisches Signal
mit überlagertem Rauschen; e) periodisches Rechtecksignal
mit überlagertem Rauschen

2.4.2.3 Praktische Berechnung der Kennfunktionen Die zahlenmäßige Ermittlung der Kennfunktionen $\phi_{xx}(\tau)$ bzw. $\phi_{\Delta x \Delta x}(\tau)$ von stochastischen Signalen verursacht sehr hohen Rechenaufwand, der praktisch nur mit Hilfe von programmierbaren Digitalrechnern innert vernünftiger Zeit bewältigt werden kann. Spezialgeräte (K o r r e l a t o - r e n) ermöglichen off line oder on line die Bestimmung der fraglichen Kennfunktionen direkt aus dem elektrischen Signal x (t) und bieten großen Bedienungskomfort [5].

Abgesehen von der Berechnung auf Grund der Gl. (2.31) bzw. (2.32) kann die Autokorrelationsfunktion auch aus der spektralen Leistungsdichtefunktion ermittelt werden. Hierauf wird in Abschnitt 2.4.3 eingegangen.

2.4.3 Kennfunktionen im Frequenzbereich

2.4.3.1 Spektrale Leistungsdichte Wir betrachten wieder ein stationäres und ergodisches stochastisches Signal. Um zu einer Beschreibung im Frequenzbereich zu kommen, könnte dieses Signal nach Gl. (2.17) einer Fourier-Transformation unterworfen werden. Da bei stationären Signalen die Konvergenz des Fourier-Integrals aber nicht generell gesichert ist, drängt sich eine Normierung mit der Beobachtungsdauer T auf. Es hat sich dabei die folgende, als s p e k t r a l e   W i r k l e i s t u n g s d i c h t e bezeichnete Kennfunktion als besonders zweckmäßig und aussagefähig erwiesen:

$$S_{xx}(\omega) = \lim_{T \to \infty} \frac{|x(i\,\omega)|^2}{T} \quad {}^1)$$

(2.33)

$S_{xx}(\omega)$ ist ein Maß für die durch ein Signal x (t) innerhalb eines infinitesimalen Frequenzintervalls d ω übertragene Leistung (Leistungsdichte); die graphische Darstellung in Abhängigkeit der Frequenz liefert die s p e k t r a l e   V e r t e i l u n g dieser Leistungsdichte.

Gl. (2.33) ist zunächst im Hinblick auf die besonderen Eigenschaften stochastischer Signale definiert. Die entsprechende Funktionaltransformation kann aber auch auf determinierte Signale angewendet werden.

2.4.3.2 Eigenschaften der Leistungsdichtefunktion; Beispiele Ähnlich wie bei der Autokorrelationsfunktion kann auch aus der Wirkleistungsdichtefunktion $S_{xx}(\omega)$ die Signalfunktion x (t) nicht zurückgewonnen werden, d. h. die Funktionaltransformation nach Gl. (2.33) ist   n i c h t   u m k e h r b a r. Der Grund liegt im Verlust der Phaseninformation bei der Betragsbildung. Daraus folgt andererseits, daß eine bestimmte spektrale Leistungsdichteverteilung durch beliebig viele verschiedene Signalverläufe $x_i(t)$ hervorgebracht werden kann, die somit alle hinsichtlich ihres Leistungsdichtespektrums gleichwertig sind (Ä q u i v a l e n z p r i n z i p).

---

^{1}) Der Index xx unterscheidet die nach Gl. (2.33) berechnete Wirkleistungsdichtefunktion von der aus zwei Signalen x_1, x_2 ermittelten sog. K r e u z l e i s t u n g s - d i c h t e f u n k t i o n $S_{x_1 x_2}(\omega)$, welche der Kreuzkorrelationsfunktion entspricht [24].

Ebenfalls durch die bereits erwähnte Betragsbildung bedingt ist die Eigenschaft, daß $S_{xx}(\omega)$ immer r e e l l und p o s i t i v ist. Weiterhin läßt sich zeigen, daß $S_{xx}(\omega) = S_{xx}(-\omega)$, d. h. die Wirkleistungsdichtefunktion eine g e r a d e F u n k t i o n ist [24].

Für den Fall, daß x_1 und x_2 von einander unabhängige Teilsignale sind (s. dazu Abschnitt 2.4.2.2), gilt für die Wirkleistungsdichte des Summensignals $x(t) = x_1(t) + x_2(t)$ das S u p e r p o s i t i o n s p r i n z i p [24]:

$$S_{xx}(\omega) = S_{x1\,x1}(\omega) + S_{x2\,x2}(\omega)$$

Von besonderer Bedeutung ist die Beziehung von P a r c e v a l, welche einen Zusammenhang zwischen der spektralen Wirkleistungsdichte und dem quadratischen Mittelwert $\overline{x^2}$ eines Signals herstellt [24]. Es gilt mit Rücksicht darauf, daß $S_{xx}(\omega)$ eine gerade Funktion ist, die folgende Beziehung:

$$\overline{x^2} = \frac{1}{\pi} \int\limits_0^\infty S_{xx}(\omega) \cdot d\omega \tag{2.34}$$

Diese Beziehung läßt sich sinngemäß auch auf beliebige Frequenzintervalle anwenden (s. dazu Bild 2.25), indem sich der quadratische Mittelwert (Wirkleistung) der im Frequenzintervall $\omega_1 < \omega < \omega_2$ liegenden Signalkomponenten nach der Formel berechnen läßt:

$$\Delta\overline{x^2} = \frac{1}{\pi} \int\limits_{\omega_1}^{\omega_2} S_{xx}(\omega) \cdot d\omega = \frac{\Delta A}{\pi} \tag{2.34a}$$

Gl. (2.34a) ist die Grundlage für die direkte experimentelle Ermittlung des Leistungsdichtespektrums.

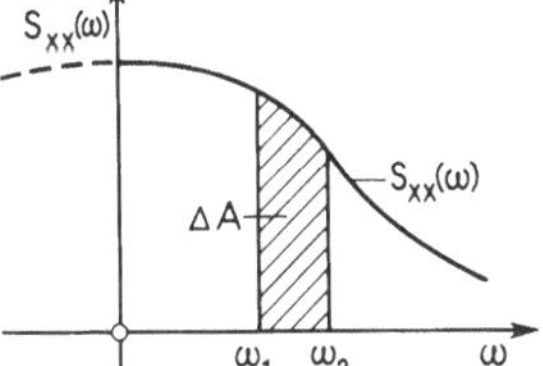

2.25
Zum Theorem von Parceval

Eine Möglichkeit zur indirekten Gewinnung von $S_{xx}(\omega)$ bietet das T h e o r e m v o n W i e n e r - K h i n t c h i n e [24]. Danach ist die Wirkleistungsdichtefunktion mit der Autokorrelationsfunktion über die Fourier-Transformation verknüpft, d. h. es gilt:

$$S_{xx}(\omega) = \int\limits_{-\infty}^{+\infty} \phi_{xx}(\tau) \cdot e^{-i\omega\tau} \cdot d\tau = \mathscr{F}\{\phi_{xx}(\tau)\} \tag{2.35}$$

und umgekehrt

$$\phi_{xx}(\tau) = \frac{1}{2\pi} \int\limits_{-\infty}^{+\infty} S_{xx}(\omega) \cdot e^{i\omega\tau} d\omega = {}^{-1}\mathscr{F}\{S_{xx}(\omega)\} \tag{2.35a}$$

Damit kann also $S_{xx}(\omega)$ aus der als bekannt angenommenen Autokorrelationsfunktion $\phi_{xx}(\tau)$ mit Hilfe einer Fourier-Transformation gefunden werden. Auch die umgekehrte Operation ist auf Grund von Gl. (2.35a) (Rücktransformation) möglich.

Anmerkung Entsprechende Beziehungen bestehen auch zwischen Kreuzkorrelationsfunktion $\phi_{x1\,x2}\,(\tau)$ und Kreuzleistungsdichtespektrum $S_{x1\,x2}\,(\omega)$ [24].

Beispiele

Die einfachste Wirkleistungsdichte-Verteilung ist diejenige nach Bild 2.26a mit
$S_{xx}\,(\omega) = S_0 =$ konst. Das entsprechende, extrem regellose Signal wird als w e i ß e s
R a u s c h e n bezeichnet. Es ist nicht realisierbar, da es, wie die Parceval-Beziehung
Gl. (2.34) sofort zeigt, einer unendlich großen Signalleistung entsprechen würde. Trotzdem ist es als gedachter Grenzfall eines breitbandigen Rauschens für viele theoretische
Betrachtungen sehr nützlich. Im Zeitbereich entspricht ihm eine Autokorrelationsfunktion mit einer schon bei kleinsten Zeitverschiebungen τ verschwindenden Erhaltungstendenz, d. h. mit dem Verlauf einer Nadelfunktion (s. Bild 2.26a).

Beim B r e i t b a n d r a u s c h e n (s. Bild 2.26b) ist $S_{xx}\,(\omega)$ über einen relativ großen
Frequenzbereich annähernd konstant und die Erhaltungstendenz entsprechend noch
klein, d. h. $\phi_{xx}\,(\tau)$ fällt steil ab.

Beim niederfrequenten S c h m a l b a n d r a u s c h e n (s. Bild 2.26c) ist $S_{xx}\,(\omega)$ entsprechend nur über ein ganz schmales Frequenzintervall praktisch konstant. Wegen des
nun stark geglätteten Signalverlaufs ist die Erhaltungstendenz hier relativ groß, was sich
im langsamen Abfallen von $\phi_{xx}\,(\tau)$ ausdrückt.

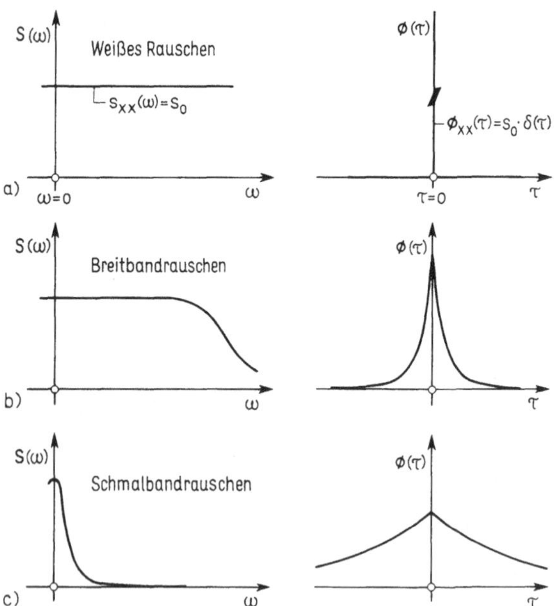

2.26 Zusammenhang zwischen Wirkleistungsdichtefunktion und Auto-
     korrelationsfunktion demonstriert am Beispiel von Rauschsignalen

P e r i o d i s c h e   S i g n a l e zeigen, wie man etwa auf Grund des Parceval-Theorems
leicht überlegt, ein Leistungsdichtespektrum von N a d e l f u n k t i o n e n. Insbesondere gilt für das harmonische Signal (s. Bild 2.27a):

$$x(t) = \hat{x} \cdot \cos(\omega_0 t) \longrightarrow S_{xx}(\omega) = \frac{\hat{x}^2}{4}[\delta(\omega + \omega_0) + \delta(\omega - \omega_0)]$$

Auch für a p e r i o d i s c h e S i g n a l e sind Leistungsdichtespektren i. a. angebbar, doch wird von dieser Möglichkeit nur selten Gebrauch gemacht.

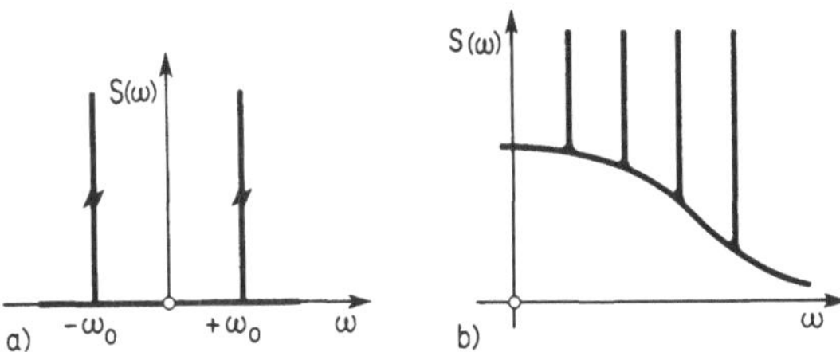

2.27 Leistungsdichtespektrum eines harmonischen Signals a) bzw. eines periodischen Signals mit überlagertem Rauschen b)

Unter der Voraussetzung, daß die Teilsignale voneinander u n a b h ä n g i g sind, ü b e r l a g e r n s i c h d i e e i n z e l n e n S p e k t r e n entsprechend dem Superpositionsprinzip. So stellt z. B. das in Bild 2.27b wiedergegebene Leistungsdichtespektrum die Überlagerung der Spektren eines Rauschsignalanteils und eines periodischen Anteils dar.

2.4.3.3 Praktische Gewinnung von Leistungsdichtespektren

Die zahlenmäßige Ermittlung von Leistungsdichtespektren kann bei formelmäßig beschreibbaren, determinierten Signalen auf Grund von Gl. (2.33) analytisch erfolgen; in allen übrigen Fällen ist man auf numerische bzw. experimentelle Verfahren angewiesen. Bei den n u m e r i s c h e n V e r f a h r e n empfiehlt sich der Einsatz von Spezialgeräten: von F o u r i e r - A n a l y s a t o r e n bei der direkten Methode nach Gl. (2.33), von K o r r e l a t o r e n bei der indirekten Methode (primäre Bestimmung von $\phi_{xx}(\tau)$ und anschließende Fourier-Transformation). Bei der direkten e x p e r i m e n t e l l e n E r m i t t l u n g macht man von der sog. F i l t e r m e t h o d e Gebrauch, die sich auf Gl. (2.34a) stützt. Durch Schmalbandfilter wird hierbei jeweils ein kleiner spektraler Anteil des Signals herausgeholt und dessen quadratischer Mittelwert $\Delta \overline{x^2}$ mit einem Wirkleistungsmeßgerät erfaßt. Einen Überblick über einschlägige Methoden und Geräte vermittelt [5].

2.5 Anwendung der Signalbeschreibungsmittel auf reale Signale

2.5.1 Reale Signale

Bei der Behandlung der Signalbeschreibungsmittel in den Abschnitten 2.3 und 2.4 wurde i. a. von idealisierten Signalen ausgegangen. In der Praxis sind solche Voraussetzungen aus verschiedenen Gründen kaum je erfüllt. So treten rein determinierte

Signale kaum je auf; es ist ihnen immer eine mehr oder weniger große stochastische Komponente beigemischt. Andererseits ist bei zufallsgenerierten Signalen die Bedingung der Stationarität streng nie erfüllt, da sich alle realen Vorgänge in endlichen Zeitspannen abspielen.

Trotzdem lassen sich die vorgestellten Beschreibungsmittel mit großem Nutzen auf Probleme der Praxis anwenden, wenn man sich der theoretisch bedingten Grenzen ihrer Aussagekraft bewußt bleibt.

Die bisherigen Betrachtungen zeigen, daß hinsichtlich des jeweils anzuwendenden Beschreibungsmittels eine gewisse Wahlfreiheit besteht, die dem Anfänger oft Schwierigkeiten bereitet. Ausschlaggebend für diese Wahl ist meist der Zweck, dem das Signalmodell dienen soll (s. dazu auch Kap. 5). Daneben wird sie auch stark durch die Signalart (determiniert oder stochastisch) mitbestimmt. Hinweise bezüglich der Signalart liefert oft die Entstehungsweise von Signalen.

Determinierte Signale entstehen vor allem im Zusammenhang mit technischen oder nichttechnischen Prozessen, die nach den Gesetzen der klassischen Physik ablaufen, d.h. nicht merklich vom Zufall beeinflußt sind. Typische Beispiele sind etwa periodische Signale, die an rotierenden Maschinen, Kolbenmaschinen oder anderen Einrichtungen mit Kurbeltrieb entstehen. Periodische Signale treten auch im Zusammenhang mit sich wiederholenden Fabrikations- bzw. Prozeßabläufen in der Verfahrens- und Fertigungstechnik auf. – Nichtperiodische determinierte Signale werden normalerweise bei allen An- und Abfahrvorgängen und allgemein beim Übergang von einem Betriebszustand auf einen anderen beobachtet. Hierzu ließen sich zahllose Beispiele nennen.

Die Entstehung stochastischer Signale kann vor allem auf zwei prinzipielle Ursachen zurückgeführt werden: einerseits auf die Überlagerung der Wirkung einer Vielzahl von zufällig eintretenden Einzelereignissen oder Einzelvorgängen, die an sich determiniert verlaufen können, und andererseits auf die in zeitlicher Folge beobachteten zufälligen Schwankungen von irgend welchen Eigenschaften.

Auf die erste Ursache sind z. B. zurückzuführen:

- Schwankungen des Konsums in Versorgungsnetzen für Elektrizität, Gas, Wasser etc.

- Schwankungen der Temperatur, der Konzentration etc. nach turbulenter Vermischung zweier Stoffströme

- Schwankungen des Widerstandes elektrischer Leiter (Widerstandsrauschen) infolge thermischer Molekülbewegung

Typische Beispiele von stochastischen Signalen, die ihre Entstehung der zweiten Ursache verdanken, sind etwa:

- vertikale Bewegungen der Radachse eines Straßenfahrzeugs infolge veränderlicher Fahrbahnbeschaffenheit

— Schwankungen der Feuerleistung einer Kohlenstaubfeuerung infolge veränderlichen Heizwerts des Brennstoffs

— Schwankungen der Produktqualität (z. B. Reißfestigkeit von Garn) infolge variabler Rohstoffeigenschaften

2.5.2 Anwendung der Beschreibungsmittel

Die in Abschnitt 2.3 vorgestellten Signalbeschreibungsmittel dienen dazu, in der Praxis auftretende d e t e r m i n i e r t e S i g n a l v e r l ä u f e zu beschreiben und damit — als abstrakte Signale — reproduzierbar zu machen. Streng genommen sind diese Beschreibungsmittel nur auf determinierte Signale anwendbar. Doch kann natürlich auch ein z e i t l i c h b e g r e n z t e r Teil eines stochastischen Signals damit beschrieben werden, dann allerdings immer nur im Sinne einer Näherung.

Wie schon in Abschnitt 2.3 festgestellt wurde, sind der Anwendbarkeit der einzelnen deterministischen Beschreibungsmittel Grenzen gesetzt, und es besteht streng genommen kein universell verwendbares Signal-Darstellungsverfahren. Den breitesten Anwendungsbereich hat wohl die Impulsreihe, unter der Bedingung jedoch, daß ein leistungsfähiger Digitalrechner zur Verfügung steht. Alle übrigen Beschreibungsmittel im Zeit- und Frequenzbereich sind nur begrenzt anwendbar, wie Tafel 2.4 zeigt.

Tafel 2.4 Anwendung deterministischer Signalbeschreibungsmittel

Signalart	Zeitbereich		Frequenzbereich		
	analytisch [x (t)]	Zeitreihe	Fourier-Reihe	Fourier-Transform.	Laplace-Transform.
determiniert periodisch	stückweise	allg. anwendbar	allg. anwendbar	i. a. anwendbar	allg. anwendbar
aperiodisch beidseit. begrenzt	evtl. ganz, sonst stückweise	allg. anwendbar	evtl. als Näherung (quasi-periodisch)	i. a. anwendbar	allg. anwendbar
aperiodisch einseitig begrenzt	evtl. ganz, sonst stückweise	allg. anwendbar	nicht anwendbar	evtl. anwendbar (Konvergenz?)	allg. anwendbar
stochastisch stationär (quasi-stationär)	nicht anwendbar	allg. anwendbar	als Nä-rung (quasi-periodisch)	praktisch nicht benutzt	praktisch nicht benutzt
instationär	nicht anwendbar	allg. anwendbar	nicht anwendbar	nicht anwendbar	nicht anwendbar

Die in Abschnitt 2.4 behandelten s t a t i s t i s c h e n B e s c h r e i b u n g s m i t t e l sind, wie aus Tafel 2.5 hervorgeht, streng genommen nur auf periodische und stationäre stochastische Signale anwendbar. Allerdings muß man sich in der Praxis immer mit quasistationären Signalen abfinden, und alle darauf bezüglichen statistischen Angaben sind entsprechend nur als Näherungen zu betrachten.

Tafel 2.5 Anwendung statistischer Signalbeschreibungsmittel

Signalart	Amplitudenbereich		Zeitbereich $\phi_{xx}(\tau)$, $\phi_{xy}(\tau)$	Frequenzbereich $S_{xx}(\omega)$, $S_{xy}(\omega)$
	Kennwerte $\overline{x}$, $\overline{x^2}$, x_{eff}, σ, $\|x\|$	Kennfunktionen $h(x)$, $S(x)$		
determiniert				
periodisch	allg. anwendbar	allg. anwendbar	allg. anwendbar	allg. anwendbar
aperiodisch	i. a. anwendbar	praktisch nicht benutzt	praktisch nicht benutzt	praktisch nicht benutzt
stochastisch				
stationär (quasistationär)	allg. anwendbar	allg. anwendbar	allg. anwendbar	allg. anwendbar
instationär	nicht anwendbar	nicht anwendbar	nicht anwendbar	nicht anwendbar

3 Dynamische Systeme und deren mathematische Beschreibung – Prozeßmodelle

Wie bereits im 1. Kap. festgestellt, werden zur rechnerischen Lösung der Fundamentalaufgaben der Systemdynamik neben S i g n a l m o d e l l e n i. a. auch P r o z e ß m o d e l l e benötigt. Nur selten sind diese Modelle bei der Inangriffnahme der Aufgabe bereits vorhanden. Vielmehr müssen sie meist zuerst erarbeitet werden, was nicht selten der aufwendigste und mitunter schwierigste Teil der ganzen Untersuchung ist. In jedem Falle ist aber das Prozeßmodell bestimmend sowohl für den A r b e i t s a u f w a n d wie auch für die A u s s a g e k r a f t d e r R e c h e n e r g e b n i s s e. Der Modellbildung kommt daher nicht nur theoretische, sondern mindestens ebenso große praktische Bedeutung zu.

3.1 Modellbegriff – Modellarten

3.1.1 Definition des Prozeßmodells

Unter einem Prozeßmodell wird ein durch mathematische Beziehungen beschriebenes A b b i l d   b e s t i m m t e r   E i g e n s c h a f t e n eines realen oder gedachten technischen oder nichttechnischen Systems verstanden. Es werden dabei nur die dem Z w e c k   d e s   M o d e l l s entsprechenden Systemeigenschaften abgebildet; alle anderen werden absichtlich nicht berücksichtigt. Diese Tatsache begründet die Möglichkeit der Ü b e r t r a g u n g bzw. V e r a l l g e m e i n e r u n g von Prozeßmodellen.

Prozeßmodelle sind als mathematische Beschreibungen a b s t r a k t e   M o d e l l e, im Gegensatz zu konkreten Modellen der Geometrie (z. B. architektonisches oder geographisches Modell) oder der Modellphysik (physikalisches Analogon wie elektrisches Modell (Analogrechner), Seifenhautmodell etc.).

Prozeßmodelle verknüpfen insbesondere Eingangs- und Ausgangsgrößen, oft auch Systemvariable untereinander und mit den Systemparametern. Diese Verknüpfungen entsprechen den (natur-)gesetzlichen Zusammenhängen, welche den Übertragungsprozeß bestimmen. Bei technischen Systemen sind diese Zusammenhänge vorwiegend durch deterministische physikalische Gesetze gegeben. Bei nichttechnischen Systemen spielen neben solchen auch Beziehungen anderer Art (z. B. psychologische) eine wichtige Rolle (typisches Beispiel: Modelle der Verhaltenswissenschaften). Bei allen Modellarten können schließlich auch statistische Zusammenhänge von Bedeutung sein.

Im Gegensatz zu den Modellen der exakten Wissenschaften, insbesondere der Physik, wird mit Modellen der Systemdynamik i. a. keine exakte Beschreibung des Verhaltens des abzubildenden Originalsystems angestrebt. Vielmehr soll diese Abbildung nur mit der für den jeweiligen Zweck des Modells h i n r e i c h e n d e n   G e n a u i g k e i t erfolgen. Der Grund für diese Beschränkung ist ein ö k o n o m i s c h e r; es soll damit unnötiger Aufwand sowohl bei der Gewinnung wie auch bei der späteren Anwendung des Modells vermieden werden.

3.1.2 Einteilung von Prozeßmodellen

Es sind viele verschiedene Modellarten im Gebrauch. Eine Einteilung ist nach verschiedenen Gesichtspunkten möglich und zweckmäßig.

Theoretische bzw. empirische Modelle T h e o r e t i s c h e   M o d e l l e sind durch d e d u k t i v e   M o d e l l b i l d u n g (s. Abschnitt 3.4.1) entstandene Modelle, d. h. Modelle, die durch mathematische Verknüpfung der für den Übertragungsprozeß maßgebenden Naturgesetze gewonnen worden sind. E m p i r i s c h e   M o d e l l e werden demgegenüber durch e x p e r i m e n t e l l e   M o d e l l b i l d u n g (s. Abschnitt 3.4.2) gewonnen, d. h. aus den Ergebnissen von Versuchen am zu beschreibenden System abgeleitet.

Deterministische bzw. statistische Modelle Bei d e t e r m i n i s t i s c h e n   M o d e l l e n ist der Zusammenhang zwischen den Variablen unter sich und mit den

Systemparametern durch streng determinierte Verknüpfungen gegeben. Bei s t a t i -
s t i s c h e n M o d e l l e n sind diese Zusammenhänge mindestens teilweise durch
W a h r s c h e i n l i c h k e i t s b e z i e h u n g e n beschrieben.

Unveränderliche bzw. veränderliche Modelle Bei u n v e r ä n d e r l i c h e n M o -
d e l l e n sind sowohl die Struktur wie auch die Parameter des Modells konstant. Bei
v e r ä n d e r l i c h e n M o d e l l e n können sich Struktur u/o Parameter des Modells
in Abhängigkeit der Zeit oder einer anderen Variablen ändern (z. B. Abhängigkeit der
Flugeigenschaften eines Luftfahrzeugs von der Flughöhe bzw. vom Kraftstoffvorrat).

Parametrische bzw. nichtparametrische Modelle Bei p a r a m e t r i s c h e n M o -
d e l l e n wird das Übertragungsverhalten durch mathematische G l e i c h u n g e n
beschrieben, deren Koeffizienten oder P a r a m e t e r die Zusammenhänge quantitativ fixieren. Bei n i c h t p a r a m e t r i s c h e n M o d e l l e n treten an Stelle der
Gleichungen g r a p h i s c h e oder t a b e l l a r i s c h e D a r s t e l l u n g e n, die
i. a. keine Parameterabhängigkeit aufzeigen.

Lineare bzw. nichtlineare Modelle Bei l i n e a r e n M o d e l l e n weisen die mathematischen Verknüpfungen zwischen Eingangs- und Ausgangsvariablen (und gegebenenfalls noch Systemvariablen) n u r l i n e a r e O p e r a t i o n e n auf (Multiplikation
mit Konstante, Superposition, Integration bzw. Differentiation). Bei n i c h t l i n e -
a r e n M o d e l l e n werden neben linearen auch n i c h t l i n e a r e O p e r a t i o -
n e n zur Beschreibung des Übertragungsverhaltens benutzt.

3.2 Anforderungen an Prozeßmodelle

Prozeßmodelle müssen verschiedenen, zum Teil einander widersprechenden Anforderungen genügen. Die wichtigsten sind: hinreichende M o d e l l g e n a u i g k e i t
sowie angemessener A u f w a n d für Modellbildung und Modellanwendung. Daneben
wird oft die Bedingung der V e r f ü g b a r k e i t eines Modells bereits i n d e r
P l a n u n g s p h a s e gestellt. Für die Praxis ist ferner eine gewisse A n s c h a u -
l i c h k e i t bzw. p h y s i k a l i s c h e D e u t b a r k e i t von Modellen von nicht
zu unterschätzender Bedeutung.

3.2.1 Genauigkeit von Prozeßmodellen

Es wurde bereits angedeutet, daß bei Prozeßmodellen nur eine beschränkte Genauigkeit
der Abbildung verlangt wird. Wie groß diese Genauigkeit mindestens sein muß, ist von
Fall zu Fall zu entscheiden. M a ß g e b e n d i s t d e r F e h l e r, m i t d e m d a s
E r g e b n i s d e r B e r e c h n u n g e n, d i e m a n m i t H i l f e d e s P r o z e ß -
m o d e l l s d u r c h f ü h r e n w i l l, b e h a f t e t s e i n d a r f. Daraus ist auf den
zulässigen Modellfehler zu schließen[1]).

---

[1]) Bezüglich Methoden zur zahlenmäßigen Beurteilung der Modellgüte wird auf die
Literatur verwiesen [6, 7, 8, 9].

Feste Zahlenwerte lassen sich mithin allgemein für den zulässigen Modellfehler nicht angeben. Immerhin lassen sich aus dem Verwendungszweck der Rechenergebnisse diesbezüglich oft qualitative Hinweise entnehmen. Tafel 3.1 bringt hierzu einige Beispiele.

Tafel 3.1 Qualitative Anforderungen bezüglich Modellgenauigkeit und Aufwand für Modellbildung und Anwendung bei der Reglersynthese

Modelleinsatz bei:	notwendige Genauigkeit	zulässiger Aufwand
routinemäßiger Projektierung ohne wesentlichen Entwicklungsaufwand	klein	klein
Projektierung mit merklichem Entwicklungsaufwand	mittel	mittel
Projektierung von Prototypanlagen mit großem Entwicklungsaufwand	groß	groß

3.2.2 Aufwand für Modellbildung und Modellanwendung

Sowohl die Modellbildung als auch die spätere Modellanwendung (i. a. zu Simulationszwecken unter Benützung von Analog- oder Digitalrechnern) ist mit Kosten verbunden, die je nach Fall in sehr weiten Grenzen schwanken können.

Die Kosten der Modellbildung hängen natürlich stark von Umfang und Komplexitätsgrad des zu beschreibenden Systems ab, ferner davon, ob ein Modell wiederholt verwendet werden kann (theoretische Modelle) oder jedesmal neu gebildet werden muß (i. a. bei empirischen Modellen notwendig). Der Arbeitsaufwand für eine Modellbildung kann dementsprechend zwischen einigen wenigen und einigen tausend Ingenieurstunden variieren. Er steigt i. a. mit wachsenden Ansprüchen an die Modellgenauigkeit überproportional an.

Die Kosten für die Modellanwendung werden zunächst durch den Umfang der mit dem Modell durchzuführenden Untersuchungen bestimmt, zugleich aber auch durch Umfang und Komplexität des Modells selber. Ein einfaches u/o lineares Modell verursacht entsprechend geringeren Rechenaufwand als ein kompliziertes u/o nichtlineares. Zahlenmäßige Angaben klaffen hier noch weiter auseinander als bei den Modellbildungskosten.

Da höhere Modellgenauigkeit i. a. sowohl höhere Modellbildungs- wie Modellanwendungskosten bedeutet, sollte namentlich bei nur einmal einzusetzenden Modellen auf unnötige Genauigkeitsansprüche verzichtet werden. Im übrigen hängen die nötigen Aufwendungen jeweils stark vom Anwendungsfall ab. Sie sind bei routinemäßigen Projektierungsaufgaben in der Regel klein, während im Zusammenhang etwa mit der Neuentwicklung von Prototypen oder mit Forschungsaufgaben oft mit beträchtlichen Kosten für Modellbildung und Simulation gerechnet werden muß (s. dazu auch Tafel 3.1).

3.3 Mittel zur mathematischen Beschreibung von Systemen

Die nachfolgend vorgestellten Beschreibungsmittel beziehen sich ausschließlich auf deterministische Systeme[1]). Dabei wird aus den früher bereits angegebenen Gründen auf Darstellungsmittel, deren Anwendung die Verfügbarkeit leistungsfähiger Digitalrechner voraussetzt, nur am Rande eingegangen.

3.3.1 Beschreibungsmittel im Zeitbereich

Im Zeitbereich stehen parametrische sowie nichtparametrische Beschreibungsmittel zur Verfügung. Die ersteren werden vor allem durch D i f f e r e n t i a l g l e i c h u n g e n repräsentiert, die letzteren durch graphisch oder tabellarisch dargestellte A n t w o r t - f u n k t i o n e n.

3.3.1.1 Differentialgleichungen
Das wohl am häufigsten angewandte und zugleich universellste Beschreibungsmittel für das Übertragungsverhalten eines Systems ist die Differentialgleichung. Sie verknüpft die Variabeln durch einen Satz von Differentialbeziehungen von der Art (s. auch Bild 3.1):

$$D\,(u, x, v, t) = 0 \tag{3.1}$$

3.1
Eingangs-, Ausgangs- und Systemvariabeln

Einzelne dieser Beziehungen (eventuell alle) enthalten dabei nicht selten Nichtlinearitäten.

Für ein l i n e a r e s ,   z e i t i n v a r i a n t e s   S y s t e m   m i t   k o n z e n t r i e r - t e n   P a r a m e t e r n[2]) kann i. a. aus dem Gleichungssatz entsprechend (3.1) durch Elimination sämtlicher Systemvariabeln x ein Satz von Differentialgleichungen vom Typus

$$e_{0i}\,u_i + e_{1i}\,\dot{u}_i + \ldots + e_{mi}\,\overset{(m)}{u_i} = a_{0j}\,v_j + a_{1j}\,\dot{v}_j + a_{2j}\,\ddot{v}_j + \ldots + a_{nj}\,\overset{(n)}{v_j} \tag{3.2}$$

---

[1]) Auf stochastische Systeme kann im Rahmen dieses Buches nicht eingegangen werden. Es wird hierfür auf die einschlägige Literatur verwiesen: [10] u. a.

[2]) Ein System mit k o n z e n t r i e r t e n   P a r a m e t e r n liegt dann vor, wenn es eine endliche Anzahl von Speichern (für Maße, Energie, Information etc.) von endlicher Kapazität und ausschließlich zeitabhängigem Ladezustand aufweist. Von einem System mit v e r t e i l t e n   P a r a m e t e r n wird gesprochen, wenn die Speicherwirkung nicht nur zeit- sondern auch ortsabhängig ist und daher infinitesimal kleine Speichereinheiten betrachtet werden müssen. Dies führt auf p a r t i e l l e   D i f f e r e n t i a l - g l e i c h u n g e n. Auf solche Systeme wird hier nicht eingegangen.

erhalten werden, wobei die einzelnen Gleichungen nur jeweils e i n e Eingangsgröße u_i mit e i n e r Ausgangsgröße v_j verknüpfen (s. Bild 3.1). Es sind dann $k \cdot \ell$ solcher Gleichungen zur vollständigen Beschreibung des Übertragungsverhaltens erforderlich.

Werden andererseits aus dem Gleichungssatz (3.1) durch Elimination nur diejenigen Beziehungen ausgeschieden, die rein algebraische Zusammenhänge beschreiben (und damit eine entsprechende Zahl von Systemvariablen), so läßt sich ein Simultansystem von D i f f e r e n t i a l g l e i c h u n g e n   e r s t e r   O r d n u n g gewinnen, das zweckmäßigerweise in Vektorform geschrieben wird:

$$\dot{\underline{x}} = A \cdot \underline{x} + B \cdot \underline{u}$$
$$\underline{v} = C \cdot \underline{x} + D \cdot \underline{u}$$

(3.3)

Die so verbleibenden Systemvariablen werden als Z u s t a n d s v a r i a b l e, der entsprechende Vektor $\underline{x}$ als Z u s t a n d s v e k t o r und Gl. (3.3) als V e k t o r - D i f f e r e n t i a l g l e i c h u n g bezeichnet. Die Koeffizienten der Gl. (3.1) gehen in die Ü b e r t r a g u n g s m a t r i z e n A, B, C und D ein[1]).

Diese sog. Z u s t a n d s r a u m - D a r s t e l l u n g bringt gegenüber der „klassischen" Beschreibungsweise entsprechend den Gl. (3.1) bzw. (3.2) gewisse Vorteile, die vor allem bei der Behandlung von Systemen mit mehreren Eingangs- u/o Ausgangsgrößen sowie bei der Lösung komplizierter Aufgaben (umfangreiche Systeme, Optimierungsaufgaben etc.) zum Tragen kommen. Diese Darstellungsart kommt auch der Anwendung von Digitalrechnern entgegen.

Nachteilig bei der Zustandsraum-Darstellung ist, vor allem für den Anfänger, der höhere Abstraktionsgrad, der den Zusammenhang mit dem physikalischen Geschehen im Systeminnern nicht mehr anschaulich erkennen läßt. Ein weiterer Nachteil ergibt sich daraus, daß die Auswahl der Zustandsvariabeln aus den Systemvariabeln nicht eindeutig festgelegt ist, woraus sich insbesondere Schwierigkeiten beim Vergleich verschiedener Modelle ergeben können. Schließlich ist die Behandlung von sog. Totzeitgliedern (s. Abschnitt 4.6.2.4) mit größerem Aufwand verbunden.

3.3.1.2 Antwortfunktionen Im Falle linearer, zeitinvarianter Systeme kann das Übertragungsverhalten außer durch Differentialgleichungen auch durch sog. Antwortfunktionen, d.h. L ö s u n g e n der Gl. (3.2) für passend gewählte, determinierte Verläufe der Eingangsgröße(n) erschöpfend beschrieben werden. Voraussetzung ist hierbei, daß die auch als T e s t s i g n a l e bezeichneten Eingangssignale ein kontinuierliches Leistungsdichtespektrum über den ganzen, praktisch bedeutsamen Frequenzbereich (theoretisch von 0 bis ∞) aufweisen, d.h. daß s ä m t l i c h e   F r e q u e n z e n   a n g e r e g t   w e r d e n. Eine weitere Voraussetzung besteht darin, daß sich das zu untersuchende System bei Beginn der Wirkung der Testfunktion im B e h a r r u n g s - z u s t a n d befinden muß.

---

[1]) Es sind die Bezeichnungen üblich: A = Systemmatrix, B = Eingangsmatrix, C = Ausgangsmatrix, D = Durchgangsmatrix. D tritt nur auf, wenn das Eingangssignal u das Ausgangssignal v zum Teil direkt beeinflußt.

Das ideale, allerdings streng nicht realisierbare Testsignal ist nach Abschnitt 2.3.2.3 ein Signalverlauf entsprechend der N a d e l f u n k t i o n; sein Spektrum weist eine konstante Amplituden- bzw. Leistungsdichte auf. Es läßt sich i. a. durch I m p u l s - s i g n a l e von möglichst kurzer Dauer (Schlag etc.) in der Praxis mit brauchbarer Näherung realisieren, sofern relativ große Ausschläge überhaupt möglich bzw. zulässig sind. Besonders verbreitet ist die Anwendung von Testsignalen entsprechend der S p r u n g f u n k t i o n (s. Bild 3.2). Die Tatsache, daß deren spektrale Amplitudendichte mit wachsender Frequenz hyperbolisch abnimmt, ist dabei für die Praxis kaum von Nachteil, da alle realen Systeme ohnedies für Signale sehr hoher Frequenz undurchlässig sind. Natürlich ist auch dieses Testsignal nur in mehr oder weniger guter Näherung zu verwirklichen.

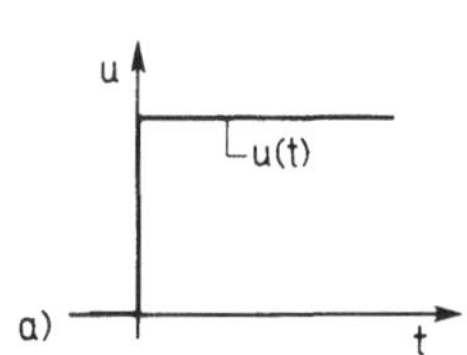
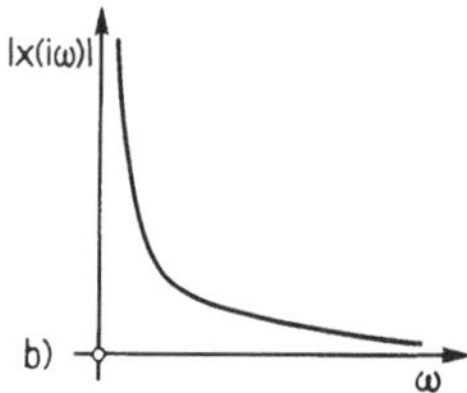

3.2 Sprung-Testfunktion a) und deren spektrale Amplitudendichteverteilung b)

Neben diesen beiden wichtigsten Testsignalen werden gelegentlich noch andere benutzt (z. B. rampenförmiger Verlauf), außerdem Kombinationen.

Im Gegensatz zur experimentellen Ermittlung von Antwortfunktionen ist es bei ihrer a n a l y t i s c h e n B e s t i m m u n g als Lösungen der Differentialgleichungen möglich, I d e a l v e r l ä u f e der Testfunktionen zu berücksichtigen. Liegen analytisch gefundene Antwortfunktionen (Impulsantwort, Sprungantwort) formelmäßig vor, dann können sie, wie die entsprechenden Differentialgleichungen, als p a r a m e t r i - s c h e P r o z e ß m o d e l l e angesehen werden. In numerischer Darstellungsform (tabellarisch, graphisch) dagegen sind sie, wie die experimentell bestimmten Antwortfunktionen, als n i c h t p a r a m e t r i s c h e M o d e l l e zu betrachten.

3.3.2 Beschreibungsmittel im Frequenzbereich

Wie die Antwortfunktionen sind die Beschreibungsmittel im Frequenzbereich streng genommen nur auf lineare, zeitinvariante Systeme anwendbar. Im Sinne einer näherungsweisen Behandlung werden sie aber sehr häufig auch auf linearisierte (bzw. nichtlineare) Systeme angewandt.

3.3.2.1 Frequenzgang Der Frequenzgang wird allgemein definiert durch die Beziehung:

$$F (i \omega) = \frac{v (i \omega)}{u (i \omega)} \tag{3.4}$$

worin u (i ω) bzw. v (i ω) die Fourier-Transformierten des Eingangs- bzw. Ausgangssignals u (t) bzw. v (t) sind. F (i ω) ist daher i. a. eine k o m p l e x e F u n k t i o n und kann als O r t s k u r v e in der Gauß'schen Zahlenebene dargestellt werden (Nyquist-Diagramm, s. Bild 3.3a), entsprechend den Beziehungen:

$$F(i\,\omega) = A(\omega) + i \cdot B(\omega) = R \cdot e^{i\varphi}$$

$$R = |F(i\,\omega)| = \sqrt{A^2 + B^2}\,; \quad \varphi = \sphericalangle F(i\,\omega) = \mathrm{arctg}\,\frac{B}{A}$$

(3.5)

Zur erschöpfenden Darstellung ist hierbei ω zwischen 0 und ∞ zu variieren.

Anmerkung Die Auswertung von $F(i\,\omega)$ für n e g a t i v e F r e q u e n z w e r t e bringt keine neue Information. Es läßt sich leicht zeigen, daß $F(i\,\omega)$ und $F(-i\,\omega)$ konjugiert komplexe Größen sind, die Ortskurve für negative Frequenzen folglich durch Spiegelung der Ortskurve für positive ω an der Realachse erhalten wird.

Da Betrag (Radiusvektor) R und Phasenwinkel φ die Funktion $F(i\,\omega)$ erschöpfend beschreiben, läßt sich der Frequenzgang an Stelle der Ortskurve auch durch die spektralen Darstellungen von A m p l i t u d e n g a n g $R(\omega) = |F(i\,\omega)|$ und P h a s e n - g a n g $\varphi(\omega) = \sphericalangle F(i\,\omega)$ wiedergeben (s. Bild 3.3b).

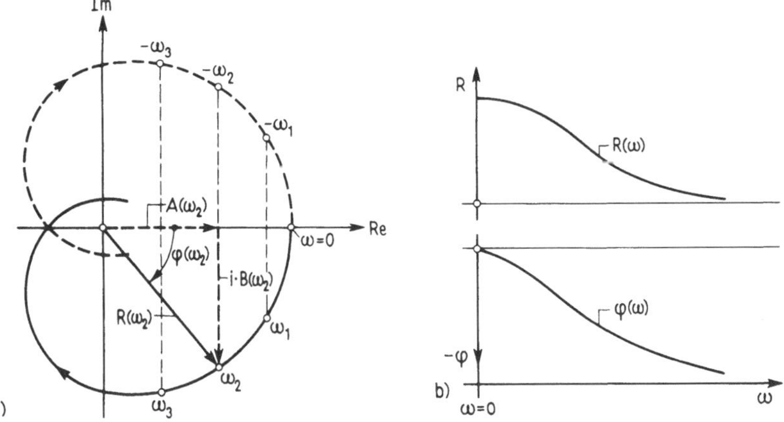

3.3 Ortskurvendarstellung des Frequenzganges (Nyquist-Diagramm) a) und spektrale Darstellung b)

Die Frequenzgangfunktion läßt sich sehr anschaulich deuten. Man kann nämlich zeigen, daß bei einem durch ein harmonisches Eingangssignal $u = \hat{u} \cdot \cos(\omega t)$ angeregten System im e i n g e s c h w u n g e n e n (stationären) Z u s t a n d die Ausgangsgröße v ebenfalls harmonisch verläuft und dieselbe Frequenz ω aufweist (Frequenzerhaltungs- prinzip, s. Abschnitt 4.4.2). Es gilt mithin: $v = \hat{v} \cdot \cos(\omega t + \varphi)$. Dabei sind Ampli- tude $\hat{v}$ und Phasenverschiebung φ i. a. von der Wahl der Frequenz ω abhängig.

Normiert man nun unter Benützung der Vektorschreibweise das Ausgangssignal mit dem Eingangssignal, so läßt sich weiter zeigen, daß die entstehende Funktion mit der sich aus Gl. (3.4) für die gewählten Bedingungen ergebenden Beziehung identisch ist, nämlich:

$$\frac{\hat{v} \cdot e^{i(\omega t + \varphi)}}{\hat{u} \cdot e^{i\omega t}} = \frac{\hat{v}}{\hat{u}} \cdot e^{i\varphi} \qquad (3.6)$$

Insbesondere hat demnach mit Gl. (3.5) der Betrag $R = |F(i\,\omega)|$ des Frequenzgangs die Bedeutung des frequenzabhängigen A m p l i t u d e n v e r h ä l t n i s s e s

$$R = |F(i\,\omega)| = \frac{\hat{v}}{\hat{u}},$$

während $\varphi = \angle F(i\,\omega)$ die P h a s e n v e r s c h i e b u n g darstellt, die ein harmonisches Signal bei der Übertragung durch das fragliche System erfährt.

Liegt die Frequenzgangfunktion a n a l y t i s c h vor, so stellt sie ein p a r a m e t r i s c h e s P r o z e ß m o d e l l im Frequenzbereich dar. Oft wird der Frequenzgang aber auch durch Messung oder numerische Berechnung gewonnen und dann meist graphisch gemäß Bild 3.3a oder 3.3b dargestellt, d. h. als n i c h t p a r a m e t r i s c h e s M o d e l l.

3.3.2.2 Übertragungsfunktion

In Analogie zu Gl. (3.4) wird die Übertragungsfunktion allgemein definiert durch:

$$F(s) = \frac{v(s)}{u(s)} \qquad (3.7)$$

worin $u(s)$ bzw. $v(s)$ die Laplace-Transformierten der Eingangs- bzw. Ausgangssignale $u(t)$, $v(t)$ bedeuten. $s = \delta + i\,\omega$ ist wie früher der komplexe Laplace-Operator, und $F(s)$ ist demnach i. a. eine komplexe Funktion. Mit Gl. (3.4) besteht ein Zusammenhang derart, daß gilt:

$$F(s)|_{\delta=0} \equiv F(i\,\omega) \qquad (3.8)$$

d. h. die Frequenzgangfunktion ist ein Spezialfall der allgemeineren Übertragungsfunktion ($\delta = 0$). Man erhält demnach $F(i\,\omega)$ rein formal aus $F(s)$, indem man in letzterer s durch $i\,\omega$ ersetzt.

In analytischer Form stellt $F(s)$ ein p a r a m e t r i s c h e s P r o z e ß m o d e l l dar, in graphischer Darstellung (in der Gauß'schen Zahlenebene, s. auch Abschnitt 4.2.2.1) ein n i c h t p a r a m e t r i s c h e s M o d e l l.

3.3.2.3 Beschreibungsfunktion

Es wurde bereits darauf hingewiesen, daß die vorstehend beschriebenen spektralen Beschreibungsmittel streng nur auf lineare, zeitinvariante Systeme angewendet werden dürfen. Bei anderen Systemen ist die Voraussetzung linearer Signalverknüpfungsoperationen, an welche die Anwendung der Fourier- bzw. Laplace-Transformation gebunden ist, nicht mehr erfüllt. Die vom Verhalten linearer Systeme abweichenden Eigenschaften nichtlinearer Systeme äußern sich unter anderem besonders anschaulich darin, daß das F r e q u e n z e r h a l t u n g s p r i n z i p (s. Abschnitt 4.4.2) bei letzteren n i c h t m e h r g i l t. Bei einem harmonisch angeregten nichtlinearen System enthält das Ausgangssignal demnach i. a. neben der Grundkomponente mit der Anregungsfrequenz weitere K o m p o n e n t e n a n d e r e r F r e q u e n z e n (Oberwellen). Zwei einfache Beispiele mögen dies belegen.

Beispiel 3.1

Aufgabenstellung: Man untersuche, ob das Frequenzerhaltungsprinzip bei der Signalübertragung über ein nichtlineares Glied mit der statischen Kennlinie nach Bild 3.4a (idealisierte Schalterkennlinie) eingehalten wird.

Lösungsgang: Ein auf ein solches Übertragungssystem wirkendes harmonisches Signal erzeugt am Systemausgang ein periodisches Rechtecksignal derselben Periodendauer T_0 wie beim Eingangssignal. Die Fourier-Analyse zeigt aber (s. Abschnitt 2.3.2.2), daß dieses Ausgangssignal neben der Grundharmonischen wesentliche Oberwellen enthält, die nicht ohne weiteres vernachlässigt werden dürfen (s. auch Bild 3.4b).

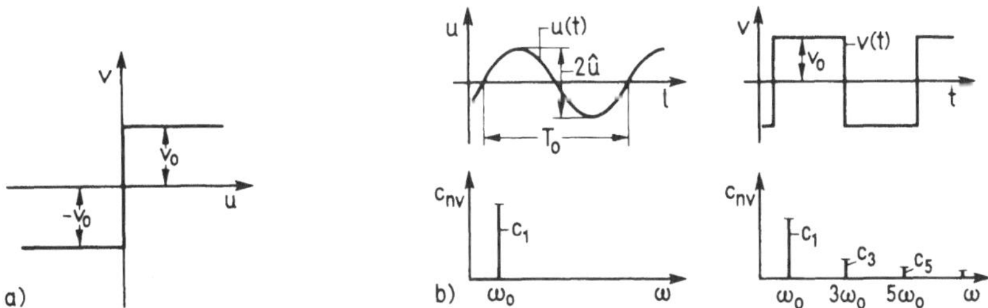

3.4 Zur Wirkung einer Kennlinien-Nichtlinearität
   a) Kennlinie; b) Signalverlauf bzw. Spektren von u und v

Beispiel 3.2

Aufgabenstellung: Man untersuche am Beispiel der multiplikativen Signalverknüpfung $u_1 \cdot u_2 = v$ die Frage der Einhaltung des Frequenzerhaltungsprinzips (s. Bild 3.5a).

Lösungsgang: Es ist (s. auch Abschnitt 2.3.2.1)

$$v = \hat{u}^2 \cdot \cos^2 (\omega_0 t) = \frac{\hat{u}^2}{2} [1 + \cos (2\,\omega_0 t)]$$

d. h. das Ausgangssignal weist die Kreisfrequenz $2\,\omega_0$ auf (s. auch Bild 3.5b), während die Anregungsfrequenz ω_0 im Ausgangssignal überhaupt nicht mehr vertreten ist.

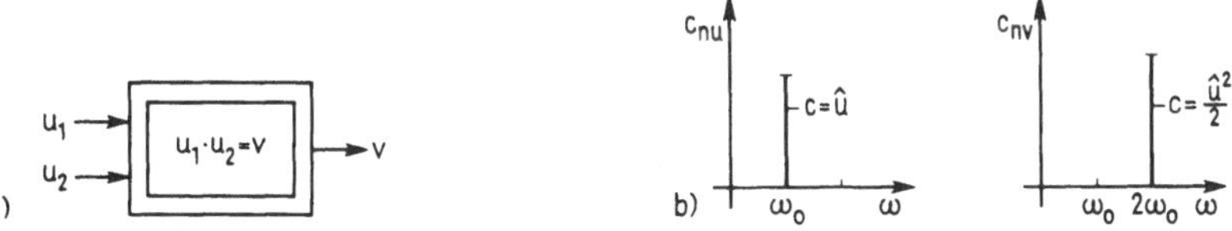

3.5 Zur Wirkung einer nichtlinearen Signalverknüpfung.
   a) Eingangs- und Ausgangssignale; b) deren Spektren

Der in Beispiel 3.1 festgestellte Sachverhalt, daß das Ausgangssignal als d o m i n a n t e K o m p o n e n t e eine Grundharmonische derselben Frequenz wie die des harmonischen Eingangssignals enthält, gilt für eine große Zahl von sog. K e n n l i n i e n - N i c h t l i n e a r i t ä t e n . Darauf begründet sich das Darstellungsmittel der B e - s c h r e i b u n g s f u n k t i o n für die entsprechende Klasse von nichtlinearen Systemen. Die Beschreibungsfunktion ist in Analogie zum Frequenzgang (Gl. (3.6)) definiert durch

$$\frac{\hat{v}^{*} \cdot e^{i(\omega t + \phi^{*})}}{\hat{u} \cdot e^{i\omega t}} = B(i\,\omega, \hat{u}) \tag{3.9}$$

Hierin entspricht $\hat{u} \cdot \exp(i\,\omega\,t)$ dem Eingangssignal, $\hat{v}^{*} \cdot \exp[i(\omega\,t + \phi^{*})]$ der G r u n d h a r m o n i s c h e n des stationären Ausgangssignals v (t). $B(i\,\omega, \hat{u})$ ist i. a. eine komplexe Funktion, die aber im Gegensatz zur Frequenzgangfunktion nicht nur von der Frequenz ω, sondern zugleich auch von der Amplitude $\hat{u}$ des harmonischen Eingangssignals abhängig ist. In einer Darstellung von $B(i\,\omega, \hat{u})$ z. B. in der Form des Nyquist-Diagramms (Gauß'sche Zahlenebene) treten folglich z w e i P a r a m e t e r auf.

Die Beschreibungsfunktion ist wegen der Vernachlässigung der Oberwellen grundsätzlich eine N ä h e r u n g s - D a r s t e l l u n g des Übertragungsverhaltens eines nichtlinearen Systems. Es sollte daher in jedem Falle überprüft werden, ob diese Vernachlässigung statthaft ist.

Die Beschreibungsfunktion wird sowohl in analytischer Form, d. h. als parametrisches Prozeßmodell, benutzt wie auch in graphischer Form als nichtparametrisches Modell.

3.4 Methoden der Modellbildung

Prozeßmodelle sind bei routinemäßiger Untersuchung dynamischer Systeme gelegentlich vorhanden. In fast allen anderen Fällen müssen sie jedoch zuerst erarbeitet werden. Dabei werden im wesentlichen zwei grundsätzlich verschiedene Methoden der Modellbildung angewandt: die deduktive und die experimentelle Modellbildung.

3.4.1 Deduktive Modellbildung

Das Verfahren der deduktiven Modellbildung ist dadurch gekennzeichnet, daß von einer q u a l i t a t i v e n V o r s t e l l u n g über die physikalischen Vorgänge, die den Übertragungsprozeß i m w e s e n t l i c h e n b e s t i m m e n , ausgegangen wird. Durch die mathematische Beschreibung dieser Vorgänge mit Hilfe der Gesetze der Physik wird dann das Modell gewonnen. Es wird also a u s e l e m e n t a r e n G e s e t z m ä ß i g - k e i t e n a b g e l e i t e t ; daher die Bezeichnung „deduktive" Modellbildung.

Der eben beschriebene Sachverhalt läßt sich anschaulicher im Flußbild darstellen (Bild 3.6). Die Modellbildung beginnt zweckmäßigerweise mit der Feststellung des

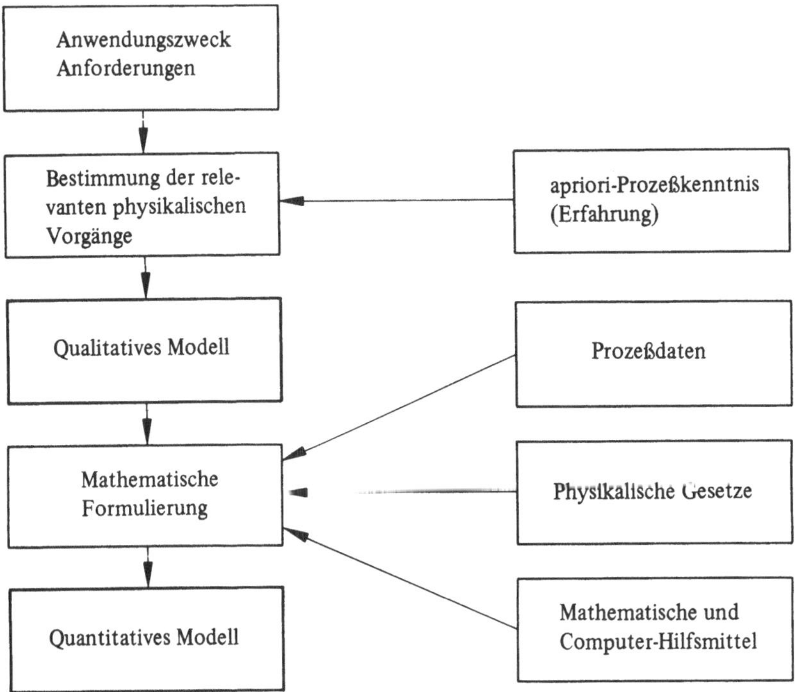

3.6 Flußbild der rein deduktiven Modellbildung

A n w e n d u n g s z w e c k s des Prozeßmodells. Hieraus ergeben sich die zu stellenden Anforderungen insbesondere hinsichtlich notwendiger Modellgenauigkeit und zulässigem Aufwand für Modellentwicklung und Anwendung (1. Schritt). In einem 2. Schritt sind die vorhandenen, i. a. nur q u a l i t a t i v e n P r o z e ß k e n n t n i s s e zu sammeln und zu ordnen (Erfahrung). Aus den Ergebnissen von Schritt 1 und 2 ist dann im 3. Schritt eine q u a l i t a t i v e M o d e l l v o r s t e l l u n g zu entwickeln, d. h. darüber zu entscheiden, welche physikalischen u/o gegebenenfalls anderen Phänomene berücksichtigt, welche weiteren allenfalls vernachlässigt werden sollen.

Die Umwandlung dieses qualitativen Modells in ein quantitatives erfolgt im 4. Schritt, der m a t h e m a t i s c h e n F o r m u l i e r u n g. Dazu werden zunächst die in Frage kommenden physikalischen, biologischen oder anderen G r u n d g e s e t z e benötigt. Zur zahlenmäßigen Festlegung der darin enthaltenen Parameter müssen außerdem die P r o z e ß d a t e n (Abmessungen, Betriebsbedingungen usf.) herangezogen werden. Da die Beschreibung gemäß Abschnitt 3.3 in mathematischer Form erfolgen soll, müssen auch die entsprechenden Mathematik-Kenntnisse vorhanden sein. Zudem ist es

zweckmäßig, sich bereits in dieser Phase zu überlegen, welche R e c h e n h i l f s -
m i t t e l (Analog-, Digital-, Hybridrechner) später im Zusammenhang mit der Modellanwendung für die Simulation zur Verfügung stehen bzw. benötigt werden.

Das so gewonnene q u a n t i t a t i v e   P r o z e ß m o d e l l hat i. a. primär die Form
eines Satzes von Differentialgleichungen und beschreibt das Übertragungsverhalten
im Z e i t b e r e i c h . Es ist eine Frage der Zweckmäßigkeit, ob dieses Gleichungs-
system direkt so weiter verwendet oder ob es z. B. noch linearisiert oder – im Fall eines
linearen, zeitinvarianten Systems – durch Funktionaltransformation in den Frequenzbereich übergeführt werden soll.

Der wichtigste und zumeist auch schwierigste der vier genannten Schritte im Zuge der
deduktiven Modellbildung ist nun nicht, wie vielfach angenommen wird, der Schritt 4
(mathematische Formulierung), sondern der im mehr oder weniger i n t u i t i v e n
E r k e n n e n   d e r   w e s e n t l i c h e n   G r u n d v o r g ä n g e bestehende Schritt 3.
Sehr gute Kenntnisse der einschlägigen Naturgesetze (Physik, etc.), aber auch praktische
Erfahrung gepaart mit einem gewissen Einfühlungsvermögen in das Prozeßgeschehen
sind Voraussetzungen dafür, daß auch in schwierigen Fällen sozusagen auf Anhieb
brauchbare Prozeßmodelle entstehen.

Besteht Unsicherheit darüber, ob ein bestimmtes Phänomen für das Modell von Bedeu-
tung ist, so werden zweckmäßigerweise zwei Modellvarianten – eine ohne, eine mit
Berücksichtigung des fraglichen Effekts – entwickelt und deren Aussagen verglichen.
Ist der Unterschied unbedeutend, so kann das einfachere Modell weiter benutzt werden.

Bei komplexen u/o wenig bekannten Systemen, wie sie i. a. bei Forschungsaufgaben vorliegen, ist es oft schwer, allein aus der Vorstellung heraus auf a l l e für den Übertragungsprozeß relevanten Phänomene zu kommen. Es kommt auch vor, daß scheinbar
geringfügige Unterschiede in den Prozeßbedingungen bewirken, daß ein früher vernach-
lässigbarer Vorgang nun zu einem wesentlichen wird. In solchen undurchsichtigen Fällen wird die deduktive Modellbildung zweckmäßigerweise durch eine e x p e r i m e n -
t e l l e   M o d e l l ü b e r p r ü f u n g ergänzt.

Das entsprechende Vorgehen ist im Flußbild 3.7 dargestellt. Daraus ist ersichtlich, daß
die Erarbeitung eines ersten quantitativen Modells gemäß der rein deduktiven Modellbildung erfolgt. Die anschließende Prüfung geschieht so, daß unter möglichst genau
definierten Versuchsbedingungen ermittelte Versuchsergebnisse mit den unter den gleichen Voraussetzungen berechneten Aussagen des Modells verglichen werden. Auftretende Abweichungen lassen dann meist Schlüsse auf notwendige Korrekturen an den
qualitativen Modellvorstellungen zu. Es kann damit ein zweites Modell entwickelt werden, dessen Aussagen wiederum mit dem experimentellen Befund verglichen werden usf.
Durch dieses allerdings ziemlich aufwendige Vorgehen kann praktisch immer der
gewünschte Genauigkeitsgrad erreicht werden.

Es sei bereits hier darauf hingewiesen, daß sich dieses Verfahren in grundsätzlicher
Weise von der im folgenden Abschnitt beschriebenen experimentellen Modellbildung
unterscheidet, ebenso von der Kombination von deduktiver mit experimenteller
Modellgewinnung.

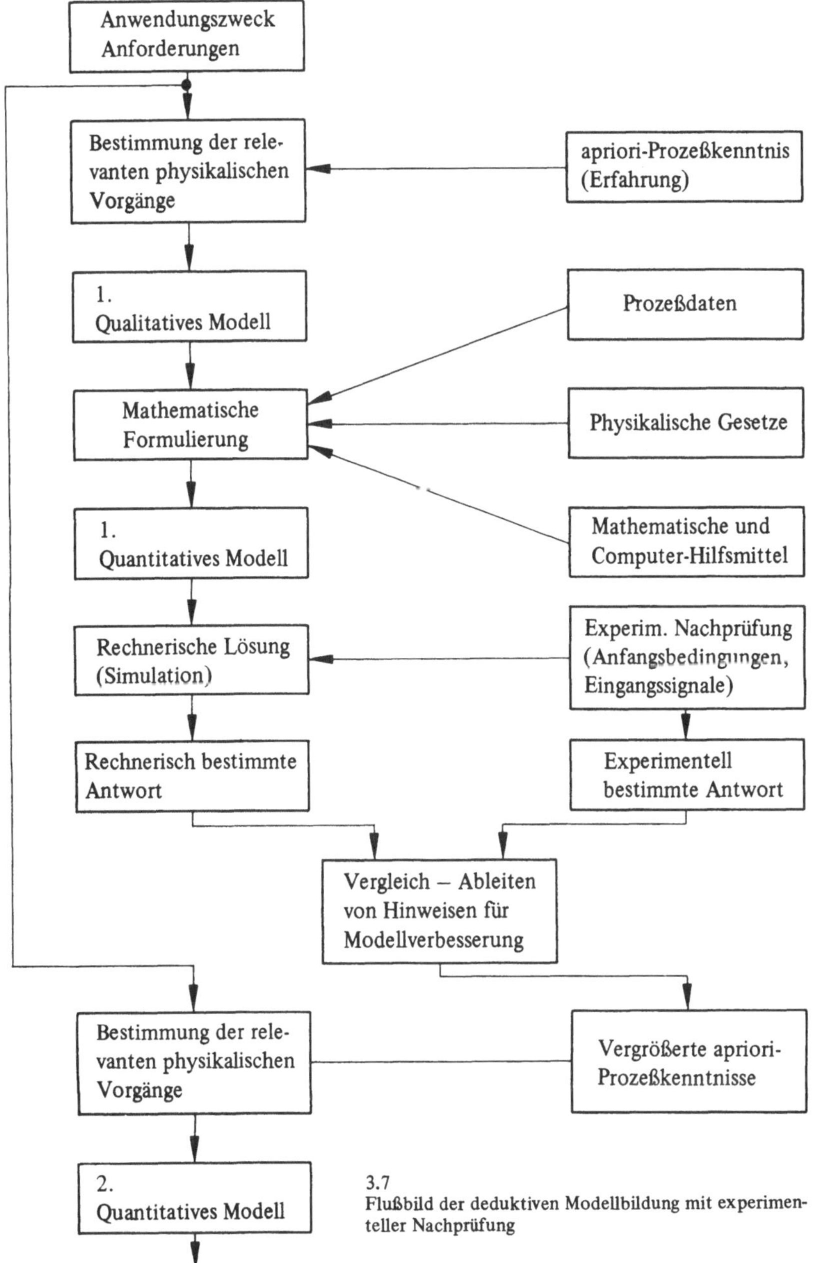

3.7
Flußbild der deduktiven Modellbildung mit experimenteller Nachprüfung

Beispiel 3.3

Aufgabenstellung: Als Beispiel zu den vorstehenden, allgemeinen Darlegungen soll das theoretische Modell des in Abschnitt 1.2 bereits herangezogenen hydraulischen Systems abgeleitet werden (s. Bild 1.1).

Lösungsgang:

Schritt 1 Feststellung des Anwendungszwecks
Das zu ermittelnde Modell diene der zweckmäßigen Auswahl eines konventionellen Reglers für das Niveau im Auslaufgefäß sowie der anschließenden Abschätzung der optimalen Regler-Einstellwerte. Es wird somit nur eine mittlere Modellgenauigkeit benötigt. — Für die Modellanwendung mögen nur einfache Rechenhilfsmittel (Taschenrechner) zur Verfügung stehen.

Schritt 2 Bereitstellen der Prozeßkenntnisse
Die hier wesentlichen physikalischen (hydraulischen) Vorgänge sind gut bekannt.

Schritt 3 Entwickeln des qualitativen Modells
Für den Übertragungsprozeß — hier die Übertragung von Änderungen des Ventilhubes h auf die Spiegelhöhe H im Auslaufgefäß — werden die folgenden physikalischen Zusammenhänge bzw. Vorgänge als w e s e n t l i c h betrachtet:

1. Zusammenhang zwischen Ventilhub h und veränderlicher Ventilöffnung A (Ventilkennlinie)

2. Zusammenhang zwischen Öffnung A und Ausfluß M_1 (Auslaufgesetz)

3. Zusammenhang zwischen Zulauf M_1, Inhalt m des Auslaufgefäßes und Abfluß M_2 (Speichervorgang)

4. Zusammenhang zwischen Inhalt m und Niveau H im Auslaufgefäß (Behältergeometrie)

5. Zusammenhang zwischen Spiegelhöhe H und Abfluß M_2 (Auslaufgesetz)

Als v e r n a c h l ä s s i g b a r e P h ä n o m e n e werden angenommen:

6. die Auswirkungen der kleinen Schwankungen des Niveaus im Überlaufgefäß (in Wirklichkeit ist, unter der Voraussetzung konstanten Zuflusses, H_0 von M_1 abhängig)

7. die Auswirkungen der Verzögerung, die durch den freien Fall zwischen der Mündung des Ventils und dem Flüssigkeitsspiegel im Auslaufgefäß bedingt sind.

Schritt 4 Mathematische Formulierung — Ermittlung des quantitativen Modells
Mit Hilfe der einschlägigen physikalischen Gesetze lassen sich die oben aufgeführten Zusammenhänge wie folgt in mathematische Form bringen:

$$(1) \qquad h \cdot \frac{A_0}{h_0} = A \qquad\qquad \text{(lineare Ventilkennlinie)}$$

$$(2) \qquad \rho \cdot \alpha_1 \cdot A \sqrt{2\,g \cdot H_0} = M_1 \qquad\qquad \text{(Ausflußgesetz)}$$

$$(3) \qquad M_1 - M_2 = \frac{dm}{dt} \qquad\qquad \text{(Speichervorgang)}$$

$$(4) \qquad \rho \cdot A_1 \cdot H = m \qquad\qquad \text{(prismatischer Behälter)}$$

$$(5) \qquad \rho \cdot \alpha_2 \cdot A_2 \sqrt{2\,g \cdot H} = M_2 \qquad\qquad \text{(Ausflußgesetz)}$$

Entsprechend unserer Annahme zu Punkt 6 gilt noch

$$(6) \qquad H_0 = \text{konst}$$

Punkt 7 kommt dadurch zum Ausdruck, daß kein Unterschied zwischen dem A u s -
f l u ß aus dem Ventil und dem Z u f l u ß zum Auslaufgefäß gemacht wird.

Die Gleichungen (1) bis (6) bilden gewissermaßen die Rohform des quantitativen
Modells. Eliminiert man die nicht interessierenden Systemvariablen, z. B. A, M_1, m
und M_2, so verbleibt die n i c h t l i n e a r e D i f f e r e n t i a l g l e i c h u n g
1. O r d n u n g :

$$e_0 \cdot h = a_0 \cdot H^{1/2} + a_1 \cdot \frac{dH}{dt} \tag{3.10}$$

mit den Koeffizienten

$$e_0 = \frac{\rho \cdot \alpha_1 \cdot A_0 \sqrt{2\,g\,H_0}}{h_0} \; ; \quad a_0 = \rho \cdot \alpha_2 \cdot A_2 \sqrt{2\,g} \; ; \quad a_1 = \rho \cdot A_1$$

Gl. (3.10) beschreibt direkt den gesuchten Zusammenhang zwischen der Eingangsgröße
u = h und der Ausgangsgröße v = H (s. dazu auch Bild 1.3 c). Wie bereits bemerkt, ist
diese Gleichung nichtlinear, was die weitere Behandlung erheblich erschwert. Zieht man
aber in Betracht, daß das Niveau H geregelt werden soll und damit im Betrieb nur
innerhalb enger Grenzen um den Sollwert $\bar{H}$ schwanken wird, so erscheint eine
L i n e a r i s i e r u n g von Gl. (3.10) vertretbar. Man erhält dann (s. dazu Abschnitt
4.1):

$$e_0 \cdot \Delta h = a_0^* \cdot \Delta H + a_1 \cdot \frac{d\,\Delta H}{dt} \tag{3.10a}$$

mit dem neuen Koeffizienten

$$a_0^* = \frac{a_0}{2\sqrt{\bar{H}}} = \rho \cdot \alpha_2 \cdot A_2 \cdot \sqrt{\frac{g}{2\,\bar{H}}}$$

Da Gl. (3.10a) nun linear ist und konstante Koeffizienten aufweist, ließe sich durch
entsprechende Funktionaltransformation daraus auch ein Modell im Frequenzbereich
(Frequenzgang, Übertragungsfunktion) ableiten.

3.4.2 Experimentelle Modellbildung – Systemidentifikation

Es sind zahlreiche Verfahren der experimentellen Modellbildung entwickelt worden, die
sich mehr oder weniger deutlich voneinander unterscheiden. Allen gemeinsam ist aber,
daß am zu b e s c h r e i b e n d e n S y s t e m s e l b e r M e s s u n g e n der korrespondierenden Verläufe der interessierenden Eingangs- und Ausgangsgrößen gemacht
werden, aus denen dann das empirische Modell gewonnen wird.

Es ist aber wichtig, festzuhalten, daß empirische Prozeßmodelle i. a. k e i n e p h y -
s i k a l i s c h e D e u t u n g gestatten und demzufolge k e i n e r l e i A u s s a g e n
ü b e r d i e i n n e r e n V o r g ä n g e i m O r i g i n a l s y s t e m zu machen erlauben. Ihre Aussagekraft beschränkt sich auf die Beschreibung der Zusammenhänge
zwischen den im Experiment erfaßten Eingangs- und Ausgangsgrößen. Dieser Nachteil
läßt sich teilweise vermeiden, wenn eine deduktiv gewonnene Modellstruktur einer
Prozeßidentifikation zugrunde gelegt wird, deduktive und experimentelle Modellbildung also kombiniert werden. Dadurch können jedoch andere Vorzüge der empirischen Modelle meist nicht mehr voll ausgenützt werden.

Voraussetzung für die Anwendung der Systemidentifikation ist in jedem Falle, daß das
zu beschreibende System den Bedingungen der S t e u e r b a r k e i t und

B e o b a c h t b a r k e i t[1]) genügt [11]. Diese Voraussetzung ist bei technischen Prozessen i. a. erfüllbar, dagegen nicht immer bei nichttechnischen.

Die Systemidentifikation ist eine der Fundamentalaufgaben der Systemdynamik und damit Gegenstand von Kap. 5. Es wird daher hier nicht auf Einzelheiten eingegangen und statt dessen insbesondere auf Abschnitt 5.3 verwiesen.

3.4.3 Merkmale theoretischer bzw. empirischer Modelle

Die Betrachtung der beiden wichtigsten V e r f a h r e n d e r M o d e l l b i l d u n g hat gezeigt, daß sie sich in grundsätzlicher Weise voneinander unterscheiden. Das Vorgehen bei der Modellbildung wirkt sich aber auch auf das M o d e l l aus und bestimmt wesentliche Eigenschaften desselben. Es ist deshalb sinnvoll, auch zwischen deduktiv gewonnenen t h e o r e t i s c h e n M o d e l l e n einerseits und durch Prozeßidentifikation gefundenen e m p i r i s c h e n M o d e l l e n andererseits zu unterscheiden. Die wichtigsten Eigenschaften dieser beiden Modelltypen werden nachfolgend einander gegenübergestellt, hauptsächlich unter dem Gesichtspunkt der praktischen Modellanwendung (s. Tafel 3.2).

Aus dieser Zusammenstellung läßt sich sofort erkennen, daß beide Modellarten Vorzüge und Nachteile aufweisen, die glücklicherweise so verteilt sind, daß sich theoretische und empirische Modelle recht gut ergänzen.

Als besondere Vorteile der t h e o r e t i s c h e n M o d e l l e sind die Möglichkeit ihres E i n s a t z e s b e r e i t s i m P r o j e k t s t a d i u m einer Anlage, ihre Ü b e r t r a g b a r k e i t auf eine ganze Klasse gleichartiger Prozesse und ihr Nutzen hinsichtlich einer V e r t i e f u n g d e s P r o z e ß v e r s t ä n d n i s s e s (physikalische Deutbarkeit) zu nennen, ferner die Möglichkeit ihrer Anwendung auf in Wirklichkeit nicht zulässige Betriebszustände bzw. Vorgänge. Hauptnachteile sind ihre U n z u - v e r l ä s s i g k e i t b e i u n g e n ü g e n d e r P r o z e ß k e n n t n i s und der unter Umständen sehr hohe Aufwand bei komplexen Prozessen.

Als spezielle Vorzüge der e m p i r i s c h e n M o d e l l e gelten die mit vergleichsweise e i n f a c h e n M o d e l l s t r u k t u r e n erzielbare g u t e G e n a u i g - k e i t, der entsprechend g e r i n g e A u f w a n d bei der Anwendung solcher Modelle (Simulation) und die Möglichkeit der laufenden M o d e l l a n p a s s u n g. Andererseits sind die Notwendigkeit der p h y s i s c h e n E x i s t e n z d e s O r i - g i n a l s y s t e m s, die nur p u n k t u e l l e M o d e l l g ü l t i g k e i t, welche eine Verallgemeinerung ausschließt, sowie die U n z u l ä s s i g k e i t d e r p h y s i k a - l i s c h e n I n t e r p r e t a t i o n die hauptsächlichen Unzulänglichkeiten empirischer Modelle.

Diese Eigenarten bestimmen im wesentlichen, wann die eine oder die andere Modellart eingesetzt wird. Es haben sich diesbezüglich in der Praxis ziemlich deutlich abgegrenzte und sich nur wenig überschneidende Anwendungsbereiche ergeben.

---

[1]) Ein System ist durch eine Eingangsgröße s t e u e r b a r, wenn diese sämtliche Eigenlösungen des Systems anregt. Ein System ist durch eine Ausgangsgröße b e o b a c h t b a r, wenn diese Anteile von sämtlichen Eigenlösungen des Systems enthält (s. dazu auch Abschnitt 4.5.2).

Tafel 3.2 Merkmale theoretischer bzw. empirischer Modelle

	Theoretische Modelle	Experimentelle Modelle
Voraussetzungen für Modellbildung	Hinreichende qualitative Prozeßkenntnis, quantitative Kenntnis der entsprechenden physikalischen Gesetze und der Prozeß- und Betriebsdaten. (Prozeß muß nicht realisiert werden)	Prozeß muß realisiert sein und im fraglichen Betriebszustand experimentell untersucht werden dürfen
Genauigkeit des Modells	In einfachen Fällen leicht, bei komplexen Prozessen nur mit entsprechend hohem Aufwand gute Genauigkeit erreichbar	Auch bei komplexen Prozessen ist meist gute Genauigkeit bei relativ kleinem Aufwand (einfache Modellstruktur) erreichbar
Aufwand für Modellgewinnung	In komplexen Fällen unter Umständen sehr hoch, aber einmalig. Bei wiederholtem Modelleinsatz daher meist durchaus tragbar	Wenig abhängig von Komplexität des Prozesses pro Fall relativ klein, muß aber für jeden Betriebsfall erneut geleistet werden. Algorithmen wiederverwendbar
Aufwand für Modell-Einsatz (Simulation)	Normalerweise mit üblichen Rechnern akzeptabel. Bei komplexen Prozessen eventuell sehr groß	Meist relativ klein, auch bei komplexen Prozessen
Möglichkeit der Übertragbarkeit	Innerhalb der Gültigkeit der Voraussetzungen prinzipiell gegeben	Prinzipiell nicht gegeben. Modell gilt nur für den untersuchten Prozeß bei bestimmtem Betriebszustand
Möglichkeit der Anpassung an veränderten Betriebszustand des Prozesses	Bei linearen Modellen im allgemeinen nicht gegeben, bei nichtlinearen Modellen oft modellinhärent	Bei fortlaufender Identifikation gegeben (Modelladaptation)
Möglichkeit der Vertiefung des Prozeß-Verständnisses	Prinzipiell gegeben: Modell-Parameter und Struktur haben physikalische Bedeutung, Modell entsprechend interpretierbar	Prinzipiell nicht gegeben: Modell-Parameter und Struktur haben nur arithmetische Bedeutung, Modell nicht physikalisch interpretierbar

4 Lineare Systeme

Lineare Systeme im strengen Sinne gibt es in der physischen Wirklichkeit nicht. Linearen Prozeßmodellen kommt daher immer die Bedeutung einer Näherungsbeschreibung zu, deren Genauigkeit von der Art des Originalsystems, aber auch von der Größe der im Laufe der betrachteten Signalübertragung auftretenden Zustandsänderungen abhängt. In sehr vielen Fällen kann indes ein Originalsystem mit durchaus befriedigender Genauigkeit durch ein l i n e a r e s , z e i t i n v a r i a n t e s M o d e l l beschrieben werden, namentlich wenn nur relativ kleine Zustandsänderungen auftreten. Die Vorteile, die ein lineares Modell gegenüber einem zwar genaueren, aber nichtlinearen aufweist, sind namentlich bei analytischer Behandlung gewichtig:

— Bei linearen Systemen ist eine g e s c h l o s s e n e L ö s u n g prinzipiell immer möglich, was bei nichtlinearen nur ganz ausnahmsweise der Fall ist.

— Für lineare Systeme stehen effiziente analytische und numerische Verfahren zur Verfügung, die r o u t i n e m ä ß i g angewendet werden können. Bei nichtlinearen Systemen ist in jedem Fall der Rechenaufwand zur Lösung erheblich größer.

— Die für lineare Systeme gefundenen Lösungen sind generell ü b e r t r a g b a r und vermitteln allgemeine Einsichten. Dies ist bei nichtlinearen Systemen i. a. nicht der Fall.

Man wird daher immer, wenn dies im Hinblick auf die Modellgenauigkeit (s. Abschnitt 3.2.1) vertretbar ist, mit linearen Prozeßmodellen arbeiten, die oft aus nichtlinearen durch L i n e a r i s i e r u n g gewonnen werden[1]).

4.1 Linearisierung

4.1.1 Methode der kleinen Schwankungen

Um aus ursprünglich nichtlinearen Prozeßmodellen lineare Näherungsmodelle zu gewinnen, werden je nach Fall verschiedene Methoden angewandt [13, 14]. Besondere Bedeutung kommt der M e t h o d e d e r k l e i n e n S c h w a n k u n g e n u m e i n e n m i t t l e r e n Z u s t a n d (Betriebszustand) zu. Sie ist an die Bedingung gebunden, daß der Zusammenhang

$$\overline{v}_i = f(\overline{u}_1, \overline{u}_2 \ldots),$$

der zwischen den Beharrungswerten der Eingangs- und Ausgangsgrößen eines nichtlinearen Elementes bzw. Systems besteht, in der Umgebung des betrachteten Betriebspunktes keine Unstetigkeit aufweist. Dann kann nämlich die durch diesen Zusammen-

---

[1]) Deduktive Modellbildung führt häufig zunächst zu nichtlinearen Modellen. Bei experimenteller Modellbildung wird dagegen meist von Anfang an mit linearen Modellansätzen gearbeitet.

hang beschriebene, i. a. mehrdimensionale Fläche in der Umgebung des Betriebspunktes durch eine T a n g e n t i a l f l ä c h e approximiert werden (s. Bild 4.1), und es gilt entsprechend für kleine Abweichungen Δ:

$$\Delta v \approx \frac{\partial f(\overline{u}_1, \overline{u}_2 \ldots)}{\partial \overline{u}_1} \cdot \Delta u_1 + \frac{\partial f(\overline{u}_1, \overline{u}_2 \ldots)}{\partial \overline{u}_2} \cdot \Delta u_2 + \ldots \qquad (4.1)$$

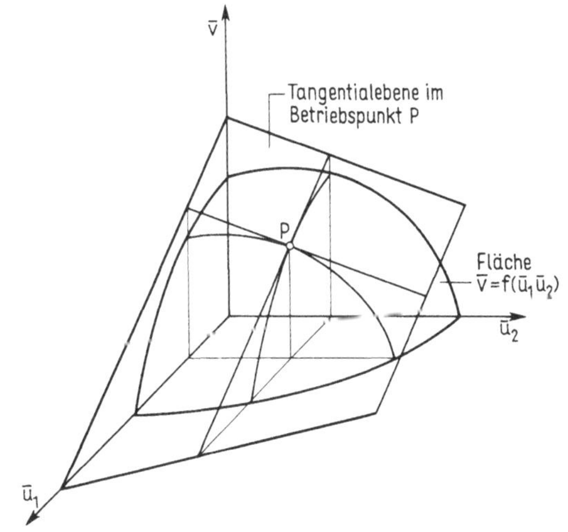

4.1 Zur Linearisierung nach der Methode der kleinen Schwankungen

Beispiel 4.1

Aufgabenstellung: Das Übertragungsverhalten eines nichtlinearen Systems sei durch die Signalverknüpfung $u_1 \cdot u_2 = v$ beschrieben. Man linearisiere dieses Verhalten in der Umgebung des Betriebspunktes $\overline{u}_1 \cdot \overline{u}_2 = \overline{v}$.

Lösungsgang: Nach Gl. (4.1) wird

$$\Delta v \approx \frac{\partial (\overline{u}_1 \cdot \overline{u}_2)}{\partial \overline{u}_1} \cdot \Delta u_1 + \frac{\partial (\overline{u}_1 \cdot \overline{u}_2)}{\partial \overline{u}_2} \cdot \Delta u_2 = \overline{u}_2 \cdot \Delta u_1 + \overline{u}_1 \cdot \Delta u_2$$

und damit

$$v \approx \overline{v} + \Delta v = \overline{u}_1 \cdot \overline{u}_2 + \overline{u}_2 \cdot \Delta u_1 + \overline{u}_1 \cdot \Delta u_2$$

Oft liegt die Nichtlinearität in der einfachen Form einer a u s s c h l a g a b h ä n g i - g e n   V e r s t ä r k u n g vor (s. auch Abschnitt 4.4.4), d. h.

$$\overline{v} = \frac{e_0}{a_0} \cdot \overline{u} = k \cdot \overline{u}, \quad \text{wobei} \quad k = F(\overline{u}).$$

Schreibt man

$$\overline{v} = \overline{u} \cdot F(\overline{u}) = f(\overline{u}),$$

so folgt mit Gl. (4.1):

$$\Delta v \approx \frac{\partial f(\overline{u})}{\partial \overline{u}} \cdot \Delta u \qquad\qquad (4.1\,a)$$

Beispiel 4.2

Aufgabenstellung: Man linearisiere die Beziehung

$$\overline{v} = k \cdot \overline{u} \qquad \text{mit } k = \frac{c}{\sqrt{\overline{u}}}$$

Lösungsgang: Mit Gl. (4.1 a) wird

$$\Delta v \approx \frac{\partial (c \cdot \sqrt{\overline{u}})}{\partial \overline{u}} \cdot \Delta u = \frac{c}{2\sqrt{\overline{u}}} \cdot \Delta u = \frac{\overline{v}}{2\overline{u}} \cdot \Delta u$$

und

$$v \approx \overline{v} + \Delta v = \overline{v}\,(1 + \frac{\Delta u}{2\overline{u}})$$

Ist die Voraussetzung kleiner Ausschläge u/o die obengenannte Stetigkeitsbedingung nicht erfüllt, so ist die Linearisierung i. a. sehr viel schwieriger und problematischer [13, 14]. Nur im Sonderfall periodischer Eingangssignale ist auch unter diesen Umständen eine Linearisierung auf einfachem Wege möglich.

4.1.2 Harmonische Linearisierung

Unter der Voraussetzung der Stabilität (s. Abschnitt 4.5.3) antwortet ein nichtlineares System auf ein harmonisches Eingangssignal nach erfolgtem Einschwingen i. a. durch einen periodischen Verlauf der Ausgangsgröße(n) (bei einem linearen System wäre auch der Ausgangsgrößenverlauf harmonisch). Approximiert man nun diesen periodischen Verlauf durch seine Grundharmonische, so kann das Übertragungsverhalten durch die B e s c h r e i b u n g s f u n k t i o n ausgedrückt werden (s. Abschnitt 3.3.2.3). Im Gegensatz zum Frequenzgang (bei linearem System) ist die Beschreibungsfunktion von der Amplitude des Eingangssignals abhängig. Die Gültigkeit dieses Beschreibungsmittels ist daher auf periodische Vorgänge, d.h. auf den Fall g l e i c h b l e i b e n d e r S i g n a l a m p l i t u d e n beschränkt. Diese Einschränkung ist sorgfältig zu beachten, wenn grobe Fehler vermieden werden sollen.

4.2 Mathematische Beschreibung linearer Systeme

Die folgenden Betrachtungen beziehen sich auf l i n e a r e, z e i t i n v a r i a n t e S y s t e m e, d.h. auf Prozeßmodelle mit konstanten Parametern. Zu deren Beschreibung können damit die in Abschnitt 3.3 vorgestellten linearen Darstellungsmittel herangezogen werden.

4.2.1 Beschreibung im Zeitbereich

4.2.1.1 Differentialgleichungen Das Übertragungsverhalten eines linearen Systems entsprechend Bild 4.2 läßt sich im Zeitbereich zunächst durch Differentialgleichungen beschreiben. Dies kann durch ein System von k · 1 Gleichungen erfolgen vom Typus:

$$e_0 \cdot u + e_1 \cdot \dot{u} + \ldots + e_m \cdot \overset{(m)}{u} = a_0 \cdot v + a_1 \cdot \dot{v} + \ldots + a_n \cdot \overset{(n)}{v} \tag{4.2}$$

Diese Darstellungsform ist zunächst nur für Systeme mit konzentrierten Parametern geeignet (s. auch Abschnitt 3.3.1.1). Im Sinne einer Näherung lassen sich jedoch auch Systeme mit verteilten Parametern sowie sog. Totzeitsysteme (s. Abschnitt 4.6.2.4) dadurch beschreiben.

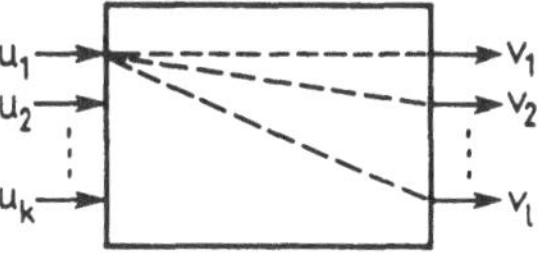

4.2
Zur Beschreibung des Übertragungsverhaltens linearer Systeme

Beispiel 4.3

In Abschnitt 3.4.1 wurde durch Linearisierung von Gl. (3.10) die Beziehung (3.10a) gefunden:

$$e_0 \cdot \Delta h = a_0^* \cdot \Delta H + a_1 \cdot \Delta \dot{H}$$

In analoger Weise ließe sich auch ein Zusammenhang zwischen h und m sowie zwischen h und M_2 finden. Das ganze hydraulische System nach Bild 1.1 wird damit näherungsweise (in der Umgebung eines wählbaren Betriebspunktes) durch den Gleichungssatz beschrieben:

$$e_{01} \cdot \Delta h = a_{01}^* \cdot \Delta H + a_{11} \cdot \Delta \dot{H}$$

$$e_{02} \cdot \Delta h = a_{02}^* \cdot \Delta m + a_{12} \cdot \Delta \dot{m}$$

$$e_{03} \cdot \Delta h = a_{03}^* \cdot \Delta M_2 + a_{13} \cdot \Delta \dot{M}_2$$

4.2.1.2 Antwortfunktionen Unter unseren Voraussetzungen wird ein System auch durch einen Satz von k · 1 Antwortfunktionen erschöpfend beschrieben. Diese lassen sich aus den entsprechenden Differentialgleichungen als spezielle Lösungen berechnen. Dabei ist vorauszusetzen, daß:

— das System sich ursprünglich im Beharrungszustand befinde

— eine der Eingangsgrößen entsprechend der gewählten Testfunktion verlaufe

— die übrigen Eingangsgrößen konstant bzw. Null seien.

Es ist üblich und zweckmäßig, hierbei n o r m i e r t e T e s t f u n k t i o n e n (Einheits-Testfunktionen) zu verwenden, da dann die erzielten Antwortfunktionen direkt vergleichbar werden.

Die E i n h e i t s - N a d e l f u n k t i o n, auch D i r a c - F u n k t i o n genannt, entsteht aus der Nadelfunktion u_N (t) durch Normieren mit der Impulsfläche $x_0 \cdot T$

(s. auch Bild 4.3):

$$\frac{u_N(t)}{x_0 \cdot T} = \delta(t); \qquad \text{Dimension: } [t^{-1}] \tag{4.3}$$

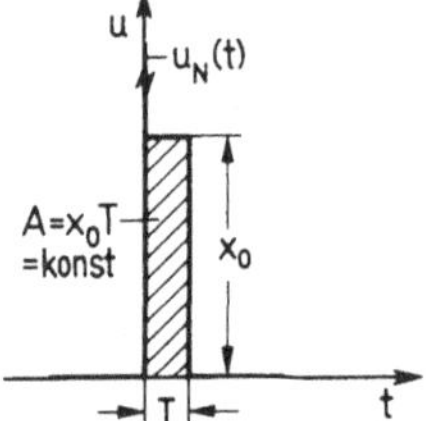

4.3
Bildung der Nadelfunktion $x_N(t)$ als Grenzfall einer Impulsfunktion. $(x_0 \cdot T_0 = \text{konst.})$

Der Impuls erfolgt definitionsgemäß im Zeitpunkt $t = 0$. Ferner gilt

$$\int\limits_{-\infty}^{+\infty} \delta(t) \cdot dt \equiv 1$$

Die **Einheits-Sprungfunktion** oder **Heavyside-Funktion** wird durch Normieren der Sprungfunktion $u_S(t)$ mit der Sprunghöhe x_0 gewonnen:

$$\frac{u_S(t)}{x_0} = \epsilon(t) \qquad \text{Dimension: } [-] \tag{4.4}$$

Zwischen $\delta(t)$ und $\epsilon(t)$ besteht der Zusammenhang:

$$\int \delta(t) \cdot dt = \epsilon(t) \tag{4.5}$$

Die den Einheits-Testfunktionen entsprechenden Antwortfunktionen sind ebenfalls normiert; es sind dies die **Einheits-Impulsantwort** oder **Gewichtsfunktion** bzw. die **Einheits-Sprungantwort** oder **Übergangsfunktion**. Es gelten dafür die folgenden Definitionsgleichungen.

Gewichtsfunktion

$$\frac{v_N(t)}{x_0 \cdot T} = g(t) \qquad \text{Dimension: } \frac{[v]}{[u] \cdot [t]} \tag{4.6}$$

v_N ist hierbei die durch die Nadelfunktion u_N ausgelöste Systemantwort.

Übergangsfunktion

$$\frac{v_S(t)}{x_0} = h(t); \qquad \text{Dimension: } \frac{[v]}{[u]} \tag{4.7}$$

v_S ist die durch die Sprungfunktion u_S ausgelöste Systemantwort.

Zwischen $g(t)$ und $h(t)$ besteht der allgemeine Zusammenhang:

$$\int\limits_{0}^{t} g(t) \cdot dt = h(t) \tag{4.8}$$

Es ist üblich, bei der analytischen Bestimmung der Antwortfunktionen aus der Differentialgleichung (4.2) als Anfangsbedingung zu wählen:

$$t \leqslant 0^- : \quad u = v = 0$$

d. h. es werden nur **A b w e i c h u n g e n** vom ursprünglichen Beharrungszustand betrachtet.

Die Berechnung erfolgt am einfachsten mit Hilfe der Laplace-Transformation. Unter Berücksichtigung der Anfangsbedingungen (Operationsregeln 6,7) erhält man damit aus Gl. (4.2):

$$e_0 \cdot u(s) + e_1 \cdot s \cdot u(s) + \ldots + e_m \cdot s^m \cdot u(s) = a_0 \cdot v(s) + a_1 \cdot s \cdot v(s)$$
$$+ \ldots + a_n \cdot s^n \cdot v(s)$$

Löst man diese Gleichung nach $v(s)$, d. h. nach der Antwortfunktion im Bildbereich auf, so findet man

$$v(s) = u(s) \cdot \frac{e_0 + e_1 \cdot s + e_2 \cdot s^2 + \ldots + e_m \cdot s^m}{a_0 + a_1 \cdot s + a_2 \cdot s^2 + \ldots + a_n \cdot s^n} \tag{4.9}$$

woraus das gesuchte $v(t)$ durch Rücktransformation erhalten werden kann.

Zur Ermittlung der speziellen Antwortfunktionen $g(t)$ bzw. $h(t)$ ist in Gl. (4.9) die Laplace-Transformierte der jeweiligen Einheits-Testfunktion einzusetzen. Man findet dann:

Gewichtsfunktion

$$u(t) = \delta(t); \quad u(s) = 1 \qquad \text{(Lex. Nr. 1)}$$

Durch Einsetzen in Gl. (4.9) und Rücktransformation folgt dann:

$$g(t) = {}^{-1}\mathscr{L}\left\{ 1 \cdot \frac{e_0 + e_1 \cdot s + \ldots}{a_0 + a_1 \cdot s + \ldots} \right\} \tag{4.10}$$

Übergangsfunktion

$$u(t) = \epsilon(t); \quad u(s) = \frac{1}{s} \qquad \text{(Lex. Nr. 2)}$$

Daraus folgt

$$h(t) = {}^{-1}\mathscr{L}\left\{ \frac{1}{s} \cdot \frac{e_0 + e_1 \cdot s + \ldots}{a_0 + a_1 \cdot s + \ldots} \right\} \tag{4.11}$$

Beispiel 4.4

Aufgabenstellung: Man ermittle Gewichtsfunktion und Übergangsfunktion eines Systems mit der Differentialgleichung:

$$e_0 \cdot u = a_0 \cdot v + a_1 \cdot \dot{v}$$

Lösungsgang:

Gewichtsfunktion Mit Gl. (4.10) wird im Bildbereich

$$g(s) = 1 \cdot \frac{e_0}{a_0 + a_1 s} = \frac{e_0}{a_0} \cdot \frac{1}{1 + s \cdot a_1/a_0} = k \cdot \frac{1}{1 + s\, T}$$

Mit Lex. Nr. 3 ergibt sich für den Zeitbereich:

$$g(t) = \frac{k}{T} \cdot e^{-t/T} \qquad \text{(s. auch Bild 4.4a)}$$

Übergangsfunktion Mit Gl. (4.11) wird mit den oben eingeführten Abkürzungen

$$h(s) = k \cdot \frac{1}{s \cdot (1 + s\,T)},$$

woraus mit Lex. Nr. 10 folgt:

$$h(t) = k \cdot [1 - e^{-t/T}] \qquad \text{(s. auch Bild 4.4b)}$$

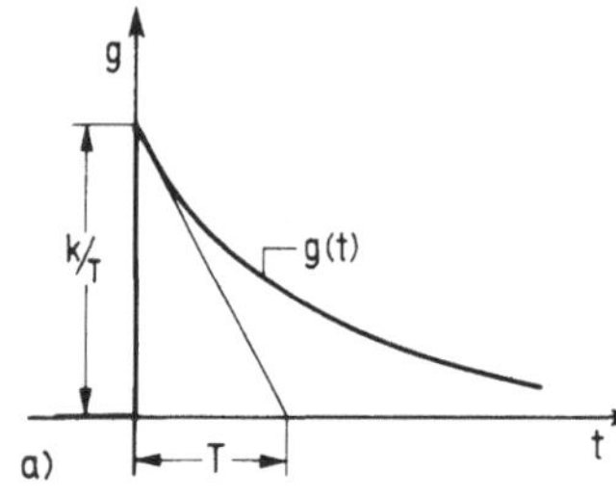
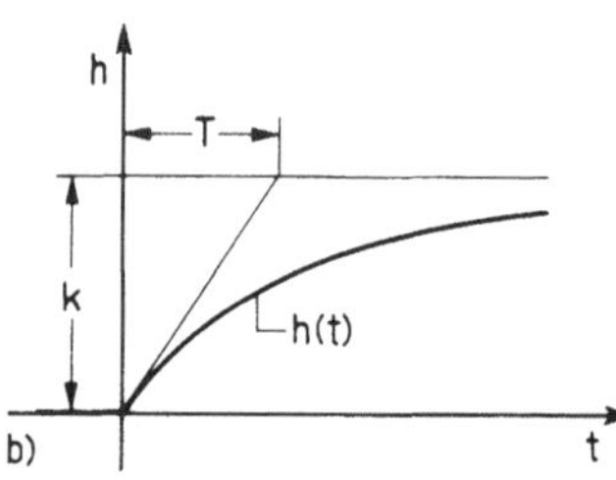

4.4 Gewichtsfunktion a) bzw. Übergangsfunktion b)

Man überzeugt sich leicht, daß h (t) auch durch Integration von g (t) entsprechend der allgemeinen Beziehung (4.8) hätte gefunden werden können.

Neben der rechnerischen Bestimmung von Antwortfunktionen besteht natürlich auch die Möglichkeit, sie zu m e s s e n. Mit Hilfe der Methoden der Prozeßidentifikation (s. Abschnitt 5.3) kann dann aus dem gemessenen Verlauf gegebenenfalls auch ein parametrisches Modell ermittelt werden.

4.2.2 Beschreibung im Frequenzbereich

4.2.2.1 Übertragungsfunktion, Frequenzgang Auf der Grundlage der Definitionsgleichung (3.7) kann die Ü b e r t r a g u n g s f u n k t i o n F (s) aus den Verläufen einer wählbaren Testfunktion u (t) und der dadurch hervorgerufenen Antwort v (t) berechnet werden. Geht man von einem System gemäß Gl. (4.2) aus, so läßt sich der zwischen u (t) und v (t) bestehende Zusammenhang in allgemeiner Form ausdrücken. Unter Berücksichtigung der Anfangsbedingungen u (0) = v (0) = 0 liefert die Laplace-Transformation von Gl. (4.2):

$$u(s) \cdot [e_0 + e_1 \cdot s + e_2 \cdot s^2 + \ldots + e_m \cdot s^m] =$$
$$v(s) \cdot [a_0 + a_1 \cdot s + a_2 \cdot s^2 + \ldots + a_n \cdot s^n]$$

woraus mit Gl. (3.7) folgt:

$$F(s) = \frac{u(s)}{v(s)} = \frac{e_0 + e_1 \cdot s + e_2 \cdot s^2 + \ldots + e_m \cdot s^m}{a_0 + a_1 \cdot s + a_2 \cdot s^2 + \ldots + a_n \cdot s^n} \qquad (4.12)$$

Die Übertragungsfunktion F (s) kann somit in rein formaler Weise aus den Koeffizienten der Differentialgleichung (4.2) gebildet werden.

Nach Abschnitt 3.3.2.2 ist der k o m p l e x e F r e q u e n z g a n g aus der Übertragungsfunktion zu gewinnen, indem die komplexe Variable s durch die imaginäre i ω ersetzt wird. Somit wird aus Gl. (4.12):

$$F (i\,\omega) = \frac{v(i\,\omega)}{u(i\,\omega)} = \frac{e_0 + e_1 \cdot i\,\omega + \ldots + e_m \cdot (i\,\omega)^m}{a_0 + a_1 \cdot i\,\omega + \ldots + a_n \cdot (i\,\omega)^n} \qquad (4.13)$$

Beispiel 4.5

Aufgabenstellung: Man ermittle Übertragungsfunktion und Frequenzgangfunktion eines durch die Differentialgleichung

$$e_0 \cdot u = a_0 \cdot v + a_1 \cdot \dot{v}$$

beschriebenen Übertragungsgliedes.

Lösungsgang: Aus der Differentialgleichung folgt formal

$$F (s) = \frac{e_0}{a_0 + a_1 \cdot s} = k \cdot \frac{1}{1 + s\,T} = k \cdot \frac{1}{1 + (\delta + i\,\omega)\,T}$$

und daraus mit s = i ω ($\delta = 0$)

$$F (i\,\omega) = \frac{e_0}{a_0 + a_1 \cdot i\,\omega} = k \cdot \frac{1}{1 + i\,\omega\,T}$$

Bild 4.5 zeigt die entsprechende Darstellung der Übertragungsfunktion in der Gauß'schen Zahlenebene. Darin ist auch als Spezialfall ($\delta = 0$) die Ortskurve des Frequenzganges enthalten (stark ausgezogene Kurve).

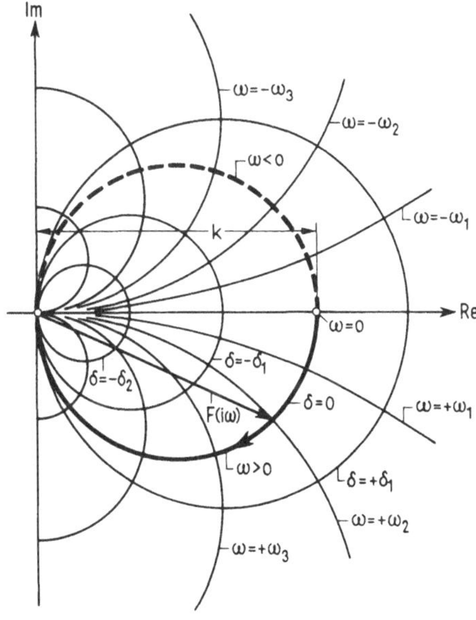

4.5
Ortskurvenbild der Übertragungsfunktion
$k/(1 + s\,T)$

Natürlich ist auch hier wiederum neben der Ableitung von F (s) bzw. F (i ω) aus der Differentialgleichung die e x p e r i m e n t e l l e B e s t i m m u n g möglich. Die Messung liefert zunächst ein nichtparametrisches Modell, aus dem ein parametrisches mit Hilfe der Methoden der Prozeßidentifikation (s. Abschnitt 5.3) gewonnen werden kann. Dabei wird in der Regel von einem Ansatz

$$F (i \omega) = \frac{e_0 + e_1 \cdot i \omega + \ldots + e_m \cdot (i \omega)^m}{a_0 + a_1 \cdot i \omega + \ldots + a_n \cdot (i \omega)^n}$$

mit m $<$ n ausgegangen, dessen Koeffizienten dann aus den Meßergebnissen berechnet werden. Die Übertragungsfunktion F (s) erhält man dann daraus, indem i ω durch s ersetzt wird.

4.2.2.2 Pol-Nullstellen-Verteilung Mit Hilfe des Gauß'schen Hauptsatzes der Algebra läßt sich die Übertragungsfunktion nach Gl. (4.12) auch auf die Form bringen:

$$F (s) = \frac{P (s)}{Q (s)} = \frac{e_m \cdot (s - p_1) \cdot (s - p_2) \cdot \ldots \cdot (s - p_m)}{a_n \cdot (s - q_1) \cdot (s - q_2) \cdot \ldots \cdot (s - q_n)} \qquad (4.14)$$

worin p_i bzw. q_j die Wurzeln des Zähler- bzw. Nennerpolynoms P (s) bzw. Q (s) von Gl. (4.12) bedeuten. Für jeden Wert der Bildvariabeln s = p_i verschwindet einer der Klammerausdrücke im Zähler und damit gleichzeitig auch F (s). Andererseits strebt F (s) für jeden Wert s = q_j gegen unendlich. Die Wurzelwerte p_i werden als N u l l - s t e l l e n, die q_j als P o l e der Übertragungsfunktion F (s) bezeichnet.

Da Gl. (4.14) völlig gleichwertig mit Gl. (4.12) ist, wird die Übertragungsfunktion auch erschöpfend durch den Faktor k* = e_m / a_n und die Nullstellen und Pole charakterisiert (P o l - N u l l s t e l l e n - V e r t e i l u n g).

Da Pole und Nullstellen Wurzeln algebraischer Gleichungen sind, können sie reell oder komplex sein, wobei letztere dann immer paarweise auftreten (konjugiert komplex). Außerdem können sich auch Mehrfachwurzeln ergeben.

Die Pol-Nullstellen-Verteilung läßt sich übersichtlich in der Gauß'schen Zahlenebene darstellen (s. Bild 4.6a).

Beispiel 4.6

Aufgabenstellung: Man ermittle die der Übertragungsfunktion

$$F (s) = \frac{e_0}{a_0 + a_1 \cdot s} = k \cdot \frac{1}{1 + s T}$$

entsprechende Pol-Nullstellen-Verteilung.

Lösungsgang: Es ergeben sich keine Nullstellen, da s im Zähler-Ausdruck nicht vorkommt. Aus dem Nenner-Polynom ergibt sich

$$1 + s T = 0 \longrightarrow s = q_1 = -1/T$$

d. h. ein reeller Pol. Die entsprechende Pol-Nullstellen-Verteilung in der Gauß'schen Zahlenebene zeigt Bild 4.6b.

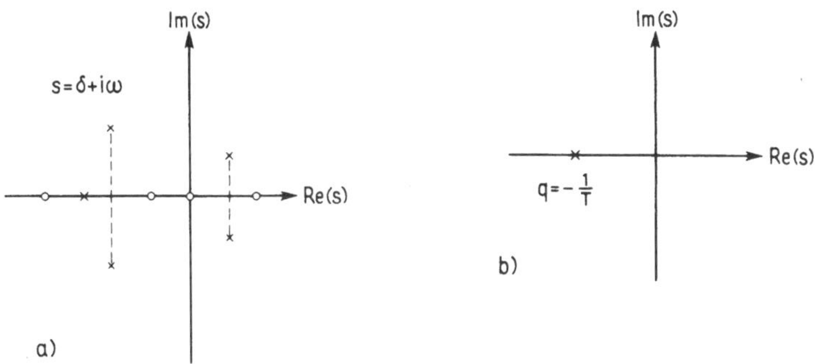

4.6 Pol-Nullstellen-Verteilung a) allgemeiner Fall; b) Beispiel 4.6 ($\bigcirc$ = Nullstelle, $\times$ = Pol)

4.2.3 Übergang von einer Beschreibungsart auf eine andere

Oft ist es im Laufe einer Untersuchung zweckmäßig, von einer Darstellungsart auf eine andere überzugehen, um die jeweiligen Vorteile der verschiedenen Beschreibungsmittel voll ausnützen zu können. Von dieser Möglichkeit wird vor allem bei linearen Systemen Gebrauch gemacht, da nur hier die verschiedenen Beschreibungsarten einander gleichwertig und daher austauschbar sind.

In den Abschnitten 4.2.1 und 4.2.2 wurde gezeigt, wie von der Differentialgleichung auf die anderen Beschreibungsarten übergegangen werden kann. Damit ist auch der Weg in umgekehrter Richtung vorgezeichnet. Dagegen ist noch der unmittelbare Zusammenhang zwischen Übertragungsfunktion und Antwortfunktionen zu untersuchen, aus dem sich das Vorgehen für den Übergang vom einen zum andern dieser Beschreibungsmittel ableitet.

Den Schlüssel dazu liefern die Gleichungen (4.9) und (4.12). Ein Vergleich zeigt, daß der Quotient in Gl. (4.9) identisch ist mit dem in Gl. (4.12) gefundenen Ausdruck für die Übertragungsfunktion. Folglich kann Gl. (4.9) in Übereinstimmung mit Gl. (3.7) auch geschrieben werden

$$v\,(s) = u\,(s) \cdot F\,(s) \tag{3.7a}$$

und damit auch

$$g\,(s) = 1 \cdot F\,(s) \qquad \text{bzw.} \qquad g\,(t) = {}^{-1}\mathscr{L}\,\{1 \cdot F\,(s)\} \tag{4.10a}$$

$$h\,(s) = \frac{1}{s} \cdot F\,(s) \qquad \text{bzw.} \qquad h\,(t) = {}^{-1}\mathscr{L}\,\left\{\frac{1}{s} \cdot F\,(s)\right\} \tag{4.11a}$$

Die Einheits-Impulsantwort $g\,(t)$ ist also mit der Übertragungsfunktion $F\,(s)$ direkt durch die Laplace-Transformation verknüpft, die Einheits-Sprungantwort über einen etwas komplizierteren Zusammenhang, der auch in der Form

$$h\,(t) = \int_0^t {}^{-1}\mathscr{L}\,\{F\,(s)\} \cdot dt = \int_0^t g\,(t) \cdot dt$$

dargestellt werden kann.

Neben diesen allgemeinen Zusammenhängen bestehen für die Einheits-Sprungantwort
(Übergangsfunktion) spezielle Beziehungen mit der Übertragungsfunktion. Mit Hilfe
der Grenzwertsätze der Laplace-Transformation (Operationsregeln 15, 16) läßt sich
nämlich zeigen, daß gilt:

$$\lim_{t \to \infty} h(t) = \lim_{s \to 0} F(s)$$

$$\lim_{t \to 0} h(t) = \lim_{s \to \infty} F(s)$$

(4.15)

Anmerkung Gl. (4.15) gilt nur uneingeschränkt, wenn $\lim_{t \to \infty} h(t)$ existiert, d. h. endlich
ist, somit nur für Systeme mit Ausgleich (s. Abschnitt 4.5.3).

Die Beziehungen (4.10) und (4.11) sind nicht direkt für die Umwandlung brauchbar,
wenn Frequenzgang oder Antwortfunktion in nichtparametrischer Form vorliegen,
also z. B. als unmittelbare Meßergebnisse. In diesem Falle können g (t) bzw. h (t) unter
Benützung der folgenden Beziehungen aus dem Frequenzgang F (i ω) ermittelt werden

$$g(t) = \frac{2}{\pi} \int_0^\infty A(\omega) \cdot \cos(\omega t) \cdot d\omega \;^1)$$

(4.16)

$$h(t) = \frac{2}{\pi} \int_0^\infty \frac{A(\omega)}{\omega} \cdot \sin(\omega t) \cdot d\omega \;^2)$$

(4.17)

Hierin bedeutet A (ω) den Realteil des Frequenzgangvektors F (i ω) ^{3}).

Für den Übergang in umgekehrter Richtung stehen verschiedene Möglichkeiten zur Verfügung. Zunächst kann auf die Definitionsgleichung (3.4) zurückgegriffen werden, nach
welcher F (i ω) als Quotient der Fourier-Transformierten von Testfunktion und Antwort bestimmt werden kann (numerische Fourier-Transformation). Einfacher in der
Anwendung sind Näherungsverfahren, welche von einer Approximation der Antwortfunktion durch eine Folge von Impuls-, Sprung- oder Anstiegsfunktionen ausgehen.
Eine Übersicht darüber bringt [12].

4.3 Bestimmung des Übertragungsverhaltens eines Systems aus demjenigen seiner Komponenten

Sehr oft sind von einem komplexen System zunächst nur die dynamischen Eigenschaften seiner Komponenten bekannt. Es stellt sich dann die Aufgabe, aus diesen unter
Berücksichtigung der Systemstruktur das Übertragungsverhalten des Systems als ganzes
zu ermitteln.

---

^{1}) nach Brown und Campbell [17]
^{2}) nach Grünwald [18]
^{3}) Bei Systemen mit Totzeit- u/o Allpaßgliedern (Nicht-Minimalphasensysteme)
können diese Methoden zu fehlerhaften Ergebnissen führen.

4.3.1 Elemente und Fundamentalschaltungen linearer Systeme

Bei einem linearen System sind l i n e a r e K o m p o n e n t e n durch l i n e a r e
S i g n a l v e r k n ü p f u n g e n miteinander in Beziehung gebracht. Zergliedert man
ein solches System bis zu seinen Elementen, so stellt man fest, daß auch noch so kom-
plizierte Systeme sich aus einigen wenigen Grundbausteinen aufbauen lassen.

Diese Grundbausteine entsprechen den linearen Grundrechenoperationen: Multiplikation mit einer Konstanten, Integration bzw. Differentiation, ferner die Verknüpfungs-
operationen Verzweigung, Überlagerung und Verkettung. Ihre mathematische Formulierung sowie die entsprechenden Symbole des Signalflußbildes sind in Tafel 4.1
zusammengestellt.

Mit Hilfe der linearen Grund-
signalverknüpfungen können
drei wesentlich verschiedene
F u n d a m e n t a l s c h a l -
t u n g e n aufgebaut werden,
auf welche sich jedes beliebig
komplexe lineare System zurückführen läßt: die S e r i e -
s c h a l t u n g (Kettenschal-
tung), die P a r a l l e l s c h a l -
t u n g sowie die A n t i -
p a r a l l e l s c h a l t u n g
oder K r e i s s c h a l t u n g.
Ihr Aufbau ist aus Tafel 4.2
ersichtlich.

Tafel 4.1 Lineare Grundbausteine

$k \cdot u = v$	$\int u \cdot dt = v$	$\dfrac{du}{dt} = v$
Proportionalelement	Integralelement	Differentialelement
$u \rightarrow \boxed{P} \rightarrow v$	$u \rightarrow \boxed{I} \rightarrow v$	$u \rightarrow \boxed{D} \rightarrow v$
$u = u_1 = u_2$	$u_1 \pm u_2 = v$	$v_1 = u_2$
Verzweigung	Überlagerung	Verkettung

Tafel 4.2 Lineare Fundamentalschaltungen

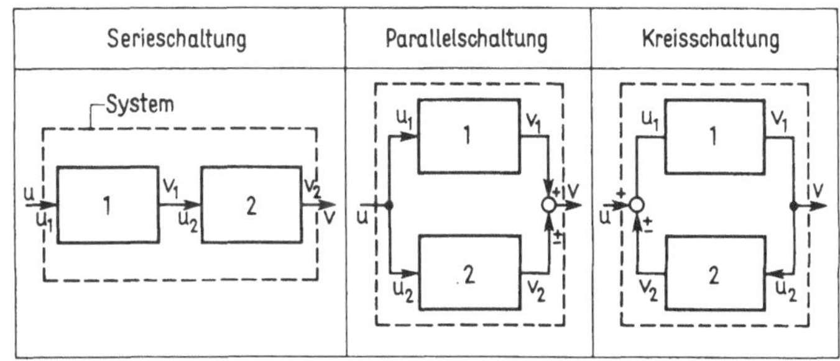

Anmerkung: Parallelschaltung: $++$ Überlagerung; $+-$ Kompensation
Kreisschaltung: $++$ Mitkopplung; $+-$ Gegenkopplung

4.3.2 Berechnung des Übertragungsverhaltens der Fundamentalschaltungen aus demjenigen seiner Komponenten

Da sich komplexe lineare Systeme immer auf die drei Fundamentalschaltungen zurückführen lassen, genügt es, die Berechnung des Übertragungsverhaltens für diese letzteren zu zeigen.

Es wird davon ausgegangen, daß das Übertragungsverhalten der Komponenten bekannt und in mathematischer Form ausgedrückt vorliege. Dazu sind auch die durch die Schaltung gegebenen Signalverknüpfungen rechnerisch auszudrücken. Das weitere Vorgehen ist nun aber verschieden je nach Art der mathematischen Modellbeschreibung.

4.3.2.1 Beschreibungsart: Differentialgleichungen Nach Abschnitt 4.2.1.1 können wir praktisch davon ausgehen, daß das Übertragungsverhalten der Komponenten durch Differentialgleichungen entsprechend Gl. (4.2) beschrieben ist. In abgekürzter Schreibweise gilt also

Komponente 1: $\quad D\,(u_1) = D\,(v_1)$
Komponente 2: $\quad D\,(u_2) = D\,(v_2)$

Je nach Schaltung gilt ferner für die Signalverknüpfungen (s. auch Tafel 4.2)

Serieschaltung

$$u = u_1; \quad v_1 = u_2; \quad v_2 = v$$

Parallelschaltung

$$u = u_1 = u_2; \quad v_1 \pm v_2 = v$$

Kreisschaltung

$$u \pm v_2 = u_1; \quad v_1 = u_2 = v$$

Es stehen somit in jedem Falle 5 unabhängige lineare Gleichungen zur Verfügung, welche die algebraische Elimination von 4 der insgesamt 6 Variabeln erlauben. Es ist demnach immer möglich, die gesuchte Beziehung

$$D\,(u) = e_0 \cdot u + e_1 \cdot \dot{u} + \ldots + e_m \cdot \overset{(m)}{u} = D\,(v) = a_0 \cdot v + a_1 \cdot \dot{v} + \ldots$$
$$+ a_n \cdot \overset{(n)}{v}$$

zu ermitteln.

Die Durchführung dieser Eliminationsrechnung kann aufwendig sein; sie bietet aber keine grundsätzlichen Schwierigkeiten.

Beispiel 4.7

Aufgabenstellung: Man ermittle die Differentialgleichung des Übertragungsverhaltens eines Systems, das durch Serieschaltung von zwei Komponenten gebildet wird, deren Differentialgleichungen lauten

Komponente 1: $\quad e_{01} \cdot u_1 = a_{01} \cdot v_1 + a_{11} \cdot \dot{v}_1$
Komponente 2: $\quad e_{02} \cdot u_2 = a_{02} \cdot v_2 + a_{12} \cdot \dot{v}_2$

Lösungsgang: Bei Serieschaltung lauten die Signalverknüpfungen:

$$u = u_1; \quad v_1 = u_2; \quad v_2 = v$$

Mit Hilfe der Verknüpfungsgleichungen läßt sich zunächst Komponentengleichung 1 schreiben:

$$e_{01} \cdot u = a_{01} \cdot u_2 + a_{11} \cdot \dot{u}_2$$

u_2 berechnet sich aus der Komponentengleichung 2 zu:

$$u_2 = \frac{a_{02}}{e_{02}} \cdot v + \frac{a_{12}}{e_{02}} \cdot \dot{v}$$

Die zur Elimination der Variabeln $\dot{u}_2$ benötigte weitere Gleichung findet man durch Ableiten obiger Beziehung

$$\dot{u}_2 = \frac{a_{02}}{e_{02}} \cdot \dot{v} + \frac{a_{12}}{e_{02}} \cdot \ddot{v}$$

Durch Einsetzen der Ausdrücke für u_2 und $\dot{u}_2$ in die Komponentengleichung 1 ergibt sich die Resultatgleichung

$$e_{01} \cdot e_{02} \cdot u = a_{01} \cdot a_{02} \cdot v + (a_{01} \cdot a_{12} + a_{11} \cdot a_{02})\,\dot{v} + a_{11} \cdot a_{12} \cdot \ddot{v}$$

also eine lineare Differentialgleichung 2. Ordnung.

4.3.2.2 Beschreibungsart: Übertragungsfunktion bzw. Frequenzgang Nachfolgend werden die drei Grundschaltungen einzeln behandelt.

Serieschaltung Die Übertragungsfunktionen der beiden Komponenten mögen lauten:

$$F_1(s) = \frac{v_1(s)}{u_1(s)}; \quad F_2(s) = \frac{v_2(s)}{u_2(s)}$$

Die Signalverknüpfungen für Serieschaltung schreiben sich im Bildbereich:

$$u(s) = u_1(s); \quad v_1(s) = u_2(s); \quad v_2(s) = v(s)$$

Die gesuchte Übertragungsfunktion ist definiert durch

$$F(s) = \frac{v(s)}{u(s)}$$

Mit Hilfe der Signalverknüpfungs-Beziehungen findet man:

$$\frac{v(s)}{u(s)} = \frac{v_2(s)}{u_1(s)} = \frac{v_1(s)}{u_1(s)} \cdot \frac{v_2(s)}{v_1(s)} = \frac{v_1(s)}{u_1(s)} \cdot \frac{v_2(s)}{u_2(s)}$$

oder mit den Definitionsgleichungen

$$F(s) = F_1(s) \cdot F_2(s) \tag{4.18}$$

In ähnlicher Weise findet man für

Parallelschaltung

$$F(s) = F_1(s) \pm F_2(s) \tag{4.19}$$

Anmerkung + für Überlagerung, − für Kompensation

Kreisschaltung

$$F(s) = \frac{F_1(s)}{1 \pm F_1(s) \cdot F_2(s)} \tag{4.20}$$

Anmerkung + für Gegenkopplung, − für Mitkopplung

Die Gleichungen (4.18), (4.19) und (4.20) können auch auf den Frequenzgang übertragen werden, wenn darin s durch i ω ersetzt wird, also z. B. für Serieschaltung:

$$F(i\,\omega) = F_1(i\,\omega) \cdot F_2(i\,\omega) \tag{4.18a}$$

Aus diesen Beziehungen lassen sich auch Rechenanweisungen ableiten für den Fall, daß der Frequenzgang graphisch oder tabellarisch vorliegt. Insbesondere gilt für Serieschaltung (s. auch Gl. 3.5):

$$F(i\,\omega) = R \cdot e^{i\varphi} = R_1 \cdot R_2 \cdot e^{i(\varphi_1 + \varphi_2)}$$
$$R = R_1 \cdot R_2; \quad \varphi = \varphi_1 + \varphi_2 \tag{4.21}$$

Drückt man das Amplitudenverhältnis R im logarithmischen Maß aus, so gilt:

$$\lg R = \lg R_1 + \lg R_2$$

oder mit der Festlegung R [dB] = 20 lg R [1])

$$R\,[\text{dB}] = R_1\,[\text{dB}] + R_2\,[\text{dB}] \tag{4.22}$$

Wird demnach der Amplitudengang in einem Koordinatensystem mit dB-Teilung der Ordinate aufgetragen, der Phasengang in einem solchen mit linearer Winkelgradteilung (B o d e - D i a g r a m m), so läßt sich die Operation nach Gl. (4.21) auf zwei graphisch durchführbare, algebraische Additionen reduzieren. Von dieser Möglichkeit wird namentlich im Zusammenhang mit der Systemsynthese (s. Abschnitt 5.2) Gebrauch gemacht.

Beispiel 4.8

Aufgabenstellung: Man bestimme Übertragungsfunktion und Frequenzgang eines aus zwei in Serie geschalteten, gleichen Verzögerungsgliedern 1. Ordnung [$F_1(s) = F_2(s)$ = k/(1 + s T)] bestehenden Systems.

Lösungsgang: Nach Gl. (4.18) ist die resultierende Übertragungsfunktion:

$$F(s) = \frac{k^2}{(1 + s\,T)^2} = k^2 \cdot \frac{1}{1 + 2\,s\,T + s^2 \cdot T^2}$$

---

[1]) dB = Dezibel; 1 dB entspricht $10^{-20} = 1{,}122018\ldots$

Daraus folgt mit $s = i\,\omega$ der Frequenzgang:

$$F(i\,\omega) = k^2 \cdot \frac{1}{1 + 2\,(i\,\omega)\,T + (i\,\omega)^2 \cdot T^2}$$

Amplituden- und Phasengang berechnen sich nach Gl. (4.21) mit

$$R_1 = R_2 = k \cdot \left| \frac{1}{1 + i\,\omega\,T} \right| = k \cdot \frac{1}{\sqrt{1 + \omega^2 \cdot T^2}}$$

und

$$\varphi_1 = \varphi_2 = \mathrm{arctg}\,(\omega\,T):$$

$$R(\omega) = R_1 \cdot R_2 = k^2 \cdot \frac{1}{1 + \omega^2 \cdot T^2}$$

$$\varphi(\omega) = \varphi_1 + \varphi_2 = 2\,\mathrm{arctg}\,(\omega\,T)$$

4.3.2.3 Beschreibungsart: Antwortfunktionen

Wir betrachten wieder einzelne Grundschaltungen.

Serieschaltung Wir gehen zweckmäßigerweise von Gl. (4.18) aus, welche die Verhältnisse im Frequenzbereich beschreibt. Transformiert man diese Gleichung in den Zeitbereich zurück, so ergibt sich (Operationsregel 5):

$$^{-1}\mathscr{L}\{F(s)\} = {}^{-1}\mathscr{L}\{F_1(s)\} * {}^{-1}\mathscr{L}\{F_2(s)\}$$

Nun ist aber nach Gl. (4.10a)

$$^{-1}\mathscr{L}\{F(s)\} = g(t)$$

Die erstere Gleichung kann somit auch in der Form geschrieben werden:

$$g(t) = g_1(t) * g_2(t) \tag{4.23}$$

Das Symbol $*$ ist eine abgekürzte Schreibweise für die sog. F a l t u n g s o p e r a t i o n (Duhamel-Integral). Gl. (4.23) lautet demnach ausgeschrieben:

$$g(t) = \int_0^t g_1(\tau) \cdot g_2(t - \tau) \cdot d\tau \tag{4.23a}$$

τ hat hierin die Bedeutung einer Integrationsvariablen und erscheint nicht mehr im Ergebnis der Integration.

Ist das Übertragungsverhalten der Komponenten durch die Übergangsfunktion $h(t)$ beschrieben, so gilt eine ähnliche Verknüpfungsregel. Wenn man im Hinblick auf Gl. (4.11a) die Ausgangsgleichung (4.18) auf die Form bringt:

$$\frac{1}{s} \cdot F(s) = s \cdot \frac{1}{s} \cdot F_1(s) \cdot \frac{1}{s} \cdot F_2(s)$$

so folgt daraus durch Rücktransformation

$$h(t) = \frac{d}{dt}\,[h_1(t) * h_2(t)] \tag{4.24}$$

Das Ergebnis der Faltung der Übergangsfunktionen h_1 (t), h_2 (t) ist also anschließend noch nach der Zeit abzuleiten, um die resultierende Übergangsfunktion h (t) zu erhalten.

Die zeitliche Ableitung läßt sich, wie leicht nachzuweisen ist, auch schon vor der Faltung (an h_1 (t) o d e r h_2 (t)) durchführen, womit man die weitere Beziehung erhält:

$$g_1 \ (t) * h_2 \ (t) = h_1 \ (t) * g_2 \ (t) = h \ (t) \tag{4.25}$$

Parallelschaltung In diesem Falle liegen die Dinge einfach, da sich die Antwortfunktionen der Komponenten einfach überlagern. Es gilt somit

$$g(t) \ = g_1 \ (t) \pm g_2 \ (t) \tag{4.26}$$

$$h(t) \ = h_1 \ (t) \pm h_2 \ (t) \tag{4.27}$$

Anmerkung $+$ für Überlagerung, $-$ für Kompensation

Kreisschaltung Dieser Fall ließe sich in ähnlicher Weise wie die Serieschaltung behandeln. Man würde indes eine Rechenanweisung erhalten, die für die analytische Bearbeitung vergleichsweise schlecht geeignet ist und für die numerische Auswertung einen sehr erheblichen Rechenaufwand erfordert. Wenn nicht ein leistungsfähiger Digitalrechner zur Verfügung steht, wird man daher i. a. besser einen anderen Weg wählen (Differentialgleichungen, Übertragungsfunktion). Es wird deshalb hier nicht näher auf diesen Fall eingegangen.

Beispiel 4.9

Aufgabenstellung: Einem Element mit der Übergangsfunktion h_1 (t) = k · t (Anstiegsfunktion) werde ein zweites mit der Gewichtsfunktion g_2 (t) = 1/T · exp (− t/T) nachgeschaltet. Gefragt ist nach der Übergangsfunktion dieser Serieschaltung.

Lösungsgang: Nach Gl. (4.25) ist

$$h \ (t) = k \cdot t * \frac{1}{T} \cdot e^{-t/T} = \int\limits_0^t k \cdot (t - \tau) \cdot \frac{1}{T} \cdot e^{-\tau/T} \cdot d\tau$$

Die Auswertung dieses Integrals (partielle Integration) liefert

$$h \ (t) = k \ [t - T \ (1 - e^{-t/T})]$$

(s. dazu Bild 4.7)

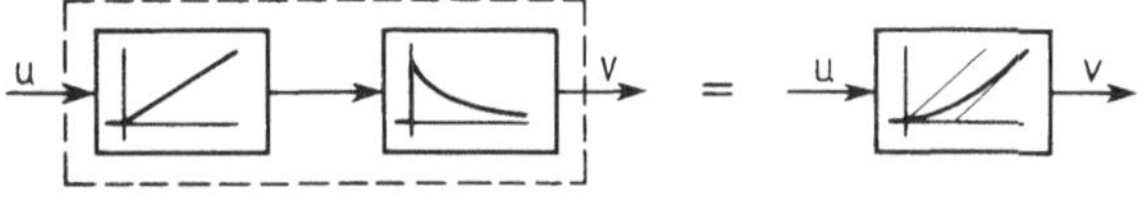

4.7 Zur Berechnung der Sprungantwort bei Serieschaltung (Beispiel 4.9)

4.3.2.4 Beschreibungsart: Pol-Nullstellen-Verteilung Nach Abschnitt 4.2.2.2 läßt sich ein lineares System auch durch seine Pol-Nullstellen-Verteilung charakterisieren. Es stellt sich daher die Frage, ob sich diese Darstellungsart auch für die Berechnung des Übertragungsverhaltens von Systemen aus demjenigen seiner Komponenten eignet.

Im Falle der S e r i e s c h a l t u n g gilt mit Gl. (4.18) und (4.14):

$$F(s) = F_1(s) \cdot F_2(s) = k_1^* \cdot \frac{(s - p_{11}) \ldots (s - p_{m1})}{(s - q_{11}) \ldots (s - q_{n1})} \cdot$$

$$k_2^* \cdot \frac{(s - p_{12}) \ldots (s - p_{m2})}{(s - q_{12}) \ldots (s - q_{n2})}$$

oder $\quad F(s) = k_1^* \cdot k_2^* \cdot \dfrac{(s - p_{11}) \ldots (s - p_{m1}) \cdot (s - p_{12}) \ldots (s - p_{m2})}{(s - q_{11}) \ldots (s - q_{n1}) \cdot (s - q_{12}) \ldots (s - q_{n2})}$

D i e N u l l s t e l l e n u n d P o l e d e r K o m p o n e n t e n g e h e n a l s o
a l l e i n d i e P o l - N u l l s t e l l e n - V e r t e i l u n g d e s S y s t e m s e i n.
Lediglich der Faktor $k^* = k_1^* \cdot k_2^*$ nimmt einen neuen, von dem der Komponenten
i. a. verschiedenen Wert an. Bei seriegeschalteten Systemen kann somit das resultierende
Übertragungsverhalten auf sehr einfache Weise mit Hilfe der Pol-Nullstellen-Verteilung
ermittelt werden. Von dieser Tatsache macht man vor allem bei der Systemsynthese mit
Vorteil Gebrauch (s. Abschnitt 5.2).

Dagegen trifft dies für parallel und antiparallel geschaltete Systeme nicht mehr zu.
Durch P a r a l l e l s c h a l t u n g werden zwar die Pole nicht beeinflußt, wohl aber
die Nullstellen. Durch K r e i s s c h a l t u n g ändern sich i. a. sowohl Pole wie Nullstellen.

4.4 Allgemeine Eigenschaften linearer Systeme

Bereits in Kap. 3 wurde auf einige spezifische Eigenschaften linearer Systeme hingewie-
sen, die nichtlineare Systeme nicht aufweisen. Da diese Eigenschaften nicht nur als
Unterscheidungsmerkmale benutzt werden können, sondern auch die Bearbeitung vieler
Aufgaben fühlbar erleichtern, werden sie nachfolgend eingehender behandelt.

4.4.1 Das Superpositionsprinzip

Für lineare Systeme – und nur für solche – gilt das Superpositonsprinzip, welches be-
sagt, daß der Summe von Ursachen die Summe der Wirkungen entspricht. Sei der Eingangsgrößenverlauf (Ursache) gegeben durch

$$u(t) = u_1(t) + u_2(t)$$

so ist zunächst im Bildbereich (Operationsregel 4)

$$u(s) = u_1(s) + u_2(s)$$

Der Verlauf der Ausgangsgröße v (Wirkung) berechnet sich zunächst im Bildbereich mit
Gl. (4.9 a) zu

$$v(s) = u(s) \cdot F(s) = [u_1(s) + u_2(s)] \cdot F(s) = u_1(s) \cdot F(s) + u_2(s) \cdot F(s)$$
$$= v_1(s) + v_2(s)$$

Im Zeitbereich gilt demnach

$$v(t) = v_1(t) + v_2(t),$$

d. h. die resultierende Wirkung $v(t)$ stellt die Summe der Einzelwirkungen $v_1(t)$, $v_2(t)$ dar.

Aus diesem Sachverhalt folgt unmittelbar, daß einer k-fachen Ursache auch die k-fache Wirkung entspricht. Ist also $v(t)$ die Antwort eines linearen Systems auf $u(t)$, so ist $k \cdot v(t)$ seine Antwort auf $k \cdot u(t)$. Sind somit die Eingangsgrößenverläufe $u(t)$, $k \cdot u(t)$ zueinander a f f i n, so sind es auch die entsprechenden Ausgangsgrößenverläufe (s. auch Bild 4.8).

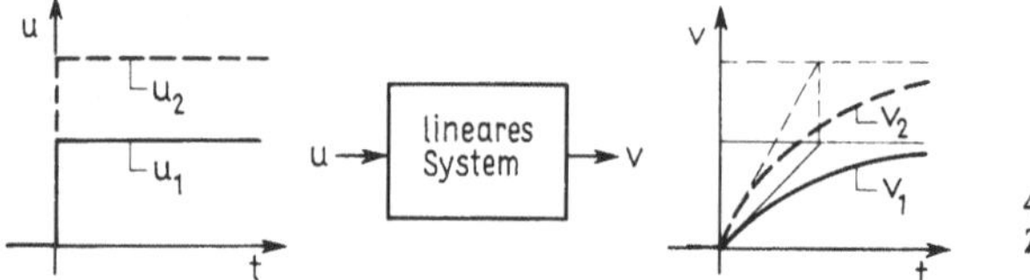

4.8
Zum Superpositionsprinzip

Das Superpositionsprinzip vereinfacht die Behandlung von Aufgaben der Systemdynamik ungemein, indem es die W a h l   d e r   A m p l i t u d e n g r ö ß e   v ö l l i g   f r e i - s t e l l t. Es liefert damit auch die Begründung dafür, daß zur erschöpfenden Beschreibung des dynamischen Verhaltens eines linearen Systems mit je einer Eingangs- und Ausgangsgröße e i n e Antwortfunktion genügt.

4.4.2 Das Frequenzerhaltungsprinzip

Wir gehen für die folgende Betrachtung wieder von Gl. (4.9 a) aus:

$$u(s) \cdot F(s) = v(s)$$

Wie ferner aus Gl. (2.19) hervorgeht, ist $u(s)$ eine Spektralfunktion, welche die im Eingangssignal $u(t)$ enthaltenen Frequenzanteile darstellt. Die Übertragungsfunktion $F(s)$ ihrerseits gibt an, wie Amplitude und Phasenlage jedes dieser Frequenzanteile bei der Übertragung durch das lineare System verändert werden. Das bedeutet, daß das S p e k t r u m   v(s)   d e r   A u s g a n g s g r ö ß e   n u r   A n t e i l e   m i t   F r e - q u e n z e n   a u f w e i s e n   k a n n ,   d i e   a u c h   i n   u(s)   e n t h a l t e n   s i n d, keinesfalls aber Teilschwingungen mit anderen Frequenzen. Diese Eigenschaft der Frequenzerhaltung ist typisch und spezifisch für lineare Systeme. Der Grad der Einhaltung dieser Eigenschaft wird deshalb auch als Maß für die Annäherung eines realen Systems an die Linearität benutzt (Klirrfaktor).

4.4.3 Struktureigenschaften, Struktur-Umwandlungsregeln

Aus dem Superpositionsprinzip sowie aus den in Abschnitt 4.3.2 gemachten Feststellungen ergibt sich die Möglichkeit, die S c h a l t u n g   l i n e a r e r   S y s t e m e   u m - z u f o r m e n, ohne das Übertragungsverhalten des Systems als ganzes (Eingangs-Ausgangs-Verhalten) zu verändern. Diese Möglichkeit ist von großem praktischem Nutzen, da sie einerseits oft eine Vereinfachung der rechnerischen Behandlung erlaubt, andererseits auch den Spielraum bei der Realisierung dynamischer Systeme beträchtlich erweitert. Die allgemeinen Struktureigenschaften linearer Systeme lassen sich am einfachsten als S t r u k t u r - U m w a n d l u n g s r e g e l n angeben. Diese Regeln sind in Form von dynamisch gleichwertigen Schaltungspaaren A bzw. B in Tafel 4.3 zusammengestellt. Das Übertragungsverhalten der Komponenten ist hierbei durch ihre Übertragungsfunktion (abgekürzte Schreibweise F) ausgedrückt.

Tafel 4.3 Dynamisch gleichwertige Schaltungen linearer Systeme

Fall	Nr	Schaltung A	Schaltung B
Vertauschen von Überlagerungsstellen	1	$x_1 \rightarrow \bigcirc \rightarrow \bigcirc \rightarrow x_4$, x_2, x_3	$x_1 \rightarrow \bigcirc \rightarrow \bigcirc \rightarrow x_4$, x_3, x_2
Zusammenfassen von Überlagerungs- oder Verzweigungsstellen	2	$x_1 \rightarrow \bigcirc \rightarrow \bigcirc \rightarrow x_4$, x_2, x_3	x_3, $x_1 \rightarrow \bigcirc \rightarrow x_4$, x_2
	3	$x \rightarrow \bullet \rightarrow \bullet \rightarrow x$, x, x	x, $x \rightarrow \bullet \rightarrow x$, x
Vertauschen von Übertragungsgliedern mit Überlagerungsstellen	4	$x_1 \rightarrow \bigcirc \rightarrow \boxed{F} \rightarrow x_3$, x_2	$x_1 \rightarrow \boxed{F} \rightarrow \bigcirc \rightarrow x_3$, $x_2 \rightarrow \boxed{F}$
	5	$x_1 \rightarrow \boxed{F} \rightarrow \bigcirc \rightarrow x_3$, x_2	$x_1 \rightarrow \bigcirc$, $\boxed{F} \rightarrow x_3$, $x_2 \rightarrow \boxed{1/F}$
Vertauschen von Übertragungsgliedern mit Verzweigungsstellen	6	$x_1 \rightarrow \bullet \rightarrow \boxed{F} \rightarrow x_2$, $\rightarrow x_1$	$x_1 \rightarrow \boxed{F} \rightarrow \bullet \rightarrow x_2$, $\boxed{1/F} \rightarrow x_1$
	7	$x_1 \rightarrow \boxed{F} \rightarrow \bullet \rightarrow x_2$, $\rightarrow x_2$	$x_1 \rightarrow \bullet$, $\boxed{F} \rightarrow x_2$, $\boxed{F} \rightarrow x_2$
Vertauschen von Übertragungsgliedern	8	$x_1 \rightarrow \boxed{F_1} \rightarrow \boxed{F_2} \rightarrow x_2$	$x_1 \rightarrow \boxed{F_2} \rightarrow \boxed{F_1} \rightarrow x_2$

Beispiel 4.10

Aufgabenstellung: Das in Bild 4.9 a dargestellte Strukturschema eines linearen Systems soll auf eine einfachere Form gebracht werden.

Lösungsgang: Mit Hilfe der Regel 5 (Tafel 4.3) kann die zweite Überlagerungsstelle vorverlegt und damit das System in eine Serieschaltung von zwei einfacher gebauten Teilsystemen übergeführt werden (s. Bild 4.9 b). Durch rechnerisches Zusammenfassen dieser Teilsysteme entsteht das noch einfachere Schaltbild 4.9 c.

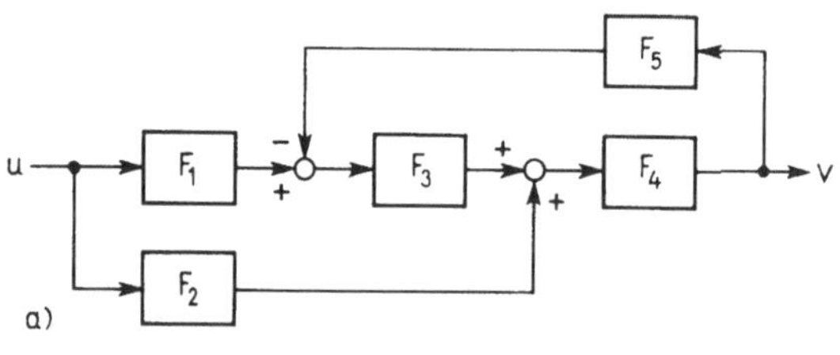

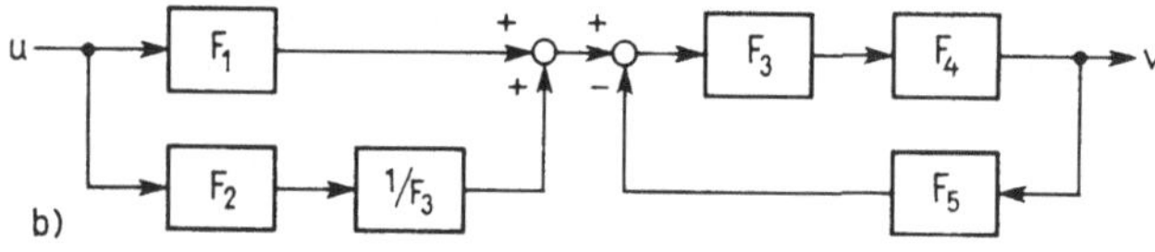

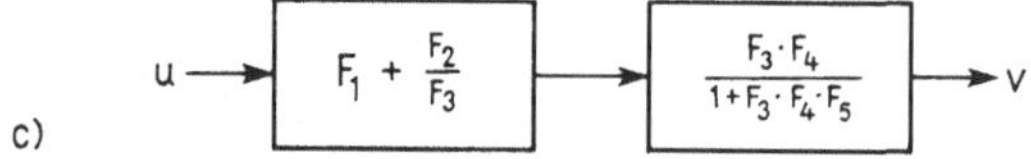

4.9 Beispiel zur Vereinfachung des Strukturschemas eines linearen Systems.
   a) gegebene Schaltung; b) vereinfachte Schaltung (durch Vorverlegen
   der zweiten Überlagerungsstelle); c) weiter vereinfachte Schaltung durch
   rechnerisches Zusammenfassen der Teilschaltungen von b)

4.5 Dynamische Eigenschaften linearer Systeme

Durch das Übertragungsverhalten werden die dynamischen Eigenschaften linearer Systeme unter sehr allgemeinen Bedingungen beschrieben. Betrachtet man ein lineares System jedoch unter b e s t i m m t e n Voraussetzungen, so ergeben sich daraus besondere Systemeigenschaften, deren Kenntnis von Nutzen sein kann.

4.5.1 Beharrungseigenschaften

Der Beharrungs- oder Ruhezustand kann als Sonderfall des allgemeinen dynamischen Verhaltens eines Systems angesehen werden. Folglich kann zu seiner Untersuchung auch vom allgemeinen Übertragungsverhalten ausgegangen werden. Wir wählen zu seiner Beschreibung die Differentialgleichung (4.2)

$$e_0 \cdot u + e_1 \cdot \dot{u} + \ldots + e_m \cdot \overset{(m)}{u} = a_0 \cdot v + a_1 \cdot \dot{v} + \ldots + a_n \cdot \overset{(n)}{v}$$

Im Beharrungszustand sind nun definitionsgemäß die zeitlichen Ableitungen sowohl der Eingangs- wie der Ausgangsgröße Null. Nun sind vor allem drei Fälle von besonderem Interesse.

Fall a):

$$e_0 \neq 0, \quad a_0 \neq 0$$

Für Beharrung gilt damit[1]): $e_0 \cdot \bar{u} = a_0 \cdot \bar{v}$ oder

$$\frac{e_0}{a_0} \cdot \bar{u} = k \cdot \bar{u} = \bar{v} \tag{4.28}$$

Der Faktor k wird als s t a t i s c h e r Ü b e r t r a g u n g s f a k t o r oder auch als V e r s t ä r k u n g bezeichnet.

Aus Gl. (4.28) geht hervor, daß zwischen den Beharrungswerten der Eingangs- und Ausgangsgröße eine e i n d e u t i g e Z u o r d n u n g besteht. Systeme mit dieser Eigenschaft werden als S y s t e m e m i t A u s g l e i c h (in der Meßtechnik auch als statische Systeme) bezeichnet. Die graphische Darstellung dieser Zuordnung $\bar{v} = f(\bar{u})$ ist die s t a t i s c h e K e n n l i n i n i e , die im Falle eines linearen Systems eine G e - r a d e ist. Deren Neigung (tg α) ist die oben genannte Verstärkung (s. Bild 4.10a).

Systeme, bei denen keine eindeutige Zuordnung der Beharrungswerte $\bar{u}$, $\bar{v}$ besteht, werden als S y s t e m e o h n e A u s g l e i c h bezeichnet (in der Meßtechnik auch als astatische Systeme).

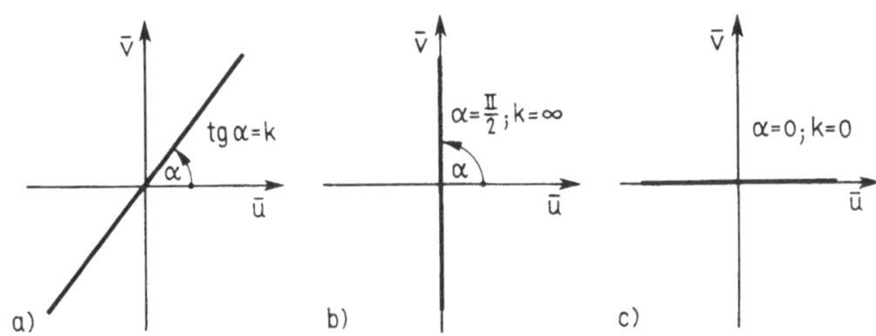

4.10 Statische Kennlinien
   a) System mit Ausgleich; b), c): Systeme ohne Ausgleich

Fall b):

$$e_0 \neq 0, \quad a_0 = 0$$

Für Beharrung geht unter diesen Bedingungen Gl. (4.2) über in: $e_0 \cdot \bar{u} = 0$. Das bedeutet, daß nur für e i n e n Wert von $\bar{u}$ Beharrungszustand möglich ist, wobei $\bar{v}$ jedoch

---

[1]) Der Querstrich bedeutet Beharrungswert

jeden beliebigen Wert aufweisen kann. Diesem Sachverhalt entspricht eine statische
Kennlinie gemäß Bild 4.10b (Verstärkung unendlich).

Die Übertragungsfunktion eines solchen Systems lautet mit Gl. (4.12):

$$F(s) = \frac{e_0 + e_1 \cdot s + \ldots + e_m \cdot s^m}{a_1 \cdot s + a_2 \cdot s^2 + \ldots + a_n \cdot s^n} = \frac{1}{s} \cdot \frac{e_0 + e_1 \cdot s + \ldots + e_m \cdot s^m}{a_1 + a_2 \cdot s + \ldots + a_n \cdot s^{n-1}}$$

Der Faktor 1/s bedeutet im Zeitbereich eine Integration über die Zeit (Operationsregel
Nr. 8). Man kann somit aus einem derartigen System immer ein in Serie geschaltetes
I n t e g r a t i o n s g l i e d isolieren, wodurch sich die Bezeichnung i n t e g r i e r e n -
d e s S y s t e m begründet.

Fall c):

$$e_0 = 0, \quad a_0 \neq 0$$

In diesem Fall geht Gl. (4.2) über in $a_0 \cdot \overline{v} = 0$. Auch hier besteht keine feste Zuordnung zwischen den Beharrungswerten $\overline{u}$ und $\overline{v}$, da im Ruhezustand des Systems immer
$\overline{v} = 0$ wird, unabhängig vom Wert $\overline{u}$. Dem entspricht ein Verlauf der statischen Kennlinie gemäß Bild 4.10c, d.h. die Verstärkung ist Null.

Die Übertragungsfunktion eines solchen Systems lautet:

$$F(s) = \frac{e_1 \cdot s + \ldots + e_m \cdot s^m}{a_0 + a_1 \cdot s + \ldots + e_n \cdot s^n} = s \cdot \frac{e_1 + e_2 \cdot s + \ldots + e_m \cdot s^{m-1}}{a_0 + a_1 \cdot s + \ldots + a_n \cdot s^n}$$

Der Faktor s, der sich hier separieren läßt, bedeutet im Zeitbereich eine Ableitung nach
der Zeit (Operationsregel Nr. 6). Aus einem solchen System kann mithin immer ein in
Serie liegendes, d i f f e r e n z i e r e n d e s G l i e d abgespalten werden; daher die
Bezeichnung d i f f e r e n z i e r e n d e s S y s t e m. – Aus physikalischen Gründen
ist ein derartiges System immer nur näherungsweise realisierbar.

4.5.2 Eigenverhalten

In der Praxis ist der Fall häufig, daß ein System t e m p o r ä r durch eine Eingangsgröße gestört wird. Nach dem Verschwinden der Störwirkung ist das nun sich selbst
überlassene System zunächst i. a. noch nicht wieder in den Ruhezustand zurückgekehrt,
sondern seine Systems- bzw. Ausgangsvariablen ändern sich entsprechend dem E i g e n -
v e r h a l t e n d e s S y s t e m s (s. Bild 4.11).

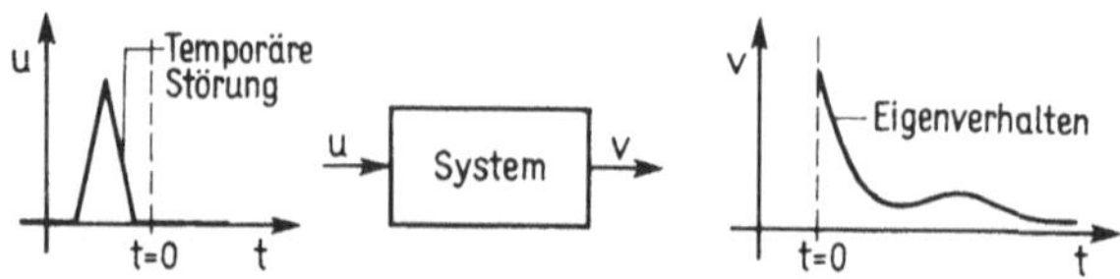

4.11 Vorübergehende Störung und Eigenverhalten eines Systems

Zur näheren Untersuchung dieses Eigenverhaltens gehen wir von der allgemeinen Differentialgleichung (4.2) aus

$$e_0 \cdot u + e_1 \cdot \dot{u} + \ldots + e_m \cdot \overset{(m)}{u} = a_0 \cdot v + a_1 \cdot \dot{v} + \ldots + a_n \cdot \overset{(n)}{v}$$

Nach verschwundener Störung gilt

$$u = \dot{u} = \ldots = \overset{(m)}{u} = 0$$

und die obige Differentialgleichung geht folglich über in die D i f f e r e n t i a l g l e i -
c h u n g   d e s   E i g e n v e r h a l t e n s :

$$a_0 \cdot v + a_1 \cdot \dot{v} + a_2 \cdot \ddot{v} + \ldots + a_n \cdot \overset{(n)}{v} = 0 \tag{4.29}$$

Diese Gleichung beschreibt also das Verhalten des sich selbst überlassenen, d. h. des von
außen nicht (mehr) gestörten Systems.

Das Eigenverhalten ist nun durch die L ö s u n g   d i e s e r   h o m o g e n e n, linearen
D i f f e r e n t i a l g l e i c h u n g mit konstanten Koeffizienten charakterisiert. Diese
E i g e n l ö s u n g v_e (t) lautet bekanntlich

$$v_e(t) = \sum_{j=1}^{n} c_j \cdot e^{r_j \cdot t} \tag{4.30}$$

Die E i g e n w e r t e r_j sind hierbei die Wurzeln der sog. charakteristischen Gleichung

$$a_0 + a_1 \cdot r + a_2 \cdot r^2 + \ldots + a_n \cdot r^n = 0 \tag{4.31}$$

die formal aus Gl. (4.29) gewonnen wird. Man erkennt leicht, daß diese E i g e n -
w e r t e   i d e n t i s c h   sind   m i t   d e n   P o l e n q_j d e r   Ü b e r t r a g u n g s -
f u n k t i o n   F (s) des Systems (s. Abschnitt 4.2.2.2).

Die Koeffizienten c_j bestimmen sich im Prinzip aus den A n f a n g s b e d i n g u n g e n
(Werte v (0), $\dot{v}$ (0) etc.). Meist verzichtet man jedoch auf deren Berechnung, da die
Eigenwerte bereits hinreichenden Aufschluß über den Charakter des Eigenverhaltens
geben. Es wird deshalb hier auf diese Bestimmung der c_j nicht weiter eingegangen.

Die Eigenwerte können, als Wurzeln einer algebraischen Gleichung, reell oder komplex
sein, wobei letztere immer paarweise auftreten. Es gilt demnach:

Eigenwert	Eigenlösung
$r_{1,2} = \delta \pm i\,\omega$	$v_e(t) = c_{1,2} \cdot e^{\delta t} \cdot [e^{i\omega t} + e^{-i\omega t}]$
$r_{1,2} = \pm i\,\omega$	$v_e(t) = c_{1,2} \cdot [e^{i\omega t} + e^{-i\omega t}]$
$r = \delta$	$v_e(t) = c \cdot e^{\delta t}$

Sowohl reelle wie komplexe Eigenwerte können als Mehrfachwurzeln vorkommen.

Besonders übersichtlich läßt sich das Eigenverhalten durch die Darstellung der W u r -
z e l o r t e in der Gauß'schen Zahlenebene (Polverteilung) charakterisieren (s. Bild
4.12). Wurzelorten in der linken Halbebene ($\delta < 0$) entsprechen dabei a b k l i n g e n -

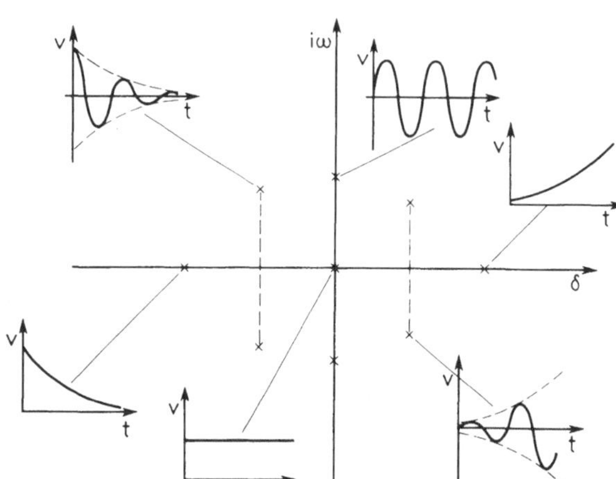

4.12 Zusammenhang zwischen der Lage der Pole (Wurzelorte) und dem
     Charakter der zugehörigen Eigenlösungen

d e E i g e n l ö s u n g e n, solchen in der rechten Halbebene a u f k l i n g e n d e.
Konjugiert imaginäre Wurzelpaare auf der Ordinatenachse entsprechen h a r m o n i -
s c h e n E i g e n l ö s u n g e n. Einem Eigenwert im Ursprung (r = 0) schließlich entspricht ein in Serie geschaltetes Integrationsglied, d. h. ein Systemverhalten o h n e
A u s g l e i c h (s. Abschnitt 4.4.4).

Von besonderem Interesse ist die sog. d o m i n a n t e E i g e n l ö s u n g, d. h. diejenige Eigenlösung, deren Wurzelort in der Darstellung nach Bild 4.12 am weitesten
nach rechts zu liegen kommt. Diese Eigenlösung ist aus dem Grunde besonders wichtig,
weil einige Zeit nach Verschwinden der Störung das Eigenverhalten oft fast nur noch
durch die dominante Eigenlösung bestimmt wird, da dann die übrigen praktisch abge-
klungen sind. Daher genügt es mitunter, die dominante Eigenlösung allein zu kennen.

Die rechnerische Bestimmung der Eigenwerte kann durch Lösen der charakteristischen
Gleichung (4.31) erfolgen. Bei komplexen Systemen hoher Ordnung wird hierzu zweckmäßigerweise ein Digitalrechner eingesetzt. Man kann die Lösung der algebraischen
Gleichung entsprechend hohen Grades aber oft umgehen. So lassen sich etwa im Falle
einer Serie- oder Parallelstruktur die Eigenwerte viel einfacher als P o l e d e r K o m -
p o n e n t e n finden (s. dazu Abschnitt 4.2.2.2). Bei Systemen mit Kreisschaltung
besteht die Möglichkeit der schnellen näherungsweisen Bestimmung der dominanten
Eigenlösung unter Zuhilfenahme der konformen Abbildung [19].

Beispiel 4.11

Aufgabenstellung: Vom System nach Bild 4.13a soll der dominante Eigenwert ermittelt
werden.

Lösungsgang: Denkt man sich die beiden Kreisschaltungen als Komponenten 1 bzw. 2,
so läßt sich das System vereinfacht durch das Blockschaltbild 4.13b darstellen, d. h.
durch eine Kombination von Serie- und Parallelschaltung. Da bei beiden Schaltungs-

arten die Pole der Komponenten gleich den Polen des Systems sind, lassen sich diese wie folgt finden:

$$F_1\,(s) = \frac{1/s}{1 + k_1/s} = \frac{1}{s + k_1};\quad q_1 = -\,k_1$$

$$F_2\,(s) = \frac{1/s}{1 + k_2/s} = \frac{1}{s + k_2};\quad q_2 = -\,k_2$$

$$F_3\,(s) = \frac{1}{s};\quad\quad\quad\quad\quad q_3 = 0$$

Unter der Voraussetzung $k_1 > k_2 > 0$ entspricht die Lage der Pole der Darstellung in Bild 4.13c, und q_3 ist der dominante Pol. Das Eigenverhalten des Systems längere Zeit nach einer temporären Störung ist daher im wesentlichen durch dasjenige des integrierenden Gliedes 3 bestimmt.

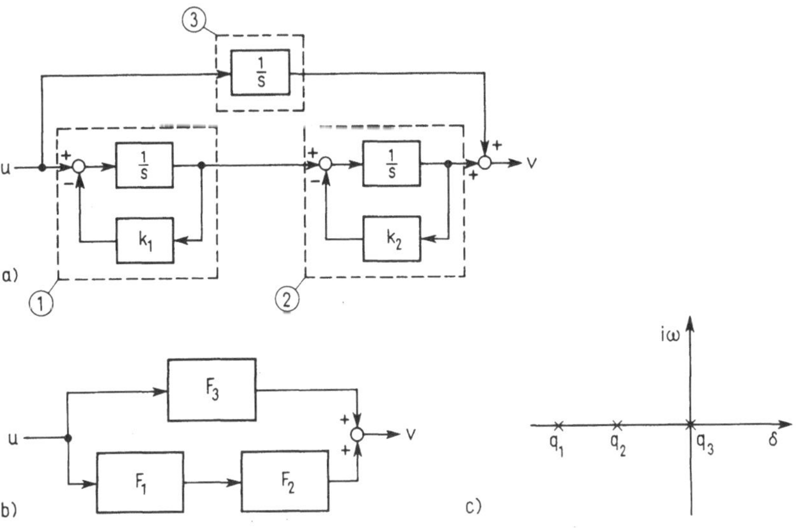

4.13 Zu Beispiel 4.11
    a) Blockschema des Systems; b) vereinfachtes Blockschema; c) Polverteilung

4.5.3 Stabilität

In den allermeisten Fällen verlangt die Praxis von einem System, daß es nach einer v o r ü b e r g e h e n d e n S t ö r u n g wieder v o n s e l b s t i n e i n e n B e h a r r u n g s z u s t a n d zurückfinde, wobei dieser Zustand nicht unbedingt mit demjenigen vor der Störung gleich zu sein braucht. Ein derartiges s t a b i l e s V e r h a l t e n stellt sich jedoch keineswegs immer von selbst ein. Insbesondere Systeme, die Kreisschaltung aufweisen, neigen zu instabilem Verhalten. Aber auch andere Schaltungen, z. B. die Serieschaltung, können sich als instabil erweisen.

Im vorangehenden Abschnitt wurde gezeigt, daß das Verhalten eines Systems nach einer vorübergehenden Störung, d.h. das E i g e n v e r h a l t e n, im wesentlichen durch die E i g e n l ö s u n g e n bestimmt wird. Wird nun verlangt, daß das System wieder einem Beharrungswert zustrebe, so dürfen offensichtlich n u r a b k l i n g e n - d e E i g e n l ö s u n g e n vorliegen[1]). Man spricht dann von a s y m p t o t i s c h e r S t a b i l i t ä t. Sie entspricht den meist in der Praxis zu stellenden Anforderungen[2]).

Die Forderung, daß sämtliche Eigenlösungen abklingen sollen, läßt sich auch durch die Bedingung ausdrücken, daß s ä m t l i c h e E i g e n w e r t e n e g a t i v e R e a l - t e i l e δ aufweisen bzw. daß s ä m t l i c h e P o l e i n d e r n e g a t i v e n H a l b - e b e n e l i e g e n. Instabilem Verhalten entsprechen demnach Pole in der positiven Halbebene e i n s c h l i e ß l i c h der Ordinatenachse[1]) (s. auch Bild 4.12). Die Kenntnis der Polverteilung erlaubt mithin auch die Frage nach der Stabilität eines Systems zu entscheiden.

Sofern es nur um den q u a l i t a t i v e n N a c h w e i s d e r S t a b i l i t ä t geht, genügt es nachzuweisen, daß alle $\delta < 0$ sind. Dies kann mit Hilfe verschiedener S t a - b i l i t ä t s p r ü f v e r f a h r e n geschehen, von denen hier nur dasjenige nach H u r - w i t z kurz erläutert werden soll. Im übrigen wird auf die reichhaltige diesbezügliche Literatur verwiesen [11] u. a.

Das Verfahren von Hurwitz überprüft die Bedingung $\delta < 0$ auf Grund der Koeffizienten a_i der Differentialgleichung des Eigenverhaltens (4.29). Es müssen hierbei für Stabilität folgende Kriterien erfüllt sein:

1. Sämtliche Koeffizienten a_i müssen gleiches Vorzeichen ausweisen.

2. Die Werte sämtlicher Determinanten H_j müssen > 0 sein.

Die genannten Determinanten H_j sind dabei aus den Koeffizienten der Gl. (4.29) nach folgender Anweisung zu bilden:

$$H_n = \begin{vmatrix} a_{n-1} & a_{n-3} & a_{n-5} & \cdots & 0 \\ a_n & a_{n-2} & a_{n-4} & \cdots & 0 \\ 0 & a_{n-1} & a_{n-3} & \cdots & 0 \\ 0 & a_n & a_{n-2} & \cdots & 0 \\ \vdots & & & & \vdots \\ 0 & & & \cdots & a_0 \end{vmatrix}$$

Die weiteren Determinanten werden als U n t e r d e t e r m i n a n t e n aus H_n abgeleitet (durch Streichen jeweils der k ersten Zeilen und Spalten; $k = 1, 2 \ldots$).

---

[1]) Ein Sonderfall liegt vor für Eigenwerte $r = 0$. Ein System mit nur e i n e m Eigenwert $r = 0$ wird i. a. noch als „technisch stabil" bezeichnet.
[2]) Für eine detaillierte Behandlung der theoretischen Grundlagen wird auf die Literatur verwiesen, z. B. [11].

Anmerkung Es ist zu beachten, daß nach dem Stabilitätskriterium von Hurwitz auch integrierende Systeme mit nur e i n e m Pol $q = 0$ als instabil erklärt werden.

Beispiel 4.12

Aufgabenstellung: Gegeben sei die Differentialgleichung des Eigenverhaltens

$$a_0 \cdot v + a_1 \cdot \dot{v} + a_2 \cdot \ddot{v} + a_3 \cdot \dddot{v} = 0,$$

wobei

$$a_0 > 0, \ a_1 > 0, \ a_2 > 0, \ a_3 > 0$$

Gefragt ist nach der Stabilität des entsprechenden Systems.

Lösungsgang: Die Hurwitz-Determinanten lauten:

$$H_3 = \begin{vmatrix} a_2 & a_0 & 0 \\ a_3 & a_1 & 0 \\ 0 & a_2 & a_0 \end{vmatrix} \qquad H_2 = \begin{vmatrix} a_1 & 0 \\ a_2 & a_0 \end{vmatrix} \qquad H_1 = a_0$$

Bedingung 1 ist laut Aufgabenstellung erfüllt (sämtliche $a_i > 0$). — Bedingung 2 verlangt:

$$H_3 = a_0 \cdot \begin{vmatrix} a_2 & a_0 \\ a_3 & a_1 \end{vmatrix} = a_0 \, (a_1 \cdot a_2 - a_0 \cdot a_3) > 0$$

$$H_2 = a_0 \cdot a_1 - 0 = a_0 \cdot a_1 > 0$$

$$H_1 = a_0 > 0$$

Da die letzten beiden Ungleichungen automatisch erfüllt werden, wenn Bedingung 1 eingehalten ist, so bleibt als wesentliche Stabilitätsbedingung:

$$a_1 \cdot a_2 - a_0 \cdot a_3 > 0$$

Diese Beziehung liefert auch Hinweise darüber, welche Maßnahmen (Änderung von Koeffizienten) einen stabilisierenden bzw. destabilisierenden Effekt aufweisen.

Es wurde bereits darauf hingewiesen, daß die S y s t e m s t r u k t u r im Hinblick auf die Stabilität von Bedeutung ist. Da andererseits für die Stabilitätsfrage die Polverteilung entscheidend ist, lassen sich aus den in Abschnitt 4.3.2.4 gemachten Feststellungen einige allgemeine diesbezügliche Schlüsse ziehen.

Da sich bei S e r i e - und P a r a l l e l s c h a l t u n g die Pole nicht ändern, kann geschlossen werden, daß derartige Systeme dann stabil sind, wenn alle ihre Komponenten stabil sind. S t a b i l i t ä t i m t e c h n i s c h e n S i n n e ist bei Serieschaltung auch dann noch vorhanden, wenn e i n e Komponente e i n e n Pol $q = 0$ aufweist (einfach integrierendes Verhalten). Sind jedoch zwei oder mehr I-Glieder in die Kette eingeschaltet, so ist das System praktisch immer instabil, ungeachtet der Eigenschaften der sonst noch in Serie liegenden Komponenten.

Bei K r e i s s c h a l t u n g sind, wie schon früher festgestellt, die Pole des Systems von denen der Komponenten i. a. verschieden, so daß aus den letzteren nicht auf das Stabilitätsverhalten geschlossen werden darf. Insbesondere gewährleisten stabile Komponenten die Stabilität eines kreisgeschalteten Systems nicht ohne weiteres, und eine sorgfältige Stabilitätskontrolle ist bei Kreisschaltungen daher fast immer angezeigt.

Wird Instabilität festgestellt, so kann, wie bereits im Beispiel 4.12 angedeutet, oft durch günstigere Wahl der Koeffizienten von Gl. (4.29) ein stabiles Verhalten herbeigeführt werden. Ist dies im Bereich endlicher Koeffizientenwerte nicht möglich, so liegt ein s t r u k t u r i n s t a b i l e s   S y s t e m vor. Eine Stabilisierung kann dann nur durch Änderung bzw. Ergänzung der Struktur erreicht werden. Andererseits gibt es auch s t r u k t u r s t a b i l e   S y s t e m e, die bei allen möglichen (endlichen) Koeffizientenwerten stabiles Verhalten aufweisen.

4.5.4 Einschwingverhalten und stationäres erzwungenes Schwingen

Oft liegt der Fall vor, daß ein System unter dem Einfluß andauernder periodischer Störungen steht. Es sind hierbei zwei Phasen zu unterscheiden. In einer ersten Phase unmittelbar nach Einsetzen der Störung antwortet das System mit dem sog. E i n s c h w i n g - v o r g a n g, der einen nichtperiodischen Verlauf aufweist. Nach einiger Zeit ist das System dann praktisch in den e i n g e s c h w u n g e n e n   Z u s t a n d übergegangen, und die Bewegungen der Ausgangsgröße v (t) stellen jetzt die s t a t i o n ä r e   A n t - w o r t   d e s   S y s t e m s auf die stationäre Störung u (t) dar.

Da das periodische Eingangssignal immer als Summe von harmonischen Teilschwingungen aufgefaßt werden kann (s. Abschnitt 2.3.2.2), genügt es, die oben gemachten Feststellungen für den Fall der A n r e g u n g   d u r c h   e i n e   h a r m o n i s c h e   S t ö - r u n g zu belegen.

Für das Eingangssignal gelte daher für $t \geqslant 0^+$:

$$u\,(t) = \hat{u} \cdot \sin\,(\omega_0\,t),\ \text{im Bildbereich: } u\,(s) = \hat{u} \cdot \frac{\omega_0}{s^2 + \omega_0^2}$$

Die Antwort des Systems mit der Übertragungsfunktion F (s) ist dann mit Gl. (3.7) im Bildbereich:

$$v\,(s) = u\,(s) \cdot F\,(s) = \hat{u} \cdot \frac{\omega_0}{s^2 + \omega_0^2} \cdot F\,(s)$$

Der entsprechende Verlauf im Zeitbereich würde sich durch Rücktransformation finden:

$$v\,(t) = \mathscr{L}^{-1} \left\{ \hat{u} \cdot \frac{\omega_0}{s^2 + \omega_0^2} \cdot F\,(s) \right\}$$

wobei F (s) explizit in obige Formel einzusetzen wäre. In Bild 4.14 ist als Beispiel der so ermittelte Einschwingverlauf eines harmonisch angeregten Verzögerungsglieds 2. Ordnung (s. dazu Abschnitt 4.6.2.2) bei drei verschiedenen Werten des Dämpfungsgrades D gezeigt (Anregung mit der doppelten Resonanzfrequenz). Man erkennt daraus, daß die Einschwingphase je nach Fall recht verschieden lang dauern kann, daß sich das System aber schließlich immer einmal in den stationären Zustand einschwingt, vorausgesetzt es sei stabil.

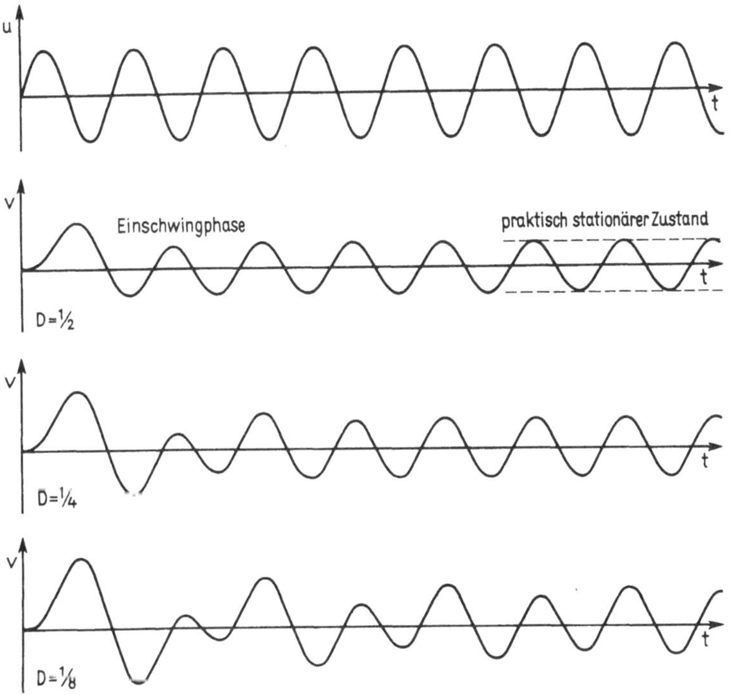

4.14 Einschwingungsvorgänge eines durch ein harmonisches Eingangssignal angeregten Verzögerungsglieds 2. Ordnung bei Anregung mit der doppelten Resonanzfrequenz.
a) Dämpfungsgrad D = 0,5; b) D = 0,25; c) D = 0,125

Unter dieser Voraussetzung der Stabilität des betrachteten Systems hat die Funktion v (s) im Prinzip eine P o l v e r t e i l u n g entsprechend Bild 4.15. Daraus geht hervor, daß $q_{1,2} = \pm i\,\omega_0$ die d o m i n a n t e n P o l e sind, welche längere Zeit nach Störbeginn den Verlauf von v (t) allein bestimmen.

Mit Hilfe der Residuenrechnung wird der entsprechende s t a t i o n ä r e V e r l a u f der Ausgangsgröße gefunden zu:

$$v\,(t)_{\text{stat}} = \hat{v} \cdot \cos\,(\omega_0\, t + \varphi),$$

mit

$$\hat{v} = \hat{u} \cdot |F\,(i\,\omega_0)|, \quad \varphi = \sphericalangle\, F\,(i\,\omega_0)$$

4.15
Prinzipielle Polverteilung der Funktion $f\,(s) \cdot s/(s^2 + \omega_0^2)$

Diese Lösung entspricht demnach dem F r e q u e n z g a n g (s. Abschnitt 3.3.2.1),
der ja auch für den eingeschwungenen Zustand definiert werden kann (s. Gl. (3.6)).
Diese Feststellung ist deshalb praktisch wichtig, weil mit Hilfe des Frequenzganges die
stationäre Lösung viel einfacher berechnet werden kann als über den Weg der Residuenrechnung.

Beispiel 4.13

Aufgabenstellung: Das Übertragungsglied mit der Übertragungsfunktion $F(s) =$
$k/(1 + sT)$ werde stationär durch das Eingangssignal $u(t) = \hat{u} \cdot \cos(\omega_0 t)$ angeregt.
Gesucht ist der stationäre Verlauf von $v(t)$.

Lösungsgang: Für den Frequenzgang gilt:

$$F(i\omega) = \frac{k}{1 + i\omega T},$$

mit
$$R(\omega) = \left| \frac{k}{1 + i\omega T} \right| = \frac{k}{\sqrt{1 + \omega^2 T^2}}$$

$$\varphi(\omega) = \sphericalangle \frac{k}{1 + i\omega T} = \text{arctg}(-\omega T)$$

Für die stationäre Lösung findet man damit:

$$v(t)_{stat} = \hat{v} \cdot \cos(\omega_0 t + \varphi),$$

mit
$$\hat{v} = \hat{u} \cdot R(\omega_0) = \frac{\hat{u} \cdot k}{\sqrt{1 + \omega_0^2 \cdot T^2}}$$

$$\varphi = \varphi(\omega_0) = \text{arctg}(-\omega_0 T)$$

4.5.5 Spektrale Eigenschaften

Aus der Tatsache, daß ein Signal bei seiner Übertragung durch ein System i. a. verformt
wird, folgt unmittelbar, daß auch die S p e k t r e n von Eingangs- und Ausgangssignal
in der Regel verschieden sind. Der entsprechende Zusammenhang zwischen den Spektren ist durch die Definitionsgleichung des Frequenzgangs (3.4) beschrieben, hier zweckmäßigerweise in der Form:

$$u(i\omega) \cdot F(i\omega) = v(i\omega)$$

oder direkt in spektraler Schreibweise

$$|u(i\omega)| \cdot |F(i\omega)| = |v(i\omega)|$$

$$\sphericalangle u(i\omega) + \sphericalangle F(i\omega) = \sphericalangle v(i\omega) \tag{4.33}$$

A m p l i t u d e n - u n d P h a s e n s p e k t r e n v o n E i n g a n g s - u n d A u s -
g a n g s s i g n a l s i n d s o m i t ü b e r d e n F r e q u e n z g a n g d e s Ü b e r -
t r a g u n g s s y s t e m s m i t e i n a n d e r v e r k n ü p f t.

Obige Zusammenhänge sind allerdings nur auf determinierte Signale anwendbar. Für
stochastische Signale kann jedoch mit Hilfe der Definitionsgleichung der spektralen Lei-

stungsdichte (2.33) eine analoge Beziehung gefunden werden, die übrigens auch auf
determinierte Signale anwendbar ist:

$$S_{uu}(\omega) \cdot |F(i\omega)|^2 = S_{vv}(\omega) \tag{4.34}$$

Es ist allerdings zu beachten, daß sie sich auf das Amplitudenspektrum beschränkt.

Die im Signalspektrum der Eingangsgröße enthaltene Information wird nun durch die
Übertragung nur dann nicht verändert (verzerrungsfreie Übertragung), wenn die r e l a -
t i v e n G r ö ß e n v e r h ä l t n i s s e des Spektrums erhalten bleiben oder, anders
ausgedrückt, wenn die Bedingungen erfüllt bleiben:

$$\begin{aligned} R(\omega) &= k_1 & k_1 &= \text{konst} \neq 0 \\ \varphi(\omega) &= k_2 \cdot \omega & k_2 &= \text{konst} \geq 0 \end{aligned} \tag{4.35}$$

Sollen nur die statistischen Signaleigenschaften unverändert bleiben, so genügt es, die
erstere der beiden Forderungen nach Gl. (4.35) einzuhalten.

Natürlich sind die Bedingungen (4.35) durch kein reales Übertragungssystem exakt erfüllbar. Es genügt jedoch praktisch, sie innerhalb des für den jeweiligen Fall wichtigen
F r e q u e n z b e r e i c h e s einzuhalten.

Für viele Zwecke kann der zulässige Schwankungsbereich für R (ω) durch die Grenzen

$$R_0 \cdot \sqrt{2} \quad \text{bzw.} \quad R_0 \cdot \frac{1}{\sqrt{2}}$$

limitiert werden[1]). Die Frequenz, bei der eine
solche Limite erreicht wird, heißt G r e n z -
f r e q u e n z, der dadurch abgegrenzte Frequenzbereich die B a n d b r e i t e des Über-
tragungssystems (s. Bild 4.16). R_0 ist der
Nennwert des Amplitudenverhältnisses R (ω).

In vielen Fällen kann die Bedingung (4.35)
nicht in genügendem Maße eingehalten werden, und das Signalspektrum wird dann gemäß den Beziehungen (4.33) bzw. (4.34)
ungewollt und oft auch i n u n e r w ü n s c h -
t e r W e i s e verändert. Daneben wird eine
solche Beeinflussung aber oft auch durchaus
b e a b s i c h t i g t. Meist bezweckt man

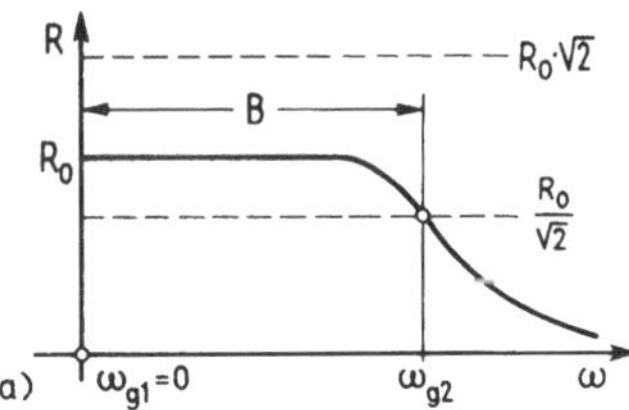

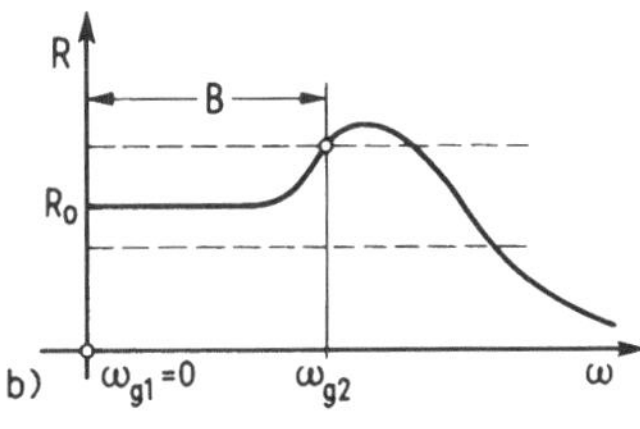

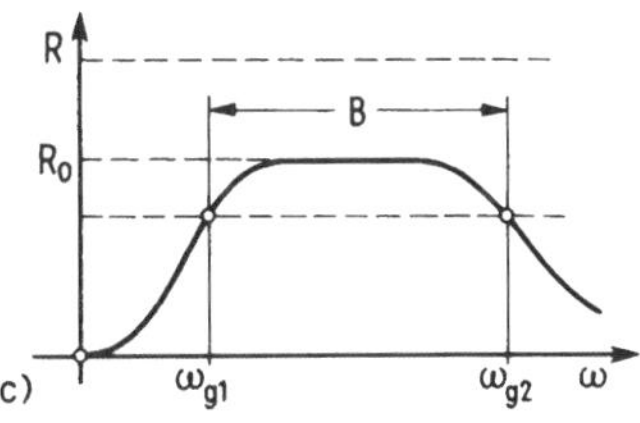

4.16
Zur Definition von Grenzfrequenz ω_g und Bandbreite B
(Erläuterung im Text)

---

[1]) Bei der Bode-Darstellung entspricht dies ± 3 dB.

damit die Unterdrückung unerwünschter Anteile des Signalspektrums (F i l t e r w i r -
k u n g). Seltener wird ein Anheben bestimmter Spektralteile angestrebt. – Namentlich
in der Elektrotechnik wird von diesen verschiedenen Möglichkeiten sehr häufig Gebrauch gemacht, aber auch z. B. bei mechanischen und strömungsmechanischen Systemen.

4.6 Typische lineare Systembausteine

Vergleicht man die Komponenten, aus denen sich lineare Systeme zusammensetzen, so
stellt man fest, daß sich gewisse Bausteine immer wieder vorfinden. Es ist nun von
Nutzen, die Eigenschaften dieser Systembausteine gut zu kennen und in handlicher
Form verfügbar zu haben. Deshalb wird eine Auswahl besonders typischer Komponenten nachfolgend behandelt.

4.6.1 Lineare Elementarbausteine

Aus der fundamentalen Differentialgleichung (4.2) des Übertragungsverhaltens lassen
sich durch Reduktion zunächst drei Elementarbausteine gewinnen, die in fast jedem
linearen System auftreten.

Proportionalglied (P-Glied) Wenn alle zeitlichen Ableitungen wegfallen, so reduziert
sich Gl. (4.2) auf: $e_0 \cdot u = a_0 \cdot v$ oder

$$\frac{e_0}{a_0} \cdot u = k \cdot u = v \tag{4.36}$$

Diese Beziehung beschreibt das Verhalten eines verzögerungsfrei arbeitenden Propor-
tionalgliedes. Der Faktor k ist der bereits in Abschnitt 4.4.4 in anderem Zusammenhang definierte s t a t i s c h e Ü b e r t r a g u n g s f a k t o r.

Die wichtigsten Eigenschaften eines solchen Gliedes, das immer eine Idealisierung der
Wirklichkeit darstellt, sind in Tafel 4.4 zusammengestellt. Typische Beispiele von Bau-
gliedern, die praktisch P-Verhalten aufweisen, sind mechanische Getriebe, gegengekop-
pelte Verstärker und viele weitere, verzögerungsarme Elemente.

Integrierglied (I-Glied) Eine andere Rumpfform von Gl. (4.2) ist die Gleichung des
integrierenden Gliedes:

$$e_0 \cdot u = a_1 \cdot \dot{v}$$

$$\text{oder} \quad \frac{e_0}{a_1} \cdot \int u \cdot dt = k_I \cdot \int u \cdot dt = v \tag{4.37}$$

Der Faktor k_I hat hierbei die Dimension

$$[k_I] = \frac{[v]}{[u] \cdot [t]}$$

Tafel 4.4 Charakteristiken linearer Grundbausteine

	P-Glied	I-Glied	D-Glied
Blockschema-symbol	P	I	D
Differential-gleichung	$k \cdot u = v$	$k_I \cdot \int u\, dt = v$	$k_D \cdot \dfrac{du}{dt} = v$
Übergangs-funktion	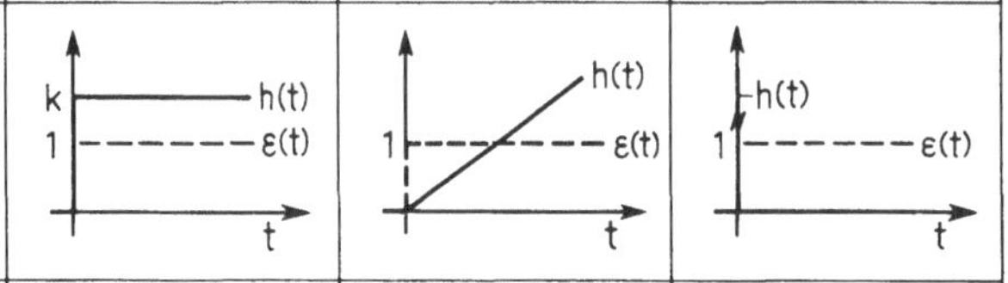		
Übertragungs-funktion	$F(s) = k$	$F(s) = \dfrac{k_I}{s}$	$F(s) = k_D \cdot s$
komplexer Frequenzgang	$F(i\omega) = k$	$F(i\omega) = -i \cdot \dfrac{k_I}{\omega}$	$F(i\omega) = i \cdot k_D \cdot \omega$
Ortskurve des Frequenzgangs	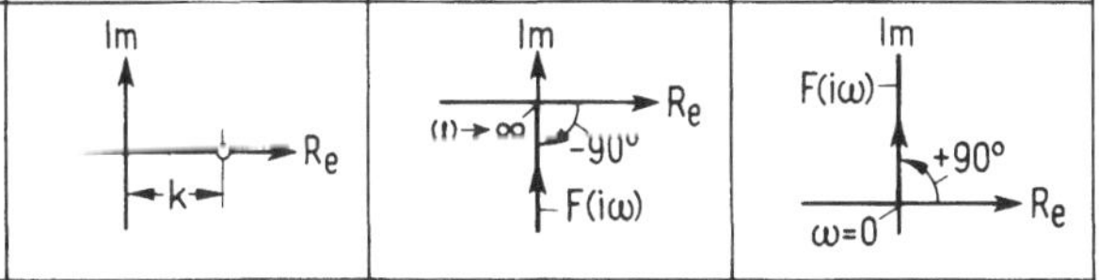		
Amplitudengang: linear	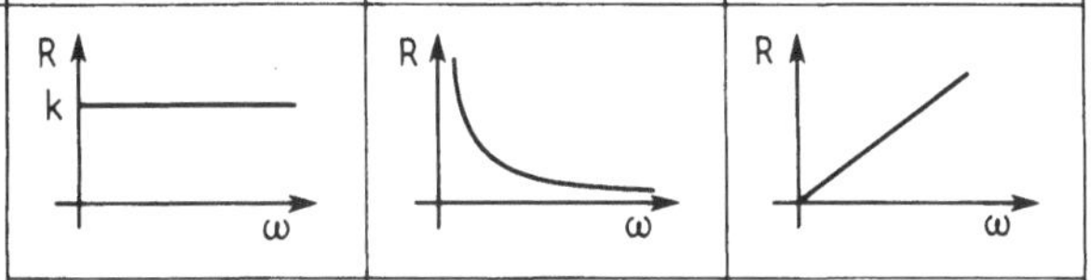		
logarithmisch	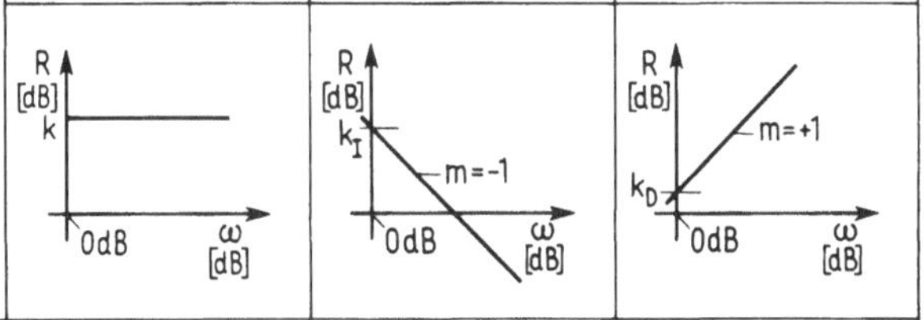		
Pol-Nullstellen-Plan	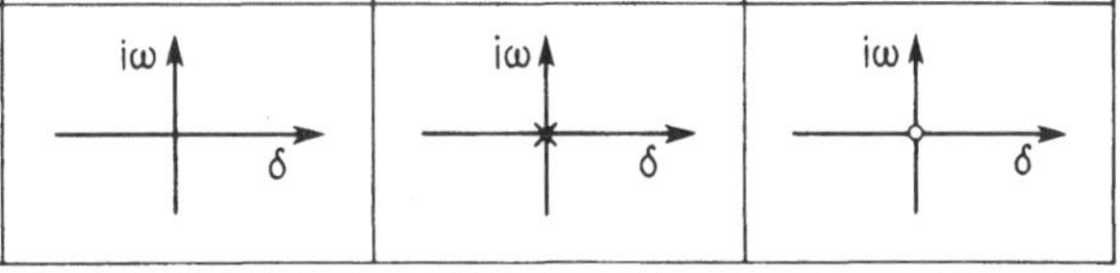		

Bei gleichen Dimensionen von u und v wird im besonderen:

$$[k_I] = [t]^{-1}$$

Die S p r u n g a n t w o r t eines solchen Gliedes folgt sofort mit Gl. (4.37) zu

$$h(t) = k_I \int\limits_0^t \epsilon(t) \cdot dt = k_I \int\limits_0^t dt = k_I \cdot t$$

Die hierdurch beschriebene A n s t i e g s f u n k t i o n hat die Steigung tg $\alpha = k_I$.
Ebenfalls aus Gl. (4.37) läßt sich sofort die Ü b e r t r a g u n g s f u n k t i o n bzw.
der F r e q u e n z g a n g bilden:

$$F(s) = \frac{k_I}{s}; \quad F(i\,\omega) = \frac{k_I}{i\,\omega} = -i\,\frac{k_I}{\omega}$$

Für letzteren gilt somit

$$R(\omega) = \frac{k_I}{\omega} \quad \text{und} \quad \varphi(\omega) = -\pi/2$$

Das Integrierglied bewirkt somit eine Phasendrehung um $-90°$.

Aus der Übertragungsfunktion folgt schließlich, daß der einzige P o l $q_1 = 0$ in den
Ursprung der Wurzelortebene zu liegen kommt.

Die graphischen Darstellungen dieser Sachverhalte sind in Tafel 4.4 zusammengestellt.
Auch das Integrierglied stellt eine Idealisierung dar, der jedoch reale integrierende Glieder sehr nahekommen können. Einige typische Beispiele von Integriergliedern, die
durch Gl. (4.37) in guter Näherung beschrieben werden, sind in Tafel 4.5 zusammengestellt.

Differenzierglied (D-Glied) Die dritte mögliche Rumpfform von Gl. (4.2) ist die Beziehung: $e_1 \cdot \dot{u} = a_0 \cdot v$ oder

$$\frac{a_0}{e_1} \cdot \frac{du}{dt} = k_D \cdot \frac{du}{dt} = v \tag{4.38}$$

Der Faktor k_D hat die Dimension

$$[k_D] = \frac{[v] \cdot [t]}{[u]}$$

und für $[u] = [v]$:

$$[k_D] = [t]$$

Die S p r u n g a n t w o r t ist, wie leicht einzusehen, die mit k_D gewichtete D i r a c -
F u n k t i o n

$$h(t) = k_D \cdot \frac{d\,\epsilon(t)}{dt} = k_D \cdot \delta(t)$$

Übertragungsfunktion bzw. Frequenzgang lauten

$$F(s) = k_D \cdot s; \quad F(i\,\omega) = k_D \cdot i\,\omega,$$

womit:

$$R(\omega) = k_D \cdot \omega; \quad \varphi(\omega) = +\,\pi/2$$

Tafel 4.5 Beispiele von Integrier- und Differenziergliedern
in technischen Prozessen

Ausführungsform	Eingangsgröße u	Ausgangsgröße v
Integrierglieder		
Gleichstrommotor	Ankerspannung	Drehwinkel
Elektr. Kondensator	Strom	Spannung
Hydroservomotor	Arbeitsmittelstrom	Hub, Drehwinkel
Gasdruckbehälter	Massenzu/abstrom	Druck
Differenzierglieder		
Gleichstromgenerator	Drehwinkel	Spannung
Elektr. Kondensator	Spannung	Strom
Elektr. Induktionsspule	Strom	Spannung

Ein Differenzierglied bewirkt somit eine Phasenrückdrehung um $+90°$. – Aus $F(s)$
folgt weiter, daß die einzige N u l l s t e l l e $p_1 = 0$ in den Ursprung der Gauß'schen
Zahlenebene zu liegen kommt. Im übrigen wird auf die entsprechende Zusammenstel
lung in Tafel 4.4 verwiesen.

Im Gegensatz zum Integrierglied weisen Differenzierglieder in konkreten Systemen
aus physikalischen Gründen nur in relativ schlechter Näherung das hier beschriebene
ideale Verhalten auf. Einige typische praktische Beispiele sind in Tafel 4.5 aufgeführt.

4.6.2 Typische lineare Systembausteine

Durch lineare Verknüpfungen der eben behandelten Elementarbausteine können eine
Reihe von Systembausteinen gebildet werden, die, wie bereits erwähnt, in komplexen
Systemen häufig auftreten. Solchen Systembausteinen kommt oft über die rein formale
Bedeutung hinaus auch eine physikalische zu, da sie vielfach direkt als M o d e l l e
e i n z e l n e r V o r g ä n g e d e s Ü b e r t r a g u n g s p r o z e s s e s interpretiert
werden können.

4.6.2.1 Verzögerungsglied 1. Ordnung Dieser Systembaustein, der auch abkürzend als
P T 1 - G l i e d (proportionales Zeitglied 1. Ordnung) bezeichnet wird, wird wohl in
der Praxis am häufigsten angetroffen. Er findet sich in Modellen aus sämtlichen Anwendungsgebieten der Systemdynamik. Er kann als Modell eines Speichervorgangs aufgefaßt

werden, bei welchem der Zu- oder Abstrom mit dem Speicherladezustand linear verknüpft ist. – Das allgemeine Strukturschaltbild zeigt Tafel 4.6.

Die entsprechende D i f f e r e n t i a l g l e i c h u n g kann rein formal aus Gl. (4.2) durch Weglassen der Glieder höherer Ordnung gewonnen werden:

$$e_0 \cdot u = a_0 \cdot v + a_1 \cdot \dot{v}$$

Meist ist aber die folgende Schreibweise zweckmäßiger:

$$\frac{e_0}{a_0} \cdot u = v + \frac{a_1}{a_0} \cdot \dot{v}$$

oder $k \cdot u = v + T \cdot \dot{v}$ $\hspace{3cm}$ (4.39)

Hierin hat k dieselbe Bedeutung wie beim Proportionalglied (Übertragungsfaktor). T hat die Dimension [t] und wird daher sinnfällig als Z e i t k o n s t a n t e bezeichnet.

Die A n t w o r t f u n k t i o n als alternatives Beschreibungsmittel im Zeitbereich wird aus Gl. (4.39) am einfachsten mit Hilfe der Laplace-Transformation berechnet. Man findet (s. auch Beispiel 4.4) für die S p r u n g a n t w o r t:

$$h(t) = k \cdot (1 - e^{-t/T})$$

Danach strebt nach einer Sprungstörung des Verzögerungsglieds die Ausgangsgröße dem neuen Beharrungswert $\bar{v} = k \cdot \bar{u}$ exponentiell zu. Jedesmal nach Verstreichen eines Zeitintervalls $\Delta t = T$ vermindert sich dabei der Abstand $\Delta v = v(t) - \bar{v}$ vom schließlichen Beharrungswert $\bar{v}$ um den Faktor $1/e$. Die Anfangssteigung $\dot{h}(0)$ beträgt

$$\dot{h}(0) = \frac{1}{T} \cdot k \cdot e^{-t/T}\Big|_{t=0} = \frac{k}{T}$$

woraus folgt, daß sich die Zeitkonstante T auf einfache Weise graphisch als Subtangente ermitteln läßt, während sich $k = \bar{v}/\bar{u}$ aus den Beharrungswerten ergibt (s. auch Tafel 4.6).

Aus Gl. (4.39) findet man formal

$$F(s) = k \cdot \frac{1}{1+sT} \quad \text{und} \quad F(i\,\omega) = k \cdot \frac{1}{1+i\,\omega\,T}$$

Die Darstellung des F r e q u e n z g a n g e s durch die Ortskurve liefert einen Halbkreis, der für $\omega = 0$ bei $F(0) = k$ beginnt und für $\omega \to \infty$ im Ursprung endet (s. Tafel 4.6). Amplitudengang und Phasengang sind gegeben durch

$$R(\omega) = \frac{k}{\sqrt{1 + \omega^2\,T^2}} \;; \quad \varphi(\omega) = \text{arctg}\,(-\,\omega\,T)$$

Damit kann der Amplitudengang auch geschrieben werden:

$$R(\omega) = \frac{k}{\sqrt{1 + \text{tg}^2\,\varphi}} = k \cdot \cos\varphi$$

Tafel 4.6 Eigenschaften von PT1- und PT2-Gliedern

	PT1-Glied	PT2-Glied
Struktur	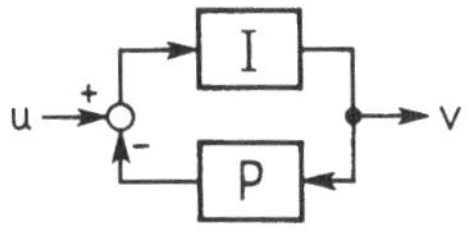	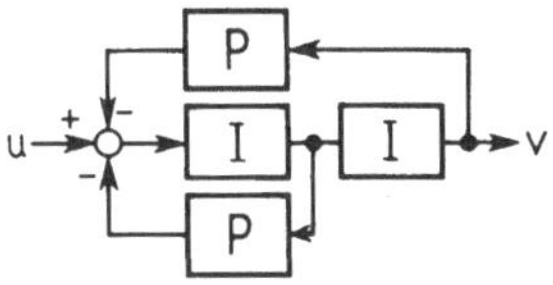
Differential-gleichung	$k \cdot u = v + T \cdot \dot{v}$	$k \cdot u = v + 2DT \cdot \dot{v} + T^2 \cdot \ddot{v}$
Übergangs-funktion	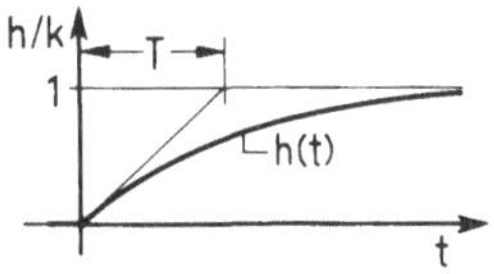	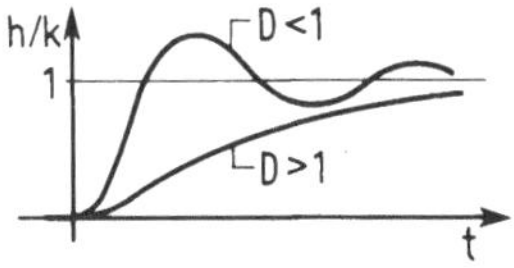
Ortskurve des Frequenzgangs	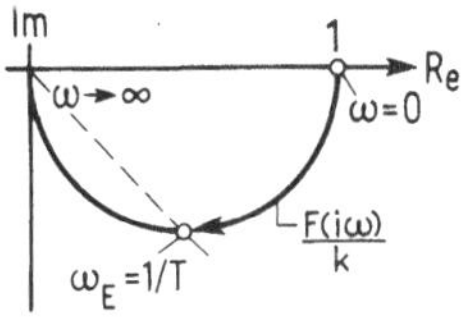	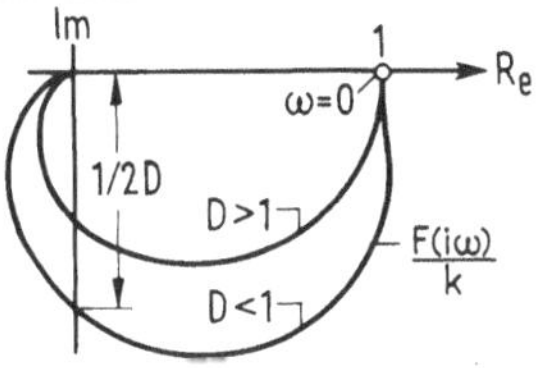
Bode-Diagramm des Frequenzgangs	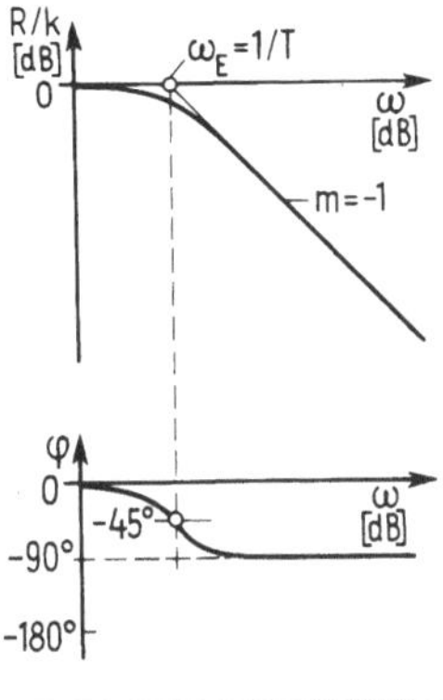	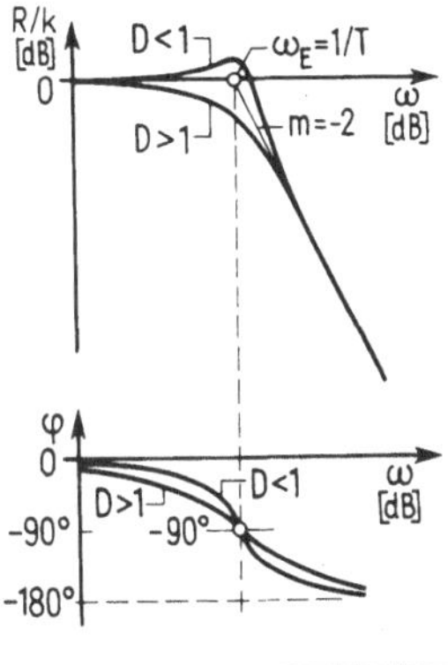
Pol-Nullstellen-Plan	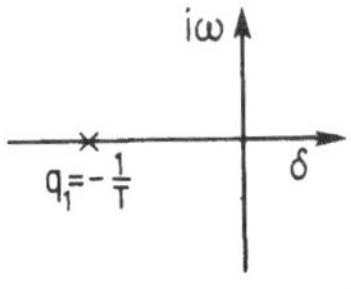	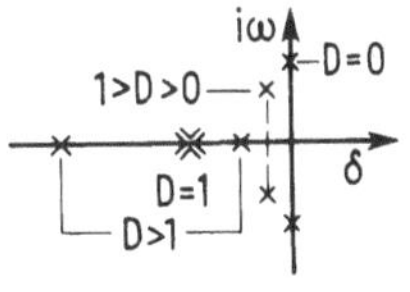

Diese Beziehung belegt die Halbkreisform der Ortskurve (Thaleskreis über der Hypothenuse k).

Stellt man den mit k normierten Frequenzgang im B o d e - D i a g r a m m (s. auch Abschnitt 4.3.2.2) dar, so läßt sich der Kurvenverlauf gut durch die Asymptoten A_1 ($\omega \to 0$) und A_2 ($\omega \to \infty$) approximieren.

Für den ersteren Fall findet man

$$A_1: \frac{R(\omega \to 0)}{k} = \frac{1}{\sqrt{1 + \omega^2 T^2}}\bigg|_{\omega \to 0} \approx 1,$$

$$\varphi(\omega \to 0) = \operatorname{arctg}(-\omega T)\big|_{\omega \to 0} \approx 0,$$

für den zweiten Fall

$$A_2: \frac{R(\omega \to \infty)}{k} = \frac{1}{\sqrt{1 + \omega^2 T^2}}\bigg|_{\omega \to \infty} \approx \frac{1}{\omega T}$$

$$\varphi(\omega \to \infty) = \operatorname{arctg}(-\omega T)\big|_{\omega \to \infty} \approx -\pi/2$$

Der Schnittpunkt der beiden Asymptoten A_1 und A_2 liegt bei $\omega T = 1$, d.h. bei der sog. E c k f r e q u e n z

$$\omega = \omega_E = \frac{1}{T}$$

Die Steigung der Asymptote A_2 ist in der doppeltlogarithmischen Darstellung: $m = -1$. Der Phasenwinkel bewegt sich zwischen 0 und $-90°$. Damit ergibt sich im Bode-Diagramm die in Tafel 4.6 gezeigte asymptotische Darstellung.

Die P o l v e r t e i l u n g schließlich ermittelt sich aus der Übertragungsfunktion. Aus $1 + s T = 0$ folgt für den einzigen Pol:

$$s = q_1 = -\frac{1}{T},$$

der somit grundsätzlich immer in der linken Wurzelort-Halbebene liegt (T ist definitionsgemäß positiv). Das PT1-Glied ist demnach ein s t r u k t u r s t a b i l e s Glied.

4.6.2.2 Verzögerungsglied 2. Ordnung Dieser ebenfalls sehr oft vorkommende Systembaustein kann als Modell des bedämpften Schwingers aufgefaßt werden. Im mechanischen Bereich ist es vor allem das Maße-Feder-Dämpfungssystem mit Punktmaße, im elektrotechnischen Bereich der elektrische Schwingkreis mit Kapazität, Induktivität und Widerstand, welche auf Modelle dieser Art führen. Man begegnet dem auch als P T 2 - G l i e d bezeichneten Baustein aber auch in anderem Zusammenhang, z. B. als Regelsystem. Das allgemeine Strukturschaltbild ist in Tafel 4.6 dargestellt.

Die entsprechende D i f f e r e n t i a l g l e i c h u n g kann zunächst wieder als Sonderfall der Grundform Gl. (4.2) aufgefaßt werden

$$e_0 \cdot u = a_0 \cdot v + a_1 \cdot \dot{v} + a_2 \cdot \ddot{v}$$

In der Regel wird aber folgende Schreibweise bevorzugt:

$$k \cdot u = v + 2\,DT \cdot \dot{v} + T^2 \cdot \ddot{v} \tag{4.40}$$

mit $\qquad k = \dfrac{e_0}{a_0}\,, \quad D = \dfrac{a_1}{2\sqrt{a_0 \cdot a_2}}\,, \quad T = \dfrac{a_2}{a_0}$

k hat dabei wiederum die Bedeutung der Verstärkung, T die einer Zeitkonstanten. Der Faktor D wird als D ä m p f u n g s g r a d bezeichnet und charakterisiert weitgehend das dynamische Verhalten.

Es ist zweckmäßig, zunächst das E i g e n v e r h a l t e n eines PT2-Gliedes zu betrachten. Die Lösung der charakteristischen Gleichung liefert folgende Eigenwerte:

$$r_{1,2} = \frac{-2\,DT \pm \sqrt{4\,D^2\,T^2 - 4\,T^2}}{2\,T^2} = \frac{1}{T} \cdot (-D \pm \sqrt{D^2 - 1})$$

Da die Diskriminante $D^2 - 1$ je nach Größe des Dämpfungsgrades D sowohl positiv wie negativ ausfallen kann, ergeben sich entsprechend reelle oder komplexe Eigenwerte, nämlich für

$$D \geqslant 1 : r_{1,2} = \frac{1}{T} \cdot (-D \pm \sqrt{D^2 - 1})$$

und für

$$D < 1 : r_{1,2} = \frac{1}{T} \cdot (-D \pm i\,\sqrt{1 - D^2})$$

Da für alle endlichen positiven[1] Werte von D der Realteil der Wurzeln negativ bleibt, klingen die Eigenlösungen immer ab, das PT2-Glied ist mithin s t r u k t u r s t a b i l. Der Charakter des Eigenverhaltens ist jedoch bei reellen bzw. komplexen Eigenwerten deutlich verschieden. Für $D \geqslant 1$ ergibt sich ein s c h w i n g u n g s f r e i e s V e r - h a l t e n, was sich auch in der S p r u n g a n t w o r t des Systems ausdrückt:

$$h(t) = k \cdot \left\{ 1 - e^{-Dt/T} \cdot \left[\cosh\left(\frac{t}{T}\sqrt{D^2 - 1}\right) + \right.\right.$$
$$\left.\left. \frac{D}{\sqrt{D^2 - 1}} \cdot \sin h \left(\frac{t}{T}\sqrt{D^2 - 1}\right) \right] \right\}$$

Im Falle $D < 1$ weist das PT2-Glied dagegen o s z i l l a t o r i s c h e n C h a r a k t e r auf, und die Sprungantwort wird beschrieben durch:

$$h(t) = k \cdot \left\{ 1 - e^{-Dt/T} \left[\cos\left(\frac{t}{T}\sqrt{1 - D^2}\right) + \frac{D}{\sqrt{1 - D^2}} \cdot \sin\left(\frac{t}{T}\sqrt{1 - D^2}\right) \right] \right\}$$

Normiert man h (t) mit der Verstärkung k und die Zeit t mit der Zeitkonstanten T, so lassen sich beide Formeln in einem einzigen Diagramm graphisch auswerten, wobei

---

[1] nur positive Werte von D sind physikalisch sinnvoll.

einzig der Parameter D für den jeweiligen Verlauf der normierten Antwortfunktion bestimmend ist. Die entsprechende Darstellung zeigt Bild 4.17.

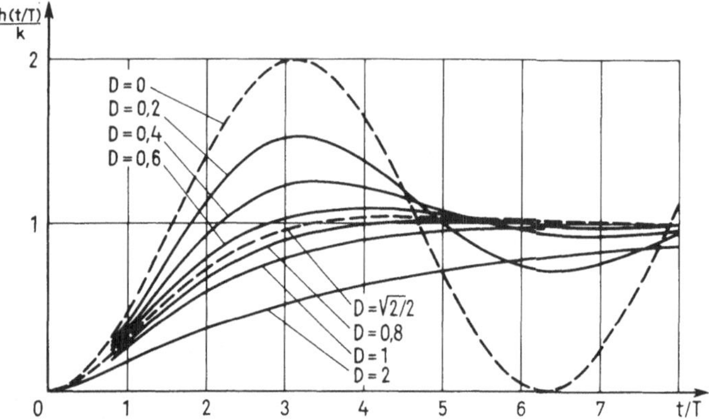

4.17 Normierte Sprungantworten des PT2-Gliedes

Verschwindet die Dämpfung völlig, so geht Gl. (4.40) über in

$$k \cdot u = v + T^2 \cdot \ddot{v}$$

und die Eigenwerte lauten dann

$$r_{1,2} = \pm \frac{i}{T} = \pm i \, \omega_0$$

Dem entspricht ein ungedämpft oszillierendes Eigenverhalten, wobei die harmonische Schwingung die Kreisfrequenz $\omega_0 = 1/T$ aufweist (Resonanzfrequenz).

Es sei noch angemerkt, daß im Parameterbereich $D > 1$ das PT2-Glied auch als S e r i e - s c h a l t u n g   v o n   z w e i   P T 1 - G l i e d e r n mit den Zeitkonstanten T_1 bzw. T_2 interpretiert werden kann. Mit den Parametern D und T besteht für diesen Fall der Zusammenhang:

$$T_1 + T_2 = 2\,D\,T \quad \text{und} \quad T_1 \cdot T_2 = T^2$$

Dem Spezialfall $D = 1$ entsprechen zwei gleiche Zeitkonstanten $T_1 = T_2 = T$.

Im F r e q u e n z b e r e i c h wird das Übertragungsverhalten des PT2-Gliedes beschrieben durch:

$$F(s) = \frac{k}{1 + 2\,D\,T \cdot s + T^2 \cdot s^2} \quad \text{bzw.} \quad F(i\,\omega) = \frac{k}{1 + 2\,D\,T\,(i\,\omega) + T^2\,(i\,\omega)^2}$$

Bezieht man den F r e q u e n z g a n g auf die Verstärkung k und faßt zudem den Ausdruck $\omega\,T = \Omega$ als dimensionslose Kreisfrequenz auf, so erhält man die Beziehung:

$$\frac{F(i\,\omega)}{k} = \frac{1}{1 + 2\,D\,(i\,\omega\,T) + (i\,\omega\,T)^2} = \frac{1}{1 + 2\,D\,(i\,\Omega) + (i\,\Omega)^2} = F(i\,\Omega)$$

die nur noch vom Parameter D abhängig ist und somit eine graphische Darstellung durch
eine einparametrige Kurvenschar erlaubt. Der charakteristische Verlauf des Frequenzganges ist aus den qualitativen Darstellungen (Ortskurven- und Bode-Diagramm) in
Tafel 4.6 ersichtlich. Eine detaillierte Wiedergabe des Bode-Diagramms bringt Bild 4.18.

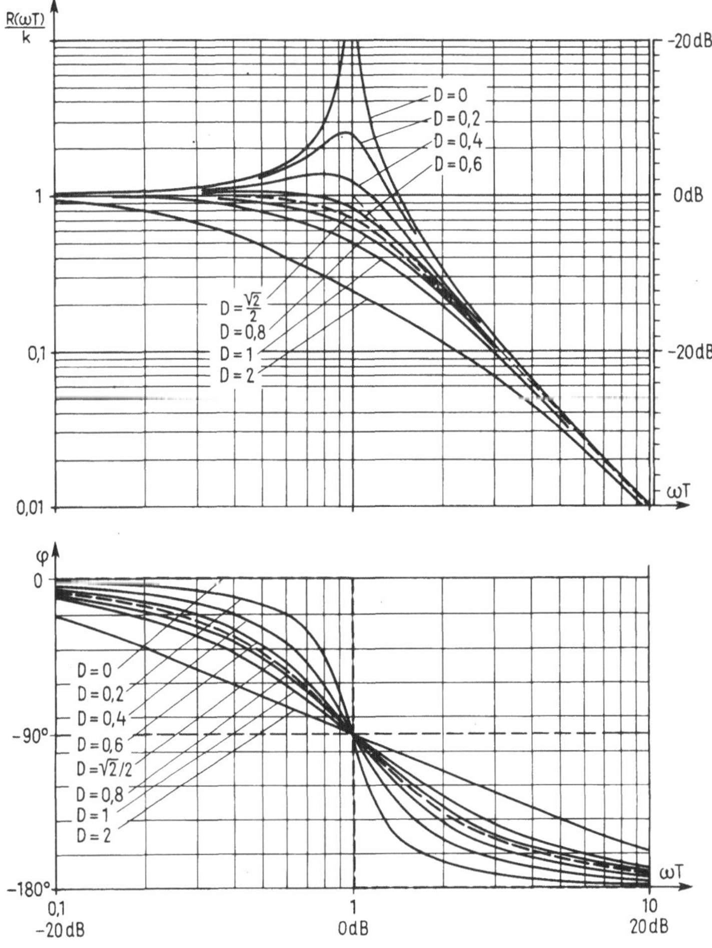

4.18 Normierter Frequenzgang des PT2-Gliedes

Ein Vergleich des Verhaltens von schwach bzw. stark bedämpften PT2-Gliedern zeigt
auch im Frequenzbereich wesentliche Unterschiede. Während für D ≥ 1 prinzipiell bei
jeder endlichen Frequenz eine A m p l i t u d e n a b s c h w ä c h u n g eintritt, werden
bei schwacher Dämpfung die Amplituden in der Umgebung der R e s o n a n z f r e -

q u e n z $\omega_0 = 1/T$ merklich a n g e h o b e n. Andererseits ist das asymptotische Verhalten vom Dämpfungsgrad unabhängig[1]). In jedem Fall ist die E c k f r e q u e n z $\omega_E = 1/T$ identisch mit der R e s o n a n z f r e q u e n z ω_0, und die Steigung der Asymptote A_2 ist in der doppelt-logarithmischen Bode-Darstellung: $m = -2$. Der Phasenwinkel bewegt sich immer zwischen 0 und $-180°$.

Die P o l v e r t e i l u n g entspricht den bereits angegebenen Eigenwerten. Für $D > 1$ ergeben sich zwei verschiedene Pole auf der negativen reellen Halbachse, für $D = 1$ zwei zusammenfallende Pole $q_{1,2} = -1/T$. Für $D < 1$ ergibt sich ein konjugiert komplexes Polpaar, für $D = 0$ schließlich ein konjugiert imaginäres (s. auch Tafel 4.6).

4.6.2.3 Verzögerungsglieder höherer Ordnung

Als solche werden Serieschaltungen von PT1- u/o PT2-Gliedern bezeichnet. Systembausteine oder ganze Systeme dieser Art sind in der Praxis sehr häufig anzutreffen, vor allem bei dynamischen Systemen, die im Prinzip Kettenstruktur aufweisen (Meßsysteme, Steuersysteme etc.). Aber auch in fast jedem anderen System sind Verzögerungsglieder höherer Ordnung enthalten.

Besonders übersichtlich kann das dynamische Verhalten solcher Systembausteine im Frequenzbereich dargestellt werden, wie Bild 4.19 als Beispiel zeigt. Sind im besonderen n g l e i c h e P T 1 - G l i e d e r in Serie geschaltet (P T n - G l i e d), so lautet der entsprechende normierte F r e q u e n z g a n g ($k_i^n = k$):

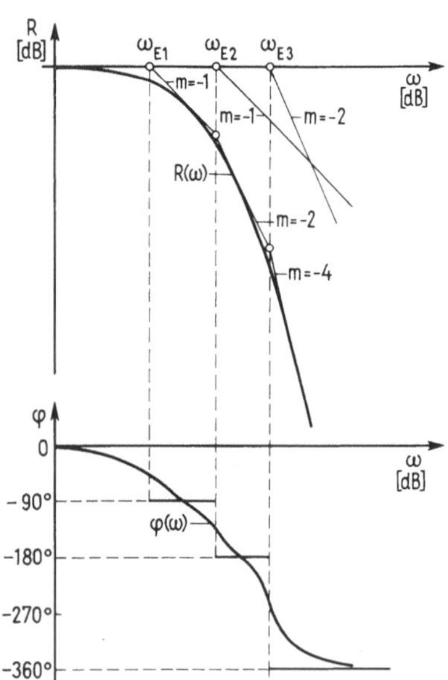

$$\frac{F(i\,\omega)}{k} = \frac{1}{(1 + i\,\omega\,T)^n} \qquad (4.41)$$

und für Amplituden- bzw. Phasengang gilt

$$\frac{R(\omega)}{k} = \frac{1}{(1 + \omega^2 \cdot T^2)^{n/2}},$$

$$\varphi(\omega) = n \cdot \text{arctg}(\omega\,T)$$

Die Ortskurve des Frequenzgangs weist den in Tafel 4.7 skizzierten Verlauf auf.

4.19
Bode-Diagramm einer Serieschaltung von zwei PT1-Gliedern und einem PT2-Glied

---

[1]) Aus der Interpretation des PT2-Gliedes als Serieschaltung von zwei PT1-Gliedern (für $D \geq 1$) ließe sich allerdings auch eine asymptotische Darstellung entsprechend Bild 4.19 ableiten.

Tafel 4.7 Eigenschaften von PTn-Gliedern und Totzeitgliedern

<table>
<tr><th></th><th>PTn-Glied</th><th>Totzeitglied</th></tr>
<tr><td>Struktur</td><td>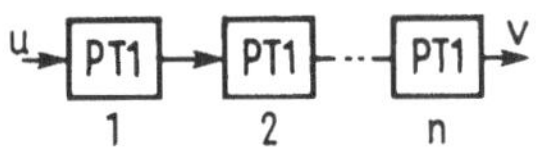</td><td></td></tr>
<tr><td>Übertragungs-funktion</td><td>$F(s) = \frac{k}{(1+sT)^n}$</td><td>$F(s) = k \cdot e^{-sT_t}$</td></tr>
<tr><td>Übergangs-funktion</td><td>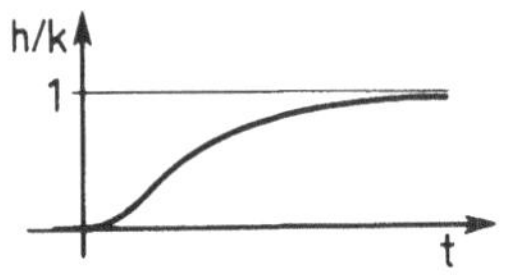</td><td>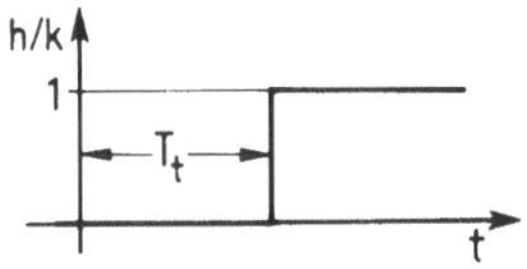</td></tr>
<tr><td>Ortskurve des Frequenzgangs</td><td>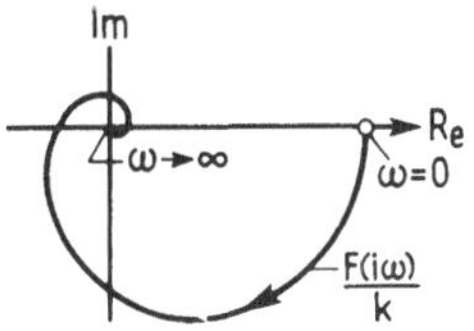</td><td>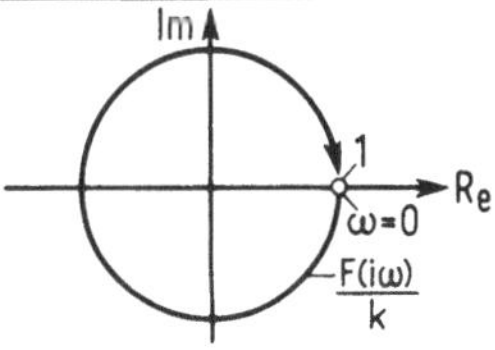</td></tr>
<tr><td>Bode-Diagramm des Frequenzgangs</td><td>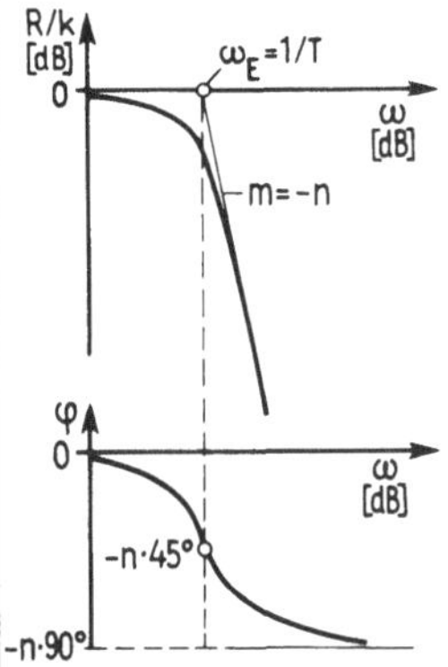</td><td>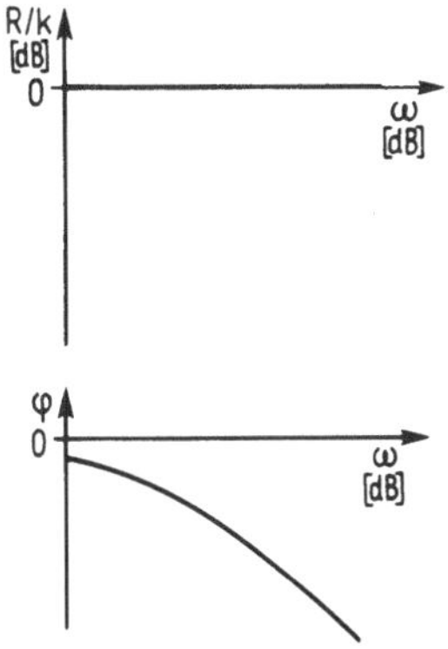</td></tr>
<tr><td>Pol-Nullstellen-Plan</td><td>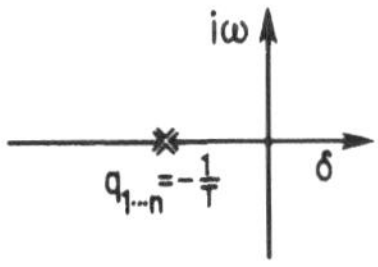</td><td>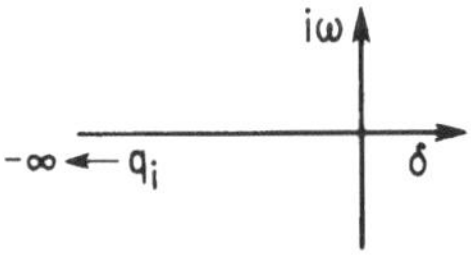</td></tr>
</table>

Die E c k f r e q u e n z bleibt unabhängig von n : $\omega_E = 1/T$. Sämtliche P o l e fallen zusammen und haben den Wert $q_{1\ldots n} = -1/T$.

Namentlich im Zusammenhang mit der Identifikation von Systemen, bei denen Seriestruktur angenommen werden darf, ist noch folgende Überlegung interessant. Es werde nochmals der Fall von n gleichen, seriegeschalteten PT1-Gliedern betrachtet, wobei aber die Zeitkonstante eines solchen Einzelglieder $T_i = T/n$ sei, d.h. die Summe aller Zeitkonstanten den festen Wert T aufweise. Dann ergibt sich für den Gesamtfrequenzgang:

$$\frac{F(i\,\omega)}{k} = \frac{1}{\left(1 + \dfrac{i\,\omega\,T}{n}\right)^n} \tag{4.42}$$

Für die entsprechende Übergangsfunktion findet man:

$$\frac{h(t)}{k} = 1 - e^{-nt/T} \cdot \sum_{\nu=0}^{n-1} \frac{(nt/T)^\nu}{\nu!}$$

Dieser Zusammenhang läßt sich mit der dimensionslosen unabhängigen Variablen t/T als Abszisse durch eine einparametrige Kurvenschar (Parameter n) darstellen (Bild 4.20). Es zeigt sich dabei, daß mit wachsendem n der Verzögerungscharakter immer ausgeprägter wird, d.h. die Zeit, die nach einer sprunghaften Eingangsstörung verstreicht, bis eine merkliche Signaländerung am Ausgang festzustellen ist, immer länger ausfällt.

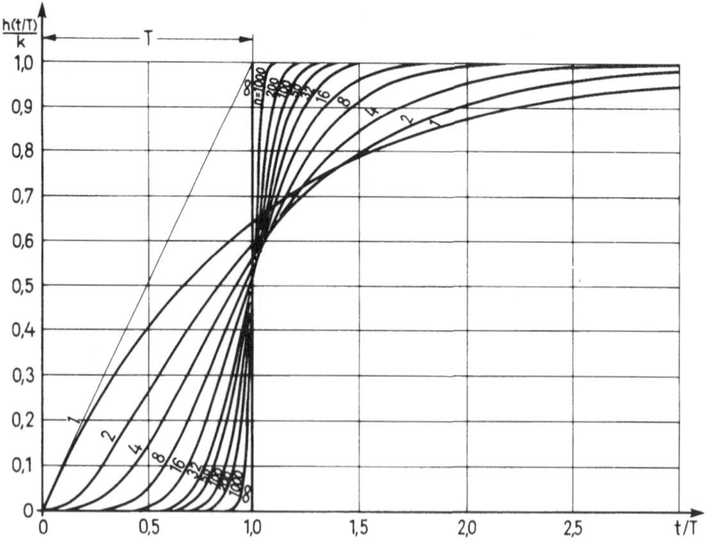

4.20 Normierte Übergangsfunktion einer Serieschaltung von n gleichen PT1-Gliedern
     mit den Zeitkonstanten T/n

Es sei daneben noch angemerkt, daß die sog. A u s g l e i c h s f l ä c h e, die zwischen
Asymptote h/k = 1 und normierter Sprungantwort h (t)/k abgegrenzt wird, unabhängig
von der Gliederzahl n ist und die Größe 1 · T aufweist.

4.6.2.4 Totzeitglied

4.6.2.4 Totzeitglied Totzeit- oder Laufzeiteffekte treten immer dann auf, wenn ein
Signal fortlaufend auf einem Trägermedium gespeichert und um ein festes Zeitintervall T_t verspätet dem Speicher wieder entnommen wird. Meist wird das Trägermedium
dabei vom Ort der Einspeicherung zum Ort der Ausspeicherung transportiert. Typische
Beispiele solcher Totzeitglieder sind z. B. Transportbänder (s. Bild 4.21), deren Bela-
dung in einem festen Abstand von der Aufgabestelle (Einspeicherung) abgeworfen oder
durch eine Bandwaage gemessen wird (Ausspeicherung), oder Tonbandgeräte mit einer
Verweilschleife zwischen Aufzeichnungs- und Wiedergabekopf. Totzeiteffekte treten
fast immer auf, wenn Signale über bewegte Medien übertragen werden.

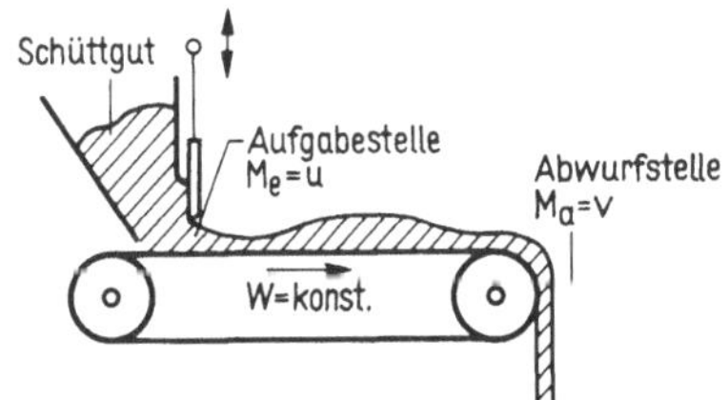

4.21
Beispiel eines Totzeitsystems

Unter der Voraussetzung konstanten Transportweges L und gleichbleibender Transport-
geschwindigkeit w ist die T o t z e i t $T_t = L/w$, und zwischen Eingangs- und Ausgangssignal besteht der Zusammenhang:

$$u (t - T_t) = v (t) \tag{4.43}$$

Das bedeutet, daß das Eingangssignal u (t) am Ausgang u n v e r ä n d e r t, aber um die
Totzeit T_t v e r s p ä t e t wieder erscheint.

Die rechnerische Handhabung solcher Glieder im Z e i t b e r e i c h entsprechend Gl.
(4.43) ist unbequem. Das gilt auch für die A n t w o r t f u n k t i o n e n, obwohl die
scheinbar einfachen Beziehungen gelten (s. auch Tafel 4.7):

$$g (t) = \delta (t - T_t); \qquad h (t) = \epsilon (t - T_t)$$

Durch Übergang in den F r e q u e n z b e r e i c h wird jedoch eine relativ einfache
geschlossene Behandlung möglich. Mit Hilfe der Laplace-Transformation (Verschiebungs-
satz, Operationsregel Nr. 9) findet man:

$$F (s) = e^{-sT_t} \quad \text{bzw.} \quad F (i \omega) = e^{-i \omega T_t}$$

Es läßt sich zeigen, daß derselbe Ausdruck auch erhalten wird, wenn an Gl. (4.42) der
Grenzübergang auf unendlich große Gliederzahl n → ∞ vollzogen wird. Es ist nämlich

$$\lim_{n \to \infty} \frac{1}{(1 + sT/n)^n} = e^{-sT}$$

Ein Totzeitverhalten entsteht demnach auch, wenn eine sehr große Zahl von PT1-Gliedern hintereinander geschaltet wird (s. auch Bild 4.18). Das erklärt oft die mitunter überraschenden Auswirkungen von sog. „kleinen Verzögerungen".

Da der Betrag $R(\omega) = |F(i\,\omega)| = 1$ nicht von der Frequenz abhängt und der Phasenwinkel $\varphi(\omega) = -\,\omega\,T_t$ der Frequenz proportional ist, stellt die Ortskurve des Frequenzgangs einen sich unbegrenzt oft überdeckenden Kreis mit dem Anfang im Punkt $+\,1$ und dem Zentrum im Ursprung dar (s. Tafel 4.7). Ein Totzeitglied läßt somit die A m p l i t u d e n der übertragenen harmonischen Signalkomponenten u n v e r ä n d e r t. Andererseits wird durch die frequenzproportionale Phasenverschiebung die relative Phasenlage der Teilschwingungen zueinander ebenfalls aufrechterhalten. Mithin sind die S p e k t r e n v o n E i n g a n g s - u n d A u s g a n g s s i g n a l e i n a n d e r g l e i c h (s. auch Abschnitt 4.5.5).

Die P o l v e r t e i l u n g ist beim Totzeitglied praktisch nicht von Interesse; der unendlich-vielfache Pol liegt im Negativ-Unendlichen.

4.6.2.5 Vorhaltglieder Namentlich im Bereich der Meß- und Regeltechnik macht man oft von sog. Vorhaltgliedern Gebrauch. Darunter versteht man Systembausteine, welche durch differenzierende Wirkung eine positive Phasenverschiebung bei der Übertragung sinusförmiger Signale hervorrufen und damit ein gegenüber dem Eingangssignal z e i t l i c h v o r e i l e n d e s A u s g a n g s s i g n a l erzeugen (V o r h a l t).

Die Vorhaltwirkung wird meist mit Bausteinen realisiert, deren Übertragungsverhalten mit guter Näherung durch die Differentialgleichung

$$e_0 \cdot u + e_1 \cdot \dot{u} = a_0 \cdot v + a_1 \cdot \dot{v}$$

beschrieben werden kann (s. dazu Gl. 4.2), aus der hervorgeht, daß neben dem Eingangssignal $u(t)$ auch dessen zeitliche Ableitung $\dot{u}(t)$ auf der Eingangsseite der Gleichung erscheint. Durch Normierung gewinnt man aus dieser Gleichung die gebräuchlichere Form:

$$k(u + T_1 \cdot \dot{u}) = v + T_2 \cdot \dot{v} \tag{4.44}$$

$$\text{mit} \qquad k = \frac{e_0}{a_0}, \quad T_1 = \frac{e_1}{a_0}, \quad T_2 = \frac{a_1}{a_0}$$

Für die n o r m i e r t e A n t w o r t f u n k t i o n findet man mit Hilfe der Laplace-Transformation:

$$\frac{h(t)}{k} = 1 + \frac{T_1 - T_2}{T_2} \cdot e^{-t/T_2}$$

Wie auch aus Tafel 4.8 ersichtlich, ändert sich hierbei die Ausgangsgröße zunächst sprunghaft von Null auf den Wert

$$\frac{h(0^+)}{k} = \frac{T_1}{T_2},$$

Tafel 4.8 Eigenschaften von Vorhaltgliedern

	Vorhaltglieder	
	Lag-Glied	Lead-Glied
Struktur	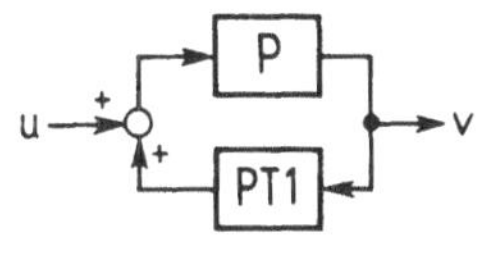	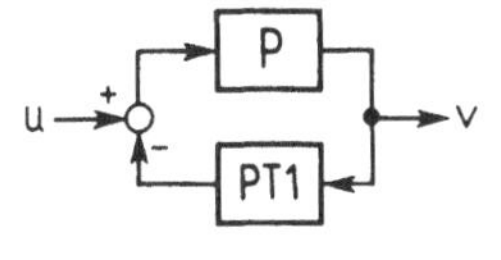
Differential-gleichung	$k(u+T_1 \cdot \dot{u}) = v + T_2 \cdot \dot{v}$ $T_1 < T_2$	$k(u+T_1 \cdot \dot{u}) = v + T_2 \cdot \dot{v}$ $T_1 > T_2$
Übergangs-funktion	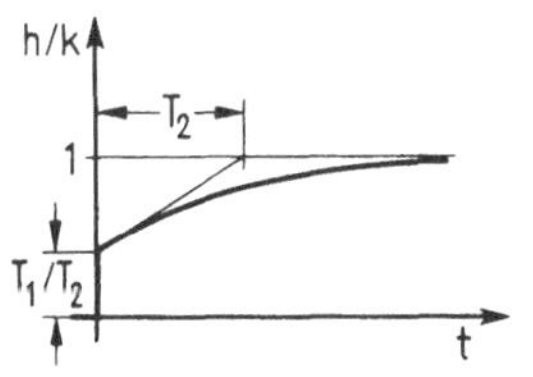	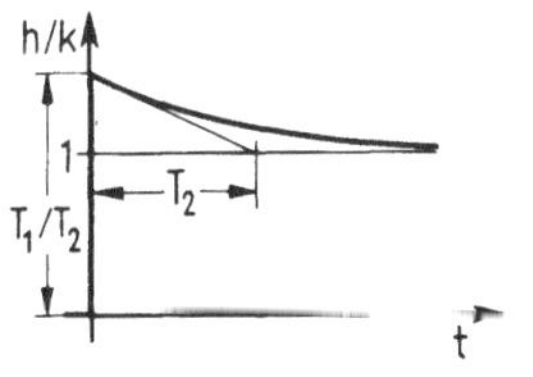
Ortskurve des Frequenzgangs	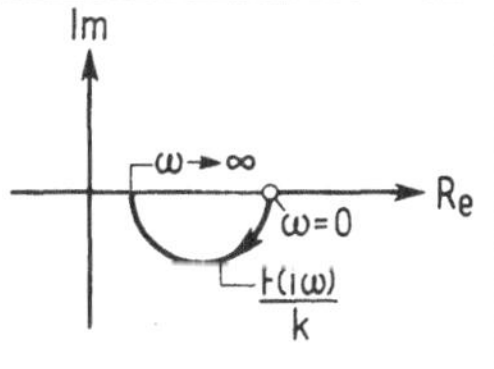	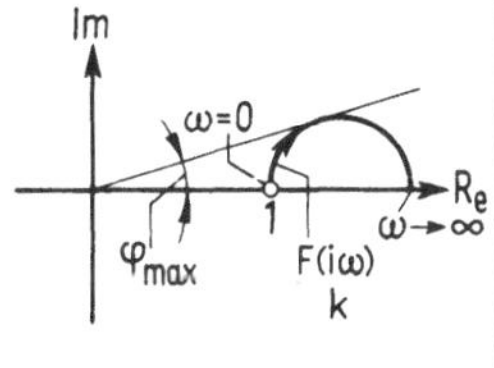
Bode-Diagramm des Frequenzgangs	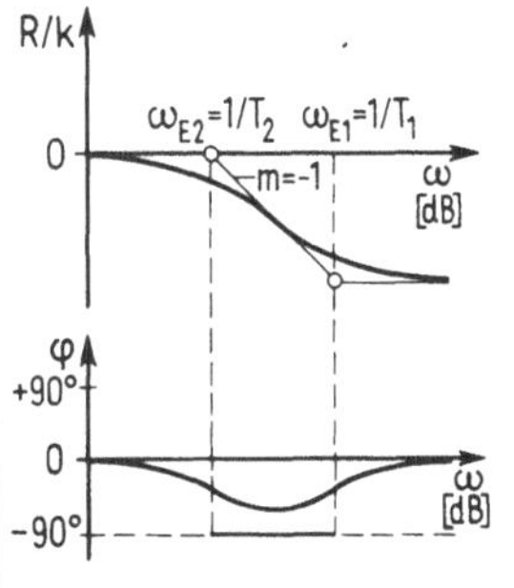	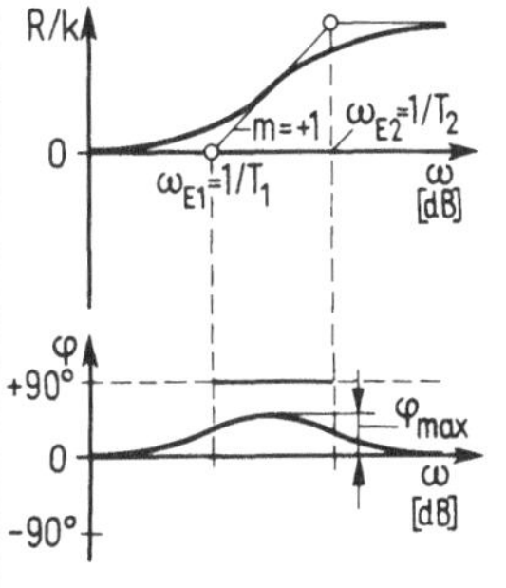
Pol-Nullstellen-Plan	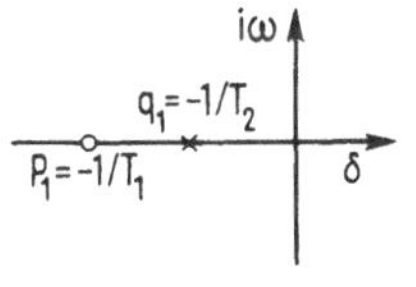	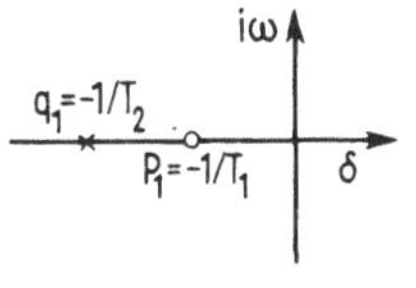

wobei es für $T_1 < T_2$ zu einer unvollständigen Kompensation der Verzögerungswirkung (L a g - E l e m e n t oder P T 1 D - G l i e d), für $T_1 > T_2$ zu einer Überkompensation (L e a d - E l e m e n t oder P D T 1 - G l i e d) kommt. In beiden Fällen strebt dagegen der Endwert der Größe

$$\frac{h(\infty)}{k} = 1$$

zu.

Der Grenzfall $T_1 = T_2$ entspricht dem Verhalten des reinen, unverzögerten P-Gliedes (Kompensation des Pols durch Nullstelle).

Aus Gl. (4.44) folgt auch die Darstellung im F r e q u e n z b e r e i c h:

$$\frac{F(s)}{k} = \frac{1 + sT_1}{1 + sT_2} \quad \text{bzw.} \quad \frac{F(i\,\omega)}{k} = \frac{1 + i\,\omega\,T_1}{1 + i\,\omega\,T_2}$$

Für $T_1 \neq T_2$ weist dabei die immer vom reellen Wert 1 ausgehende Ortskurve des normierten Frequenzganges $F(i\,\omega)/k$ halbkreisförmigen Verlauf auf (s. auch Tafel 4.8) und mündet für $\omega \to \infty$ in den wiederum reellen Wert T_1/T_2 ein. Dabei tritt im Fall $T_1 < T_2$ (Lag-Element) im Vergleich zum Verzögerungselement 1. Ordnung eine V e r m i n - d e r u n g d e r n e g a t i v e n P h a s e n w i n k e l auf. Positive Phasenwinkel φ stellen sich jedoch erst beim Lead-Element ($T_1 > T_2$) ein, wobei die größte Phasenrückdrehung wird:

$$\varphi_{\max} = \arcsin\left(\frac{T_1 - T_2}{T_1 + T_2}\right)$$

Besonders praktisch ist hier wiederum die Bode-Darstellung, die ebenfalls in Tafel 4.8 wiedergegeben ist. Die Eckfrequenzen sind in jedem Fall durch $\omega_{E1} = 1/T_1$, $\omega_{E2} = 1/T_2$ gegeben.

Die P o l - N u l l s t e l l e n - V e r t e i l u n g schließlich ist durch $q_1 = -1/T_2$ (Pol), $p_1 = -1/T_1$ (Nullstelle) charakterisiert. Im Falle des Lead-Elements liegt die Nullstelle, beim Lag-Element der Pol näher beim Ursprung (s. Tafel 4.8).

Als Sonderfall des eben betrachteten Vorhaltgliedes kann das V e r s c h w i n d s i - g n a l g l i e d (auch D T 1 - G l i e d genannt) angesehen werden ($e_0 = 0$). Die Differentialgleichung lautet dann:

$$k_1 \cdot T \cdot \dot{u} = v + T \cdot \dot{v} \tag{4.45}$$

mit

$$k_1 = \frac{e_1}{a_1}, \quad T = \frac{a_1}{a_0}$$

Die Gleichung für die normierte S p r u n g a n t w o r t lautet dann

$$\frac{h(t)}{k_1} = e^{-t/T}$$

Nach einem anfänglichen Sprung auf den Wert k_1 strebt danach die Ausgangsgröße exponentiell wieder dem Wert 0 zu, hat somit die Tendenz, immer wieder zu verschwinden (s. auch Tafel 4.9).

Tafel 4.9 Eigenschaften von DT1- und Allpaßgliedern

	DT1-Glied	Allpaßglied
Struktur	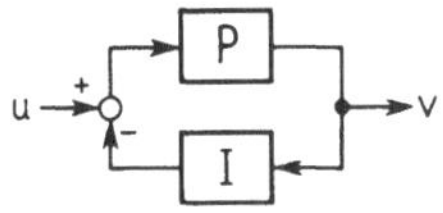	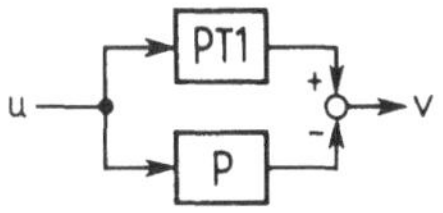
Differentialgleichung	$k_1 \cdot T \cdot \dot{u} = v + T \cdot \dot{v}$	$k(u - T \cdot \dot{u}) = v + T \cdot \dot{v}$
Übergangsfunktion	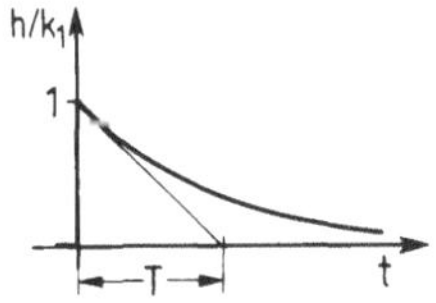	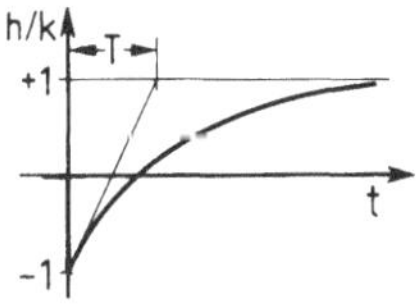
Ortskurve des Frequenzgangs	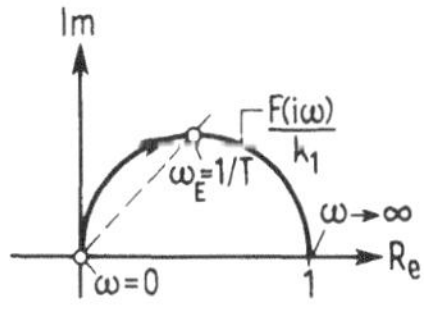	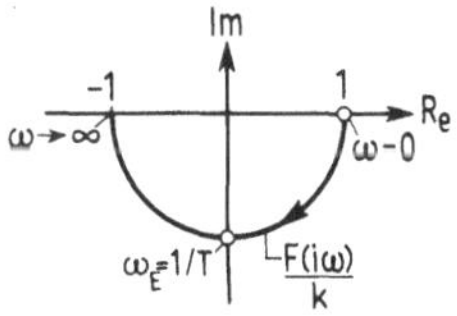
Bode-Diagramm des Frequenzgangs	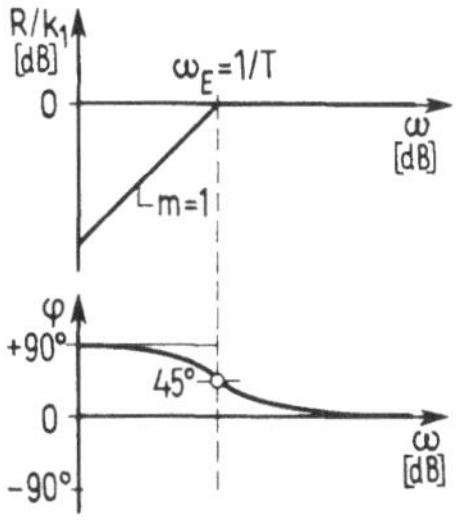	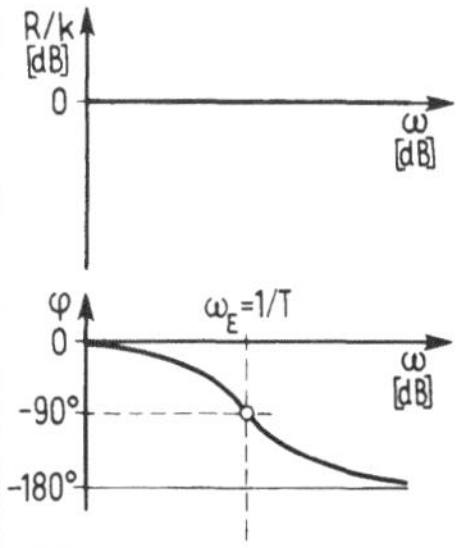
Pol-Nullstellen-Plan	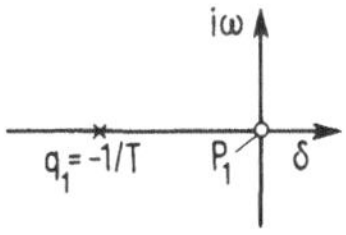	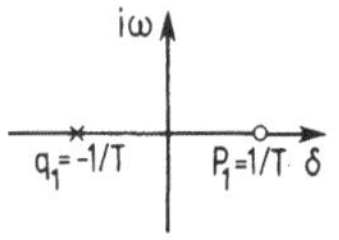

Für den F r e q u e n z b e r e i c h findet man aus Gl. (4.45) die normierten Beschreibungsformen:

$$\frac{F(s)}{k_1} = \frac{sT}{1+sT} \quad \text{bzw.} \quad \frac{F(i\,\omega)}{k_1} = \frac{i\,\omega\,T}{1+i\,\omega\,T}$$

Die entsprechende Ortskurve ist wieder ein Halbkreis, der für $\omega = 0$ im Ursprung beginnt und für unbegrenzt wachsende Frequenz dem Punkt $+1$ zustrebt. Die maximale Phasenrückdrehung ist hier $+90°$ und verkleinert sich monoton mit wachsender Frequenz. Umgekehrt wächst der Frequenzgang-Betrag mit der Frequenz stetig bis zum theoretischen Höchstwert bei $\omega = \infty$ (s. auch Tafel 4.9). Die Bode-Darstellung zeigt den entsprechenden Verlauf, mit den Asymptoten-Bruchstellen bei $\omega_E = 1/T$.

Aus der obenstehenden Übertragungsfunktion F (s) folgt sofort die P o l - N u l l s t e l l e n - V e r t e i l u n g :

$$q_1 = -1/T, \quad p_1 = 0$$

Das entsprechende Bild ist in Tafel 4.9 gezeigt.

4.6.2.6 Allpaßglieder Einige dynamische Elemente weisen die Besonderheit auf, auf eine Sprungstörung hin zuerst eine Reaktion in einer dem Endausschlag entgegengesetzten Richtung zu zeigen. Ein solches Verhalten entsteht aus der Überlagerung der Wirkungen von zwei gleichzeitig angestoßenen, einander entgegenarbeitenden Prozessen. Typische Beispiele derartiger Systeme sind Freistrahlturbinen mit langer Druckleitung (Eingangssignal: Düsenhub, Ausgangssignal: Turbinenleistung) oder Trommel-Dampferzeuger mit Einspeisung unterkühlten Speisewassers (Eingangsgröße: Speisewasserstrom, Ausgangsgröße: Trommel-Wasserstand) [21].

Im einfachsten Fall kann das Übertragungsverhalten der einander entgegenwirkenden Prozesse je einem PT1-Glied entsprechen. Auf Grund der Parallelschaltung ergibt sich dann die D i f f e r e n t i a l g l e i c h u n g :

$$(k_1 - k_2) \cdot u + (k_1\,T_2 - k_2\,T_1) \cdot \dot{u} = v + (T_1 + T_2) \cdot \dot{v} + T_1\,T_2 \cdot \ddot{v} \quad (4.46)$$

Die entsprechende Ü b e r t r a g u n g s f u n k t i o n lautet

$$F(s) = (k_1 - k_2) \cdot \frac{1 + \dfrac{k_1\,T_2 - k_2\,T_1}{k_1 - k_2} \cdot s}{1 + (T_1 + T_2) \cdot s + T_1\,T_2 \cdot s^2}$$

Zur Illustration der typischen Allpaß-Eigenschaften werde der Fall betrachtet:

$$T_1 = T, \quad T_2 = 0, \quad k_1 = 2, \quad k_2 = 1$$

Dann lautet die vereinfachte Differentialgleichung

$$u - T \cdot \dot{u} = v + T \cdot \dot{v}$$

und die entsprechende Übergangsfunktion

$$h(t) = 1 - 2 \cdot e^{-t/T}$$

Danach springt die Ausgangsgröße zunächst vom ursprünglichen Beharrungswert 0 auf $h(0^+) = -1$ und strebt anschließend exponentiell dem neuen Beharrungswert $h(\infty) = +1$ zu (s. Tafel 4.9).

Im F r e q u e n z b e r e i c h wird für diesen Spezialfall:

$$F(s) = \frac{1 - sT}{1 + sT} \quad \text{und} \quad F(i\,\omega) = \frac{1 - i\,\omega\,T}{1 + i\,\omega\,T}$$

Da $|1 - i\,\omega\,T| = |1 + i\,\omega\,T|$, so folgt $R = |F(i\,\omega)| = 1$; ferner ergibt sich für den Phasenwinkel $\varphi = 2 \cdot \text{arctg}(\omega\,T)$.

Die Ortskurve des Frequenzganges ist demnach ein Halbkreis mit Zentrum im Koordinatenursprung und Radius 1, beginnend für $\omega = 0$ bei $+1$ und endend für $\omega = \infty$ bei -1 (s. auch Tafel 4.9). Entsprechend ist die Darstellung im Bode-Diagramm (s. Tafel 4.9), wobei ein Asymptotenbruch nur im Phasengang auftritt ($\omega_E = 1/T$; $\varphi_E = -90°$).

Aus beiden Frequenzgang-Darstellungen geht hervor, daß das Allpaßglied die Amplituden von harmonischen Signalen nicht beeinflußt und lediglich eine P h a s e n s c h i e - b u n g bewirkt. Da diese Phasenschiebung jedoch, im Gegensatz zum Totzeitglied, nicht frequenzproportional ist, ergibt sich hier eine dynamisch bedingte S i g n a l v e r - z e r r u n g, wie ja auch die Sprungantwort zeigt.

Die P o l - N u l l s t e l l e n - V e r t e i l u n g ist in Tafel 4.9 ebenfalls dargestellt. Danach liegt der Pol q_1 immer auf der negativen reellen Halbachse, die Nullstelle p_1 im selben Abstand vom Ursprung auf der positiven Seite.

4.7 Beeinflussung des Übertragungsverhaltens linearer Systeme

Beim Entwurf dynamischer Systeme muß in der Praxis meist auf viele verschiedene Anforderungen Rücksicht genommen werden. Noch allzuoft wird dabei an dynamische Gesichtspunkte zunächst gar nicht gedacht. Aber auch wenn dies geschieht, sind die dynamischen Systemeigenschaften primär nicht selten ungünstig.

Ob nun durch bereits im Zuge des Entwurfs getroffene Maßnahmen oder durch sekundäre Vorkehren (dann meist als Ergänzung eines als gegeben zu betrachtenden Primärsystems) ein brauchbares dynamisches Verhalten herbeigeführt werden soll — immer stellt sich die Frage nach den p r i n z i p i e l l e n   M ö g l i c h k e i t e n   d e r   B e - e i n f l u s s u n g des Übertragungsverhaltens.

Grundsätzlich sind drei Möglichkeiten zu unterscheiden:

1. Änderung der Parameter bei unveränderter Struktur

2. Änderung der (Primär-)Struktur

3. Ergänzung der an sich unverändert bleibenden Primärstruktur

Natürlich können diese drei Arten der Beeinflussung des Übertragungsverhaltens auch kombiniert angewendet werden.

Die beiden ersten Möglichkeiten kommen mit Rücksicht auf die Kosten i. a. nur in der Entwurfsphase in Betracht. Dagegen wird die dritte Beeinflussungsart nicht selten herangezogen, wenn das primäre System bereits realisiert oder gar schon im Betrieb ist. Daneben wird sie aber auch im Planungsstadium in großem Umfang benutzt.

4.7.1 Beeinflussung des Übertragungsverhaltens durch Parameteränderung

Durch die hier als unveränderlich vorausgesetzte Struktur wird ein Rahmen gegeben, innerhalb dessen sich die dynamischen Eigenschaften eines Systems je nach den Werten der Parameter bewegen können. Dabei sind die Parameterwerte k theoretisch in den Grenzen $0 < k < \infty$ variierbar, praktisch jedoch meist nur in viel engerem Bereich. Es stellt sich nun die Frage, i n   w e l c h e m   A u s m a ß   d i e   d y n a m i s c h e n E i g e n s c h a f t e n   d u r c h   P a r a m e t e r ä n d e r u n g e n   b e e i n f l u ß t w e r d e n   k ö n n e n.

Bei der Behandlung dieser Frage ist es praktisch wichtig, ein möglichst anschauliches Darstellungsverfahren für das Übertragungsverhalten zu wählen. Geeignet sind Methoden, welche eine einfache graphische Darstellung erlauben, also Antwortfunktionen, Frequenzgang und insbesondere die Wurzelort-Darstellung.

Bei der Parameter-Variation entstehen bei der Benutzung von Antwortfunktionen bzw. Frequenzgang K u r v e n s c h a r e n, wobei der Aufwand zu deren Ermittlung bei mehreren Parametern beträchtlich wird. Besonders geeignet ist oft das Wurzelortverfahren (P o l - N u l l s t e l l e n b i l d), da es den Sachverhalt auf vergleichsweise sehr einfache Art darzustellen erlaubt. — In jedem Falle ist es im Hinblick auf den Arbeitsaufwand aber wichtig, die Z a h l   d e r   z u   v a r i i e r e n d e n   P a r a m e t e r   m ö g - l i c h s t   z u   r e d u z i e r e n.

Beispiel 4.14

Aufgabenstellung: Am Beispiel eines PT2-Gliedes soll das Verfahren der Parameter-Variation illustriert werden.

Lösungsgang: Die allgemeine Differentialgleichung

$$e_0 \cdot u = a_0 \cdot v + a_1 \cdot \dot{v} + a_2 \cdot \ddot{v}$$

enthält 4 Parameter. Durch Umformung kann zunächst die übliche 3-parametrige Darstellung erhalten werden:

$$k \cdot u = v + 2\,D\,T \cdot \dot{v} + T^2 \cdot \ddot{v}$$

$$\text{mit} \qquad k = \frac{e_0}{a_0}, \quad D = \frac{a_1}{2\,a_0 \cdot a_2}, \quad T = \frac{a_2}{a_0}$$

Da hierbei k die Bedeutung eines Amplituden-Maßstabfaktors, T diejenige eines Zeit- bzw. Frequenz-Maßstabfaktors beigemessen werden kann, bleibt als einziger für den C h a r a k t e r des dynamischen Verhaltens maßgebender Parameter der Dämpfungsgrad D. D ist dabei im Prinzip im Bereich $0 < D < \infty$ zu variieren.

Wählt man als Darstellungsmittel für das Übertragungsverhalten die Ü b e r g a n g s -
f u n k t i o n h (t), so gelingt die Darstellung als einparametrige Kurvenschar durch
die Normierung

$$\frac{h\,(t/T)}{k} = f\,(D,\,t/T)$$

Das entsprechende Diagramm ist bereits in Bild 4.17 gezeigt worden.

Wird die F r e q u e n z g a n g d a r s t e l l u n g gewählt, so führt eine analoge Normierung zu

$$\frac{F\,(i\,\omega\,T)}{k} = f\,(D,\,\omega\,T)$$

Das zugehörige Diagramm wurde in Bild 4.18 bereits wiedergegeben.

Bei der W u r z e l o r t - D a r s t e l l u n g ist von den Eigenwerten (Polen) auszugehen:

$$q_{1,2} = \frac{1}{T}\,(-D \pm \sqrt{D^2 - 1})$$

Auch hier kann die Darstellung beträchtlich vereinfacht werden, wenn die bezogenen
Eigenwerte

$$T \cdot q_{1,2} = -D \pm \sqrt{D^2 - 1} = f\,(D)$$

graphisch ausgewertet werden. Die entsprechende Wurzelort-Darstellung zeigt Bild 4.22.
Die normierten Wurzelorte bewegen sich, vom Grenzwertepaar $\pm$ i für D − 0 ausgehend,
je auf einem Kreisbogen gegen den Punkt T $\cdot$ $q_{1,2}$ = 1 (für D = 1). Bei weiterer Vergrö-
ßerung des Dämpfungsgrades wandern die beiden Wurzelorte nach links bzw. nach rechts
auf der negativ-reellen Halbachse. Wird also z. B. schwingungsfreies Eigenverhalten angestrebt, so muß versucht werden, die Pole auf die Gerade i ω T = 0 zu bekommen,
d. h. D $\geqslant$ 1 zu machen.

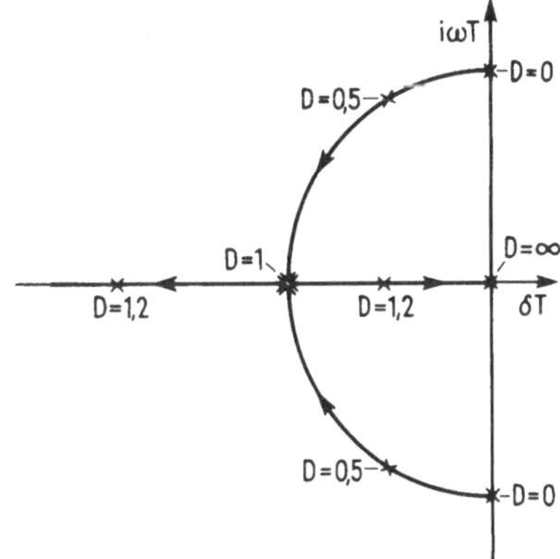

4.22
Wurzelortkurven des PT2-Gliedes (normiert)

4.7.2 Beeinflussung des Übertragungsverhaltens durch Strukturänderung

Änderungen der Struktur eines realen Systems sind natürlich nicht beliebig möglich,
sondern durch die Anforderungen eingeschränkt, denen ein System neben den dynamischen Bedingungen sonst zu genügen hat. Es lassen sich daher auch keine allgemeinen

Regeln oder Hinweise für das Vorgehen aufstellen. Man muß vielmehr im Einzelfall im Rahmen der jeweiligen Gegebenheiten versuchen, das fragliche System dynamisch möglichst günstig zu strukturieren. Bei einer Optimierung sind hierbei i. a. weitere Faktoren, insbesondere die Kosten, mitzuberücksichtigen. Übrigens muß die dynamisch günstigere Variante von zwei möglichen Systemstrukturen keineswegs immer die teurere sein. Dies sei am folgenden Beispiel belegt.

Beispiel 4.15

Aufgabenstellung: Aus einem Pufferbehälter-System, das durch einen konstanten Zustrom M_0 gespeist wird, werde ein harmonisch schwankender Abstrom

$$M(t) = M_0 + M_0 \cdot \cos(\omega_0 t)$$

entnommen. Es sollen zwei Ausführungsvarianten des Behältersystems bezüglich der auftretenden Niveauschwankungen miteinander verglichen werden:

a) e i n Behälter mit dem Querschnitt A

b) z w e i durch eine Leitung verbundene, gleiche Behälter mit den Querschnitten $A_1 = A_2 = A/2$

Lösungsgang:

Fall a): Für die das Übertragungsverhalten beschreibende Differentialgleichung findet man (s. Bild 4.23 a)

$$M_0 - M(t) = -\Delta M = \rho \cdot A \cdot \frac{d\Delta H}{dt}; \quad \Delta M(t) = M_0 \cdot \cos(\omega_0 t)$$

woraus der Frequenzgang folgt:

$$F_a(i\omega) = \frac{\Delta H(i\omega)}{\Delta M(i\omega)} = -\frac{1}{\rho \cdot A \cdot i\omega} = i \cdot \frac{1}{\rho \cdot A \cdot \omega}$$

mit $\quad R(\omega) = \dfrac{1}{\rho \cdot A \cdot \omega} \quad$ und $\quad \varphi(\omega) = + \pi/2$

Für harmonische Anregung wird somit (s. auch Abschnitt 5.1)

$$\Delta H(t) = M_0 \cdot \frac{1}{\rho \cdot A \cdot \omega_0} \cdot \cos(\omega_0 t + \pi/2) = - \frac{M_0}{\rho \cdot A \cdot \omega_0} \cdot \sin(\omega_0 t)$$

Die Amplitude der Niveauschwankungen wird somit im Falle a)

$$\Delta \hat{H}_a = \frac{M_0}{\rho \cdot A \cdot \omega_0}$$

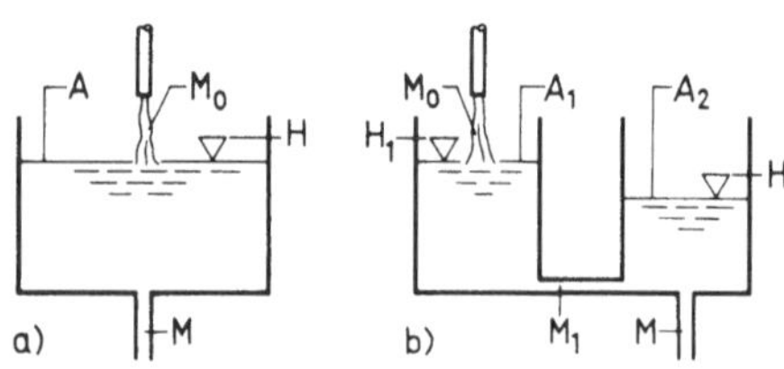

4.23
Zu Beispiel 4.15
a) 1-Behälter-System;
b) 2-Behälter-System

Fall b): Unter der vereinfachenden Annahme, daß der Strom M_1 vom Behälter 1 zum Behälter 2 der Spiegeldifferenz $H_1 - H_2$ proportional sei (s. Bild 4.23 b), findet man für die Differentialgleichung, welche den dynamischen Zusammenhang zwischen den Niveauschwankungen ΔH_2 im zweiten Behälter und dem sich harmonisch ändernden Abstrom $\Delta M (t)$ beschreibt:

$$-\Delta M - T \cdot \frac{d\,\Delta M}{dt} = \rho \cdot (A_1 + A_2) \cdot \frac{d\,\Delta H_2}{dt} + T \cdot \rho \cdot A_2 \cdot \frac{d^2\,\Delta H_2}{dt^2}$$

mit $\quad T = \dfrac{\rho \cdot A_1 \cdot (H_1 - H_2)}{M_1}\,; \quad A_1 = A_2 = A/2$

Für den Frequenzgang ergibt sich daraus die Beziehung

$$F_b\,(i\,\omega) = \frac{\Delta H_2\,(i\,\omega)}{\Delta M\,(i\,\omega)} = -\frac{1}{\rho \cdot (A_1 + A_2)} \cdot \frac{1 + i\,\omega\,T}{i\,\omega\,(1 + \dfrac{A_2}{A_1 + A_2} \cdot i\,\omega\,T)}$$

Mit $A_1 + A_2 = A$ und $A_2/(A_1 + A_2) = \alpha$ kann dieser Ausdruck auch in die Form gebracht werden:

$$F_b\,(i\,\omega) = -\frac{1}{\rho \cdot A \cdot i\,\omega} \cdot \frac{1 + i\,\omega\,T}{1 + \alpha \cdot i\,\omega\,T} = F_a\,(i\,\omega) \cdot \frac{1 + i\,\omega\,T}{1 + \alpha \cdot i\,\omega\,T}$$

Im Quotienten-Ausdruck erkennt man den Frequenzgang des Vorhaltgliedes 1. Ordnung (s. Abschnitt 4.6.2.5). Da in jedem Falle $T > \alpha \cdot T$ (unseren Annahmen entspricht $\alpha = 0{,}5$), liegt ein Lead-Element vor, das amplitudenverstärkend wirkt, und zwar um so ausgeprägter, je größer der Ausdruck $\omega\,T = \omega_0\,T$ ausfällt.

So treten z. B. für $\omega_0\,T = 2$ im Behälter 2 (Fall b) gegenüber Fall a um den Faktor

$$\beta = \frac{\Delta \hat{H}_b}{\Delta \hat{H}_a} = \sqrt{\frac{1 + \omega^2\,T^2}{1 + \alpha^2\,\omega^2\,T^2}} = \sqrt{\frac{1 + 4}{1 + 1}} \approx 1{,}58$$

größere Niveauschwankungen auf (s. auch Bild 4.24). Die Variante b ist also nicht nur ohne Zweifel die teurere, sondern zugleich auch die dynamisch schlechtere Lösung als Variante a.

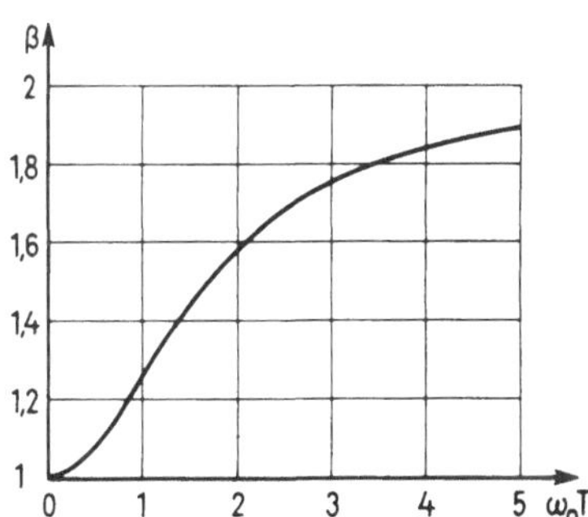

4.24
Verhältnis der Niveauschwankungen
$\beta = \Delta \hat{H}_2/\Delta \hat{H}_1$

4.7.3 Beeinflussung des Übertragungsverhaltens durch Strukturergänzung

In diesem Falle ist davon auszugehen, daß das primäre System erhalten bleibt, also weder dessen Struktur noch dessen Parameter verändert werden. Das Übertragungsverhalten soll dadurch beeinflußt werden, daß weitere Glieder zugeschaltet werden. Dabei bestehen wieder die drei grundsätzlichen Schaltungsmöglichkeiten der Serie-, Parallel- und Kreisschaltung (s. Bild 4.25). Es ist zweckmäßig, die folgenden Überlegungen im Frequenzbereich durchzuführen (s. auch Abschnitt 4.3.2.2). Dabei sollen bedeuten:

F_1 (s) = Übertragungsfunktion des primären Systems

F_2 (s) = Übertragungsfunktion des Ergänzungsglieds

F (s)   = resultierende Übertragungsfunktion

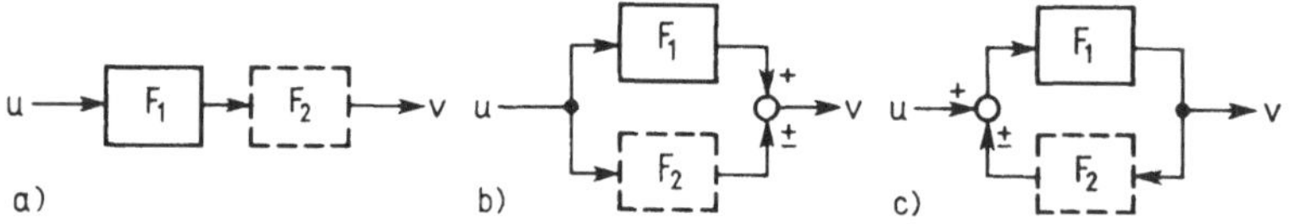

4.25 Grundsätzliche Möglichkeiten der Systemergänzung
   a) Serieschaltung; b) Parallelschaltung; c) Kreisschaltung

Der Zusammenhang zwischen F (s) und F_1 (s), F_2 (s) ist nun für die drei Schaltungsmöglichkeiten durch die Gl. (4.18), (4.19) und (4.20) beschrieben. Nach unseren Voraussetzungen ist F_1 (s) gegeben. F (s) stellt das gewünschte Verhalten dar und ist somit vorzugeben. Damit läßt sich das gesuchte Verhalten des Ergänzungsgliedes F_2 (s) durch entsprechendes Auflösen der erwähnten Gleichungen finden. Es wird demnach für

Serieschaltung

$$F_2 (s) = \frac{F (s)}{F_1 (s)} \tag{4.47}$$

Parallelschaltung

$$F_2 (s) = F (s) \pm F_1 (s) \tag{4.48}$$

Anmerkung: − für Überlagerung, + für Kompensation

Kreisschaltung

$$F_2 (s) = \frac{F_1 (s) \pm F (s)}{F_1 (s) \cdot F (s)} \tag{4.49}$$

Anmerkung: + für Mitkopplung, − für Gegenkopplung

Häufig ergeben sich bei der Anwendung dieser Formeln auf praktische Aufgaben Übertragungsverhalten F_2 (s), welche die R e a l i s i e r u n g s b e d i n g u n g $m \leqslant n$ der Gleichung des Übertragungsverhaltens

$$F_2(s) = \frac{e_0 + e_1 \cdot s + \ldots + e_m \cdot s^m}{a_0 + a_1 \cdot s + \ldots + a_n \cdot s^n}$$

verletzen. $F_2(s)$ muß dann durch eine realisierbare Näherung ersetzt werden.

Beispiel 4.16

Aufgabenstellung: Manche Meßgeräte weisen ein ausgeprägt verzögertes dynamisches Verhalten auf (z. B. Thermometer), das bei der Messung schnell ablaufender Vorgänge stört (dynamische Meßfehler). Unter der Voraussetzung eines PT1-Verhaltens des primären Systems soll das Übertragungsverhalten des Ergänzungsgliedes $F_2(s)$ für die drei verschiedenen Zuschaltmöglichkeiten bestimmt werden. Dabei soll ein verzögerungsfreies resultierendes Verhalten angestrebt werden ($F(s) = 1$).

Lösungsgang:

Serieschaltung Aus Gl. (4.47) folgt

$$F_2(s) = \frac{1}{\dfrac{1}{1 + sT}} = 1 + sT$$

Ein solches Verhalten ist nicht realisierbar ($m > n$). $F_2(s)$ kann jedoch approximiert werden durch

$$F_2^*(s) = \frac{1 + sT}{1 + sT_1} \qquad \text{(Lead-Element)},$$

womit dann folgt:

$$F^*(s) = F_1(s) \cdot F_2^*(s) = \frac{1}{1 + sT_1}$$

Die Annäherung an das Idealverhalten ist dann um so besser, je kleiner das Zeitkonstanten-Verhältnis T_1/T realisiert werden kann. Die so erzielbare dynamische Verbesserung ist oft sehr beträchtlich.

Parallelschaltung Aus Gl. (4.48) ergibt sich für Überlagerung:

$$F_2(s) = 1 - \frac{1}{1 + sT} = \frac{sT}{1 + sT}$$

$F_2(s)$ entspricht den Eigenschaften eines DT1-Gliedes (Verschwindsignal-Element) und ist in guter Näherung verwirklichbar. Die praktische Schwierigkeit besteht hier eher darin, das Eingangssignal (z. B. im Fall des Thermometers die zu messende Temperatur) verzögerungsfrei zu erfassen, was Voraussetzung für die Realisierung dieser Schaltung wäre.

Kreisschaltung Mit Gl. (4.49) folgt für Gegenkopplung:

$$F_2(s) = \frac{\dfrac{1}{1 + sT} - 1}{\dfrac{1}{1 + sT}} = -sT$$

Da das entsprechende Differenzierglied (s. Abschnitt 4.6.1) nicht verwirklicht werden kann, wählen wir als Näherung z. B.

$$F_2^*(s) = -k$$

Damit findet man für das resultierende Übertragungsverhalten:

$$F^*(s) = \frac{1}{1+k} \cdot \frac{1}{1 + s \cdot \dfrac{T}{1+k}}$$

Durch diese Systemergänzung wird somit die Zeitkonstante T des Primärsystems auf den Wert $T/(1+k)$ reduziert, das resultierende System wird mithin entsprechend schneller. Allerdings wird dieser Vorteil erkauft durch eine gleichzeitige Verminderung der Verstärkung um denselben Faktor, was die Wahl von k nach oben begrenzt.

Bei Kreisschaltungen sollte, wie wir früher feststellten, immer auch die Stabilität überprüft werden. In diesem Falle ist sie jedoch nicht gefährdet, da der einzige Pol

$$q_1 = - \frac{1+k}{T}$$

immer negativ reell ist für alle endlichen positiven Werte von k und T.

Die bei der Parallelschaltung bereits festgestellte Schwierigkeit, das Eingangssignal direkt erfassen zu müssen, besteht auch bei der Kreisschaltung. Praktisch kommt daher für den Anwendungsfall „Thermometer" nur die Variante Serieschaltung in Frage.

5 Lösung der Fundamentalaufgaben

In den Abschnitten 1.1 und 1.3 wurden die Fundamentalaufgaben der Systemdynamik aufgezeigt und darauf hingewiesen, daß zu deren Lösung mathematische Beschreibungen für Signale und System, d. h. Signal- und Prozeßmodelle, benötigt werden. Die dazu erforderlichen begrifflichen und mathematischen Hilfsmittel wurden in den Kapiteln 2, 3 und 4 behandelt. Damit ist nun die Lösung der Fundamentalaufgaben möglich. In den folgenden Abschnitten wird eine Auswahl von Lösungsverfahren vorgestellt, wobei das Schwergewicht auf e i n f a c h e n M e t h o d e n liegt, die den Anfänger befähigen sollen, die allgemeinen Zusammenhänge und das grundsätzliche Vorgehen zu verstehen. Dabei werden nur lineare bzw. linearisierte Systeme betrachtet. Auf anspruchsvollere Verfahren, die fast ausschließlich die Verfügbarkeit eines leistungsfähigen Digitalrechners voraussetzen, kann im Rahmen dieses Buches nicht eingegangen werden. Doch wird auf einschlägige Literatur hingewiesen.

5.1 Systemanalyse

5.1.1 Aufgabenstellung, Vorbereitungen

Wie bereits in Abschnitt 1.3 erwähnt, stellt sich die Aufgabe der Systemanalyse in zwei Grundformen: der V o r w ä r t s - A n a l y s e sowie der R ü c k w ä r t s - A n a l y s e oder i n v e r s e n A n a l y s e. Im ersteren Fall ist die Ausgangsgröße, im zweiten

Fall die Eingangsgröße gesucht (s. auch Tafel 1.1). Bei der analytischen Lösung ist das Vorgehen im Prinzip in beiden Fällen dasselbe. Bei numerischen Verfahren und bei der Benutzung von Analogrechnern können sich indes bei der inversen Analyse Schwierigkeiten ergeben, die bei der Vorwärts-Analyse nicht auftreten. Hierauf wird noch näher eingegangen.

Natürlich können mehrere Eingangsgrößen u_i u/o mehrere Ausgangsgrößen v_j vorhanden sein und interessieren. Im folgenden beschränken wir uns aber i. a. auf den Fall eines Systems mit e i n e r Eingangs- bzw. Ausgangsgröße. Die hierfür entwickelten Methoden können jedoch meist auch auf Mehrgrößensysteme angewendet werden. Allerdings sind für diesen Fall formal elegantere Methoden bekannt, doch setzen diese praktisch immer voraus, daß leistungsfähige Digitalrechner verfügbar sind.

Nicht selten interessiert bei stationärem Eingangsgrößenverlauf nur der Ausgangsgrößenverlauf im eingeschwungenen Zustand. Für diesen Fall stehen besonders einfache Berechnungsmethoden zur Verfügung.

Um die Aufgabe in Angriff nehmen zu können, muß neben S i g n a l m o d e l l und P r o z e ß m o d e l l im allgemeinen Fall der S y s t e m s z u s t a n d für den Zeitpunkt t = 0 (Anfangsbedingungen) bekannt sein. Die Beschaffung dieser Unterlagen und deren zweckentsprechende Aufbereitung verlangt in der Praxis meist viel mehr Zeit als die nachfolgende, eigentliche Problemlösung. Diese Tatsache darf aber nicht etwa dazu verleiten, die auf diese Vorbereitungen verwendete Sorgfalt zu reduzieren, da die Aussagekraft der Ergebnisse in entscheidendem Ausmaß von der Genauigkeit der Ausgangsdaten, insbesondere des Prozeßmodells, abhängt.

Die zur Entwicklung eines S i g n a l m o d e l l s nötigen Unterlagen können aus verschiedenen Quellen stammen. Oft sind sie aus Betriebsbedingungen ableitbar (Beispiel: durch Fabrikationsprozeß vorgeschriebener Verlauf). Mitunter sind sie auch durch ein Pflichtenheft, z. B. im Rahmen von Garantiebedingungen, vorgegeben. In der Mehrzahl der Fälle wird man sie jedoch durch Messungen im Betrieb ermitteln müssen. Dabei liegt diese Primärinformation meist als zeitlicher Verlauf u (t) bzw. v (t) vor.

Bei der Entwicklung des Signalmodells ist oft unter einer Anzahl möglicher Darstellungsformen zu wählen. Hierbei ist der Signalart (v. a. determiniert oder stochastisch) Rechnung zu tragen, ferner auch der Art des Prozeßmodells, da die beiden Modelle kompatibel sein müssen. Schließlich spielen auch die zur Verfügung stehenden rechnerischen Hilfsmittel (Rechner, spezielle Auswertegeräte usw.) eine Rolle. Einen Überblick über die sich daraus ergebenden Möglichkeiten vermittelt Tafel 5.1.

Das P r o z e ß m o d e l l bzw. die zu seiner Erarbeitung benötigte Information steht in der Regel ebenfalls nicht ohne weiteres zur Verfügung, sondern muß fast immer in mühsamer Kleinarbeit beschafft werden. Entsprechende Angaben liefern Konstruktionsentwürfe, Anlagepläne, Betriebsvorschriften u. ä. (für eine deduktive Modellbildung), gegebenenfalls auch Messungen an bestehenden Anlagen (für eine experimentelle Modellbildung). Hinsichtlich der Wahl der Beschreibungsform gilt sinngemäß das bereits für das Signalmodell gesagte.

Tafel 5.1 Überblick über die wichtigsten Analyseverfahren

Nr.	Signalmodell	Prozeßmodell	Analyseverfahren
Determinierte Signale			
1	analytisch (Zeitbereich)	Differentialgleichung	– analytisch – mit Analogrechner
2	analytisch (Zeitbereich)	Antwortfunktion	– analyt. Faltung
3	zeitlich diskretisiert	Differentialgl. (zeitl. diskretis.)	– numerisch (Digital-rechner)
4	zeitlich diskretisiert	Antwortfunktion (zeitl. diskretis.)	– numerisch (Digital-rechner)
5	Fourier-Reihe	Frequenzgang	– analytisch – numerisch
6	Fourier-Transformierte	Frequenzgang	– analytisch – numerisch
7	Laplace-Transformierte	Übertragungsfunktion	– analytisch – graphisch-numerisch
Stochastische Signale			
8	Spektrale Leistungs-dichtefunktion	Amplitudengang	– analytisch – numerisch

5.1.2 Lösungsverfahren

Nachfolgend werden die wichtigsten Lösungsverfahren kurz besprochen und, soweit sinnvoll bzw. nötig, durch Beispiele illustriert. Die Behandlung erfolgt dabei in der durch Tafel 5.1 festgelegten Reihenfolge.

5.1.2.1 Determinierte Signale In den Fällen 1 bis 4 (s. Tafel 5.1) sind Signal und Prozeß im Z e i t b e r e i c h beschrieben. Meist wird dann auch die Analyse im selben Bereich durchgeführt, allerdings mit Ausnahme von Fall 1, wo man häufig in den Frequenzbereich hinüberwechselt.

Fall 1 An sich wäre die a n a l y t i s c h e B e h a n d l u n g, d. h. eine Lösung mit Hilfe der Theorie der Differentialgleichungen [22] das nächstliegende Vorgehen. Das mathematische Lösungsverfahren ist hierbei der Art der vorliegenden Differentialgleichung anzupassen.

Ein solches Vorgehen empfiehlt sich jedoch nur in besonders einfachen Fällen. Bereits bei linearen Differentialgleichungen 3. Ordnung wird der Rechengang schon verhältnismäßig mühsam. Bei nichtlinearen Gleichungen besteht überhaupt kaum Hoffnung, daß eine analytische Lösung gelingt.

Dagegen ist für Gleichungen mäßig hoher Ordnung eine Lösung auf dem A n a l o g - r e c h n e r [20, 23] fast immer möglich, auch wenn nichtlineare Beziehungen vorliegen. Allerdings ist der Analogrechner für die i n v e r s e A n a l y s e i. a. ungeeignet wegen der unzureichenden Genauigkeit bei der Bildung von höheren Ableitungen.

Bei linearen Differentialgleichungen mit konstanten Koeffizienten besteht außerdem die Möglichkeit der Lösung mit Hilfe der L a p l a c e - T r a n s f o r m a t i o n [3]. Einer der Hauptvorteile dieses Lösungsverfahrens besteht darin, daß hier die Berücksichtigung der Anfangsbedingungen auf viel einfachere Weise geschehen kann. Besonders einfach wird das Vorgehen dann, wenn vor Beginn der Störwirkung Beharrungszustand vorausgesetzt werden kann, was fast immer zulässig ist. Die Anfangsbedingungen treten dann in der Rechnung überhaupt nicht mehr in Erscheinung. Der entsprechende Lösungsgang wird im Zusammenhang mit Fall 7 erläutert.

Beispiel 5.1

Aufgabenstellung: Ein ursprünglich in Beharrung befindliches System soll vom Zeitpunkt $t = 0$ an durch ein harmonisches Eingangssignal beeinflußt werden. Gesucht ist der entsprechende Verlauf der Ausgangsgröße. Dabei soll gelten (s. auch Bild 5.1 a):

$$t \geqslant 0^+ : u(t) = \hat{u} \cdot \cos(\omega_0 t); \quad \omega_0 = 2\pi/T_0 \quad \left.\right\} \text{ Störverlauf}$$

$$t \leqslant 0^- : u(t) = 0$$

$$u = v + T \cdot \dot{v}; \quad T = T_0/6 \quad \left.\right\} \text{ System}$$

$$\text{Anfangszustand: Beharrung } (v = 0)$$

Lösungsgang: Die Lösung setzt sich zusammen aus der a l l g e m e i n e n L ö s u n g d e r h o m o g e n e n G l e i c h u n g und einem p a r t i k u l ä r e n I n t e g r a l d e r i n h o m o g e n e n G l e i c h u n g.

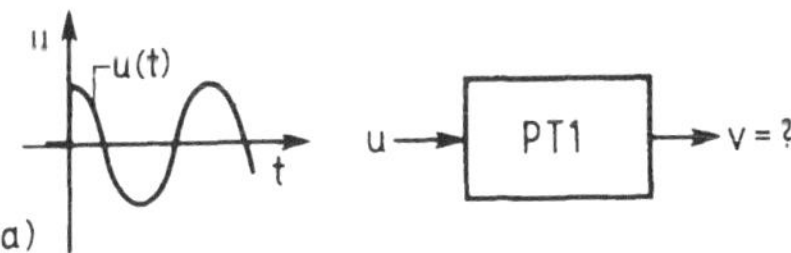

a) **Allgemeine Lösung der homogenen Gleichung** Die homogene Differentialgleichung lautet

$$v_H + T \cdot \dot{v}_H = 0$$

Deren Lösung ist bekanntlich ($T = $ konst)

$$v_H = A \cdot e^{rt},$$

wobei $r = -1/T$ die Wurzel der charakteristischen Gleichung

$$1 + T \cdot r = 0$$

ist. Somit wird

$$v_H = A \cdot e^{-t/T}$$

Die Integrationskonstante A ist später aus der Anfangsbedingung $v(0) = 0$ zu bestimmen.

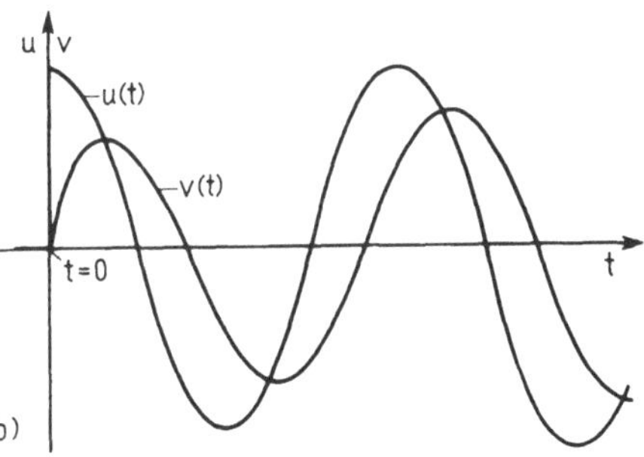

5.1 Zu Beispiel 5.1
a) Aufgabenstellung; b) Lösung

b) Partikuläre Lösung der inhomogenen Gleichung Eine solche Lösung wird durch einen passenden Ansatz gesucht:

$$v_P = \hat{v} \cdot \cos(\omega_0 \, t + \varphi)$$

Da dieser Ansatz die inhomogene Gleichung befriedigen muß, ergeben sich durch Einsetzen von v_P Bedingungsgleichungen für die noch unbestimmten Größen $\hat{v}$ und φ. Mit der Ableitung

$$\dot{v}_P = -\hat{v} \cdot \omega_0 \cdot \sin(\omega_0 \, t + \varphi)$$

folgt: $u = v_P + T \cdot \dot{v}_P = \hat{u} \cdot \cos(\omega_0 \, t) = \hat{v} \cdot \cos(\omega_0 \, t + \varphi) - \hat{v} \, \omega_0 \, T \cdot \sin(\omega_0 \, t + \varphi)$

Diese Gleichung läßt sich als Zeigerdarstellung geometrisch interpretieren, woraus sich die Beziehungen ergeben (positive Winkelrichtung: Gegenuhrzeigersinn):

$$\hat{u}^2 = \hat{v}^2 + (\hat{v} \cdot \omega_0 \cdot T)^2 \longrightarrow \hat{v} = \frac{\hat{u}}{\sqrt{1 + \omega_0^2 \cdot T^2}}$$

$$\mathrm{tg}\,\varphi = -\frac{\omega_0 \cdot T \cdot \hat{v}}{\hat{v}} = -\omega_0 \cdot T \longrightarrow \varphi = -\mathrm{arctg}\,(\omega_0 \, T)$$

Werden diese Bedingungen für $\hat{v}$ und φ eingehalten, so stellt unser Ansatz tatsächlich eine Lösung der inhomogenen Differentialgleichung dar.

c) Vollständige Lösung der inhomogenen Gleichung Die vollständige Lösung lautet nun:

$$v = v_H + v_P = A \cdot e^{-t/T} + \hat{v} \cdot \cos(\omega_0 \, t + \varphi)$$

Hierin ist nur noch, wie schon erwähnt, A aus der Anfangsbedingung zu bestimmen. Es ist für $t = 0$:

$$v(0) = 0 = A \cdot 1 + \hat{v} \cdot \cos\varphi,$$

woraus sich ergibt:

$$A = -\hat{v} \cdot \cos\varphi$$

Somit lautet die bereinigte vollständige Lösung:

$$v = -\hat{v} \cdot \cos\varphi \cdot e^{-t/T} + \hat{v} \cdot \cos(\omega_0 \, t + \varphi)$$

mit $\hat{v} = \dfrac{\hat{u}}{\sqrt{1 + \omega_0^2 \cdot T^2}}$ und $\varphi = -\mathrm{arctg}\,(\omega_0 \, T)$

Man erkennt sofort, daß der erste Term exponentiell abklingt und nach der Zeit $t = 6\,T = T_0$ auf weniger als 1 % des Anfangswertes abgesunken ist. Nach einer Periode T_0 ist somit nur noch der stationäre Lösungsanteil $\hat{v} \cdot \cos(\omega_0 \, t + \varphi)$ maßgebend (s. dazu auch Bild 5.1 b).

Fall 2 (Tafel 5.1) Hier besteht ebenfalls die Möglichkeit einer analytischen Behandlung. Die Definitionsgleichung (3.8) läßt sich schreiben:

$$u(s) \cdot F(s) = v(s),$$

woraus durch Rücktransformation die Beziehung folgt:

$$u(t) * g(t) = v(t) \tag{5.1}$$

$v(t)$ läßt sich somit durch F a l t u n g ermitteln.

Beispiel 5.2

Aufgabenstellung: Auf ein durch seine Gewichtsfunktion beschriebenes, ursprünglich im Beharrungszustand befindliches System wirke vom Zeitpunkt $t = 0$ an ein rampenförmiges Eingangssignal (s. auch Bild 5.2a). Entsprechend gelte:

$$t \geqslant 0^+ : u(t) = k \cdot t \quad \left.\right\} \text{ Störverlauf}$$
$$t \leqslant 0^- : u(t) = 0$$

$$g(t) = \frac{1}{T} \cdot e^{-t/T} \quad \left.\right\} \text{ System}$$

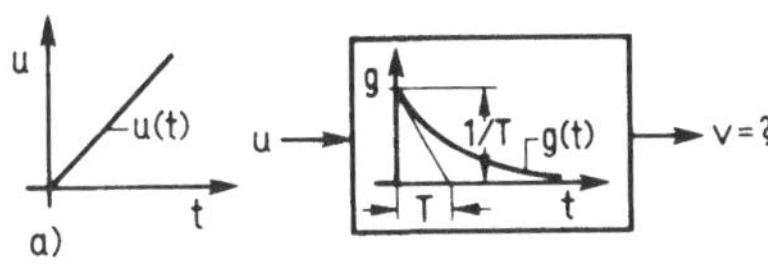

Anfangszustand: Beharrung

Gesucht ist der Verlauf der Ausgangsgröße.

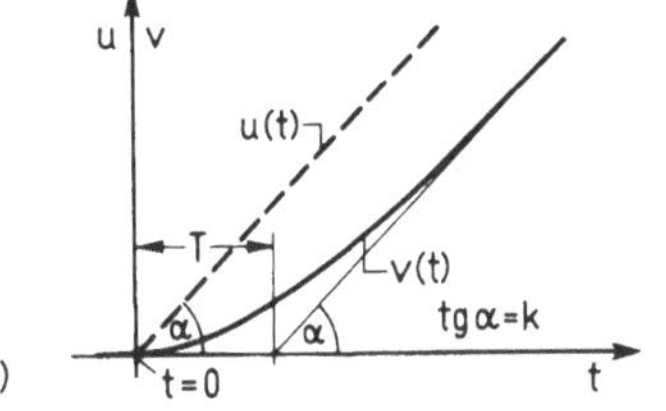

5.2 Zu Beispiel 5.2
   a) Aufgabenstellung; b) Lösung   b)

Lösungsgang: Mit Gl. (5.1) wird:

$$v(t) = u(t) * g(t) = \int_0^t u(t - \tau) \cdot g(\tau) \cdot d\tau =$$

$$\int_0^t k \cdot (t - \tau) \cdot \frac{1}{T} \cdot e^{-\tau/T} \cdot d\tau = k\left[t - T\left(1 - e^{-t/T}\right)\right]$$

Den entsprechenden Verlauf von $v(t)$ zeigt Bild 5.2b.

Fall 3 (Tafel 5.1) Die Aufgabe wird hier durch schrittweise numerische Integration der Differentialgleichung gelöst. Bei komplexeren Gleichungssystemen kommt praktisch nur die Lösung mit Hilfe programmierbarer Digitalrechner in Frage. Bei Gleichungen 1. oder 2. Ordnung können aber auch grafische Verfahren gute Dienste leisten [22], allerdings bei beschränkter Genauigkeit der Ergebnisse.

Beispiel 5.3

Aufgabenstellung: Auf ein ursprünglich in Beharrung befindliches Verzögerungsglied 1. Ordnung wirke vom Zeitpunkt $t = 0$ an das nachstehend beschriebene Eingangssignal $u(t)$. Es gelten die folgenden Beziehungen:

$$t \geqslant 0^+ : u(t) = \hat{u}\,(1 + \cos(\omega_0 t)); \quad \omega_0 = 2\,\pi/T_0 \quad \left.\right\} \text{ Störverlauf}$$
$$t \leqslant 0^- : u(t) = 0$$

$$u = v + T \cdot \dot{v}; \quad T = T_0/6 \quad \left.\right\} \text{ System}$$

Anfangszustand: Beharrung ($v = 0$)

Gesucht ist der Verlauf der Ausgangsgröße.

Lösungsgang: Die grafische Lösung erfolge mit einer zeitlichen Diskretisierung entsprechend:

$$t = n \cdot \Delta t; \quad \Delta t = T_0/24$$

Die Differentialgleichung wird auf die Form gebracht:

$$\frac{u - v}{T} = \dot{v} = \frac{dv}{dt} \approx \frac{\Delta v}{\Delta t}$$

Über die Dauer eines Zeitintervalls Δt wird nun jeweils der Verlauf von v durch denjenigen der Tangente ersetzt, also:

$$\Delta v \approx \Delta t \cdot \dot{v} = \Delta t \cdot \frac{u - v}{T}$$

Daraus ergibt sich die in Bild 5.3a dargestellte Konstruktion. Der damit erhaltene Einschwingvorgang v (t) ist in Bild 5.3b wiedergegeben. Die Genauigkeit der Lösung ist anfänglich recht gut (im Bereich der Zeichengenauigkeit), geht aber mit wachsender Zeit naturgemäß zurück. Im praktisch eingeschwungenen Zustand beträgt der Amplitudenfehler ca. 8%, der Phasenfehler ca. $- 8°$.

Auf ähnliche Weise ist auch ein graphisches Verfahren für eine Rückwärts-Analyse zu erhalten.

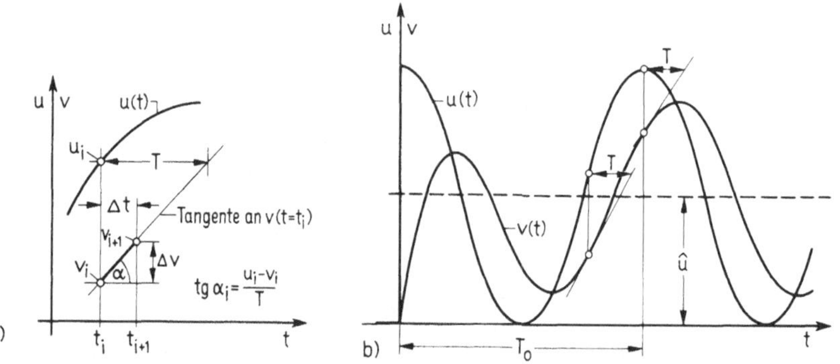

5.3 Zu Beispiel 5.3 a) graphisches Lösungsverfahren; b) Lösung des Beispiels 5.3

Fall 4 (Tafel 5.1) Hier ist die Faltungsoperation entsprechend Gl. (5.1) numerisch durchzuführen, was praktisch voraussetzt, daß ein Digitalrechner zur Verfügung steht. Graphisch-numerische Verfahren liefern relativ genaue Ergebnisse, sind jedoch ohne besondere Hilfsmittel sehr zeitraubend.

Fall 5 (Tafel 5.1) Dieser Fall liegt vor, wenn der stationäre Verlauf $v(t)_{\text{stat}}$ bei periodischer Anregung des Systems ermittelt werden soll, der Einschwingvorgang also nicht interessiert.

Besonders einfach liegen die Verhältnisse für h a r m o n i s c h e A n r e g u n g. Ist mit Gl. (2.7):

$$u(t) = \hat{u} \cdot e^{i(\omega_0 t)},$$

so folgt mit den Gl. (3.5), (3.6):

$$\underline{v}(t) = \underline{u}(t) \cdot F(i\omega_0) = \underline{u}(t) \cdot R(\omega_0) \cdot e^{i\varphi(\omega_0)}$$

oder $$\underline{v}(t) = \hat{u} \cdot R(\omega_0) \cdot e^{i(\omega_0 t + \varphi(\omega_0))} \tag{5.2}$$

In trigonometrischer Schreibweise lautet dieses Ergebnis:

$$v(t) = \hat{u} \cdot R(\omega_0) \cdot \cos(\omega_0 t + \varphi(\omega_0)) \tag{5.2a}$$

Der stationäre Ausgangsgrößenverlauf kann somit mit ganz geringem Rechenaufwand ermittelt werden.

Obige Überlegungen lassen sich auch auf den Fall der a l l g e m e i n   p e r i o d i - s c h e n   A n r e g u n g übertragen. Wird der Eingangsgrößenverlauf durch eine Fourier-Reihe beschrieben

$$u(t) = \sum_{n=0}^{\infty} c_n \cdot e^{i(n\omega_0 t + \phi_n)},$$

so findet man für das stationäre Ausgangssignal:

$$v(t) = \sum_{n=0}^{\infty} c_n \cdot e^{i(n\omega_0 t + \phi_n)} \cdot F(in\omega_0)$$

$$\text{oder} \quad v(t) = \sum_{n=0}^{\infty} c_n \cdot R_n \cdot e^{i(n\omega_0 t + \phi_n + \varphi_n)} \tag{5.3}$$

$$\text{mit} \quad R_n = |F(in\omega_0)| \quad \text{und} \quad \varphi_n = \sphericalangle F(in\omega_0)$$

In trigonometrischer Schreibweise nimmt Gl. (5.3) die Form an:

$$v(t) = \sum_{n=0}^{\infty} c_n \cdot R_n \cdot \cos(n\omega_0 t + \phi_n + \varphi_n) \tag{5.3a}$$

Aus den Ausdrücken (5.3) bzw. (5.3a) sind die Spektren des stationären Ausgangsgrößenverlaufes unmittelbar zu entnehmen. Zur Bestimmung des zeitlichen Verlaufes von v(t) (Fourier-Synthese) wird des hohen Rechenaufwandes wegen mit Vorteil ein Digitalrechner beigezogen. Nur wenn ganz wenige Oberwellen berücksichtigt werden, kommt eine graphisch-numerische Ermittlung von v(t) in Frage.

Diese Überlegungen beziehen sich zunächst auf die Vorwärts-Analyse. Sie lassen sich aber in sinngemäßer Abwandlung auch auf die Rückwärts-Analyse übertragen.

Fall 6 (Tafel 5.1) In diesem Falle geht man von der Definitionsgleichung (3.4) des Frequenzganges aus. Die Auflösung nach der jeweils gesuchten Größe liefert:

$$\begin{aligned} v(i\omega) &= u(i\omega) \cdot F(i\omega) && \text{Vorwärts-Analyse} \\[2mm] u(i\omega) &= v(i\omega) \cdot \frac{1}{F(i\omega)} && \text{Rückwärts-Analyse} \end{aligned} \tag{5.4}$$

Der praktische Gebrauch dieser Formeln ist durch die begrenzte Anwendbarkeit der Fourier-Transformation limitiert (s. Abschnitt 2.3.2.3). Sie werden daher nur selten benutzt, um so mehr als bei der Laplace-Transformation (Fall 7) entsprechende Einschränkungen entfallen.

Fall 7 (Tafel 5.1) Basis für das Vorgehen in diesem Falle ist die Definitionsgleichung (3.7), aus welcher folgt:

$$v\,(s) = u\,(s) \cdot F\,(s) \qquad \text{Vorwärts-Analyse}$$

$$u\,(s) = v\,(s) \cdot \frac{1}{F\,(s)} \qquad \text{Rückwärts-Analyse} \tag{5.5}$$

Hierbei ist allerdings vorausgesetzt, daß für $t \leqslant 0^-$ Beharrungszustand herrsche[1]).

Beispiel 5.4

Aufgabenstellung: Auf ein ursprünglich im Beharrungszustand sich befindendes Verzögerungsglied 1. Ordnung wirke vom Zeitpunkt $t = 0$ an das nachstehend beschriebene Eingangssignal u (t). Es gelten also die Beziehungen:

$$t \geqslant 0^+ : \ u\,(t) = 1 - e^{-t/T_1} \qquad \text{Störverlauf}$$

$$F\,(s) = \frac{1}{1 + s \cdot T_2} \qquad \text{System}$$

Gesucht wird der Ausgangsgrößenverlauf v (t).

Lösungsgang: Durch Laplace-Transformation findet man zunächst (Lex. Nr. 10):

$$u\,(s) = \frac{1}{s \cdot (1 + s \cdot T_1)}$$

und mit Gl. (5.5)

$$v\,(s) = \frac{1}{s \cdot (1 + s \cdot T_1)} \cdot \frac{1}{1 + s \cdot T_2}$$

Die Rücktransformation dieses Ausdrucks (Lex. Nr. 11) liefert dann

$$v\,(t) = 1 + \frac{T_1 \cdot e^{-t/T_1} - T_2 \cdot e^{-t/T_2}}{T_2 - T_1}$$

Der Verlauf von u und v ist in Bild 5.4 für den Fall $T_1 = 2\,T_2$ dargestellt.

Im Prinzip ist sowohl für Fall 6 wie 7 auch eine g r a p h i s c h - n u m e r i s c h e   L ö - s u n g möglich, jedoch i. a. nicht empfehlenswert.

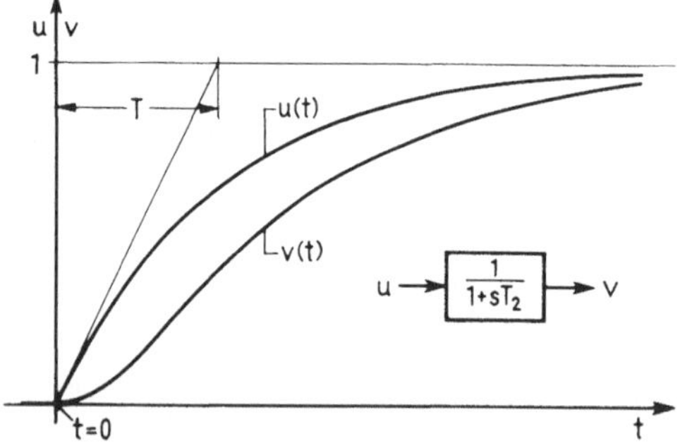

5.4
Zu Beispiel 5.4. Verlauf von u (t)
bzw. v (t)

---

[1]) Ist dies ausnahmsweise nicht der Fall, so tritt an Stelle der Übertragungsfunktion F (s) ein Ausdruck, der aus der Differentialgleichung unter Berücksichtigung der Anfangsbedingungen bei der Laplace-Transformation (Operationsregeln 6, 7) ermittelt werden muß.

5.1.2.2 Stochastische Signale Da über das als bekannt vorausgesetzte (Eingangs- oder Ausgangs-)Signal in diesem Falle nur statistische Angaben vorliegen, können auch über das gesuchte Signal nur solche Aussagen gemacht werden.

Im Vordergrund steht hier eine Berechnungsmethode im F r e q u e n z b e r e i c h, entsprechend Fall 8 (Tafel 5.1).

Fall 8 Grundlage für die Behandlung dieses Falles ist die Beziehung (4.34) (s. Abschnitt 4.5.5), aus welcher folgt:

$$S_{vv}(\omega) = S_{uu}(\omega) \cdot |F(i\,\omega)|^2 \qquad \text{Vorwärts-Analyse}$$

$$S_{uu}(\omega) = S_{vv}(\omega) \cdot |F(i\,\omega)|^{-2} \qquad \text{Rückwärts-Analyse}$$

(5.6)

Mit Hilfe der Parceval-Relation (Gl. (2.34)) läßt sich außerdem aus dem berechneten W i r k l e i s t u n g s d i c h t e s p e k t r u m $S(\omega)$ auch der q u a d r a t i s c h e M i t t e l w e r t $\overline{v^2}$ bzw. $\overline{u^2}$ bestimmen.

Beispiel 5.5

Aufgabenstellung: Auf ein PT2-Glied wirke stationär ein Markow-Rauschen 1. Ordnung, gemäß folgenden Angaben (s. auch Bild 5.5a):

$$S_{uu}(\omega) = \frac{S_0}{1 + \omega^2 \cdot T_1^2} \qquad \left.\right\} \quad \text{Störverlauf}$$

$$F(i\,\omega) = \frac{1}{1 + 2\,DT_2 \cdot i\,\omega + T_2^2 \cdot (i\,\omega)^2} \qquad \left.\right\} \quad \text{System}$$

$$T_2 = 3\,T_1; \quad D = 0{,}3$$

Man ermittle das Wirkleistungsdichtespektrum sowie den quadratischen Mittelwert des Ausgangssignals.

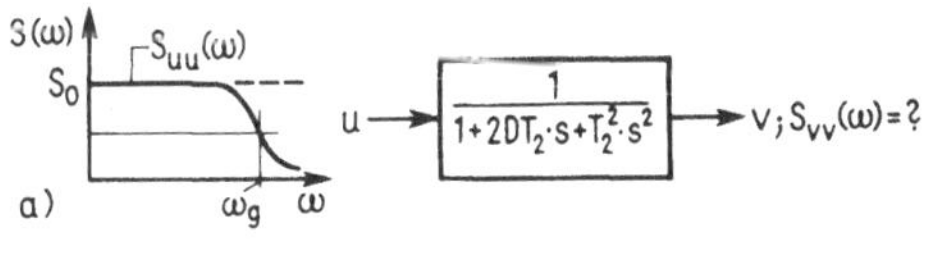

5.5
Zu Beispiel 5.5
a) Aufgabenstellung

Lösungsgang: Für den quadrierten Betrag des Frequenzganges findet man

$$R^2(\omega) = |F(i\,\omega)|^2 = \frac{1}{(1 - \omega^2 \cdot T_2^2)^2 + 4\,(D\,\omega\,T_2)^2}$$

und damit für die gesuchte Größe $S_{vv}(\omega)$:

$$S_{vv}(\omega) = \frac{S_0}{1 + \omega^2 \cdot T_1^2} \cdot \frac{1}{(1 - \omega^2 \cdot T_2^2)^2 + 4\,(D\,\omega\,T_2)^2}$$

Für den quadratischen Mittelwert von v findet man schließlich den Ausdruck:

$$\overline{v^2} = \frac{S_0}{\pi} \int_0^\infty \frac{d\,\omega}{(1 + \omega^2 \cdot T_1^2) \cdot [(1 - \omega^2 \cdot T_2^2)^2 + 4\,(D\,\omega\,T_2)^2]}$$

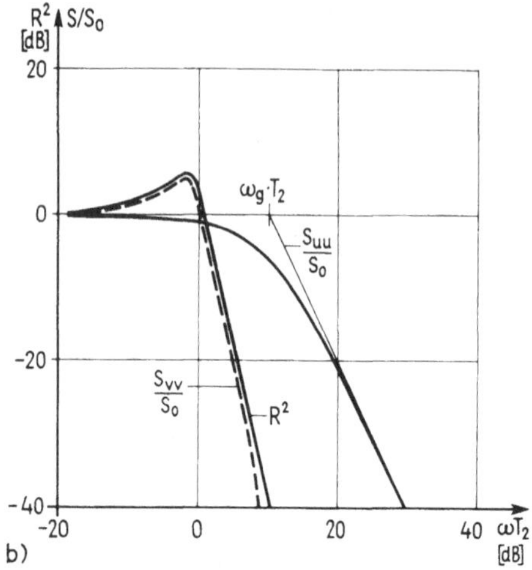

5.5
Zu Beispiel 5.5
b) Wirkleistungsdichtespektren und
   Amplitudengang in logarithmischer
   Darstellung

In Bild 5.5 b ist der Verlauf der auf S_0 bezogenen spektralen Wirkleistungsdichte $S_{vv}(\omega)$ über der mit $1/T_2$ normierten Frequenz in doppelt-logarithmischer Darstellung wiedergegeben. Daneben ist auch $S_{uu}(\omega)$ sowie $R^2(\omega)$ aufgezeichnet. Man ersieht daraus, daß das Spektrum des Ausgangssignals im vorliegenden Fall praktisch allein durch die Filterwirkung des Systems bestimmt wird, da $S_{uu}(\omega)$ erst im Sperrbereich merklich abfällt. Der Fehler wäre also nicht groß, wenn an Stelle des M a r k o w - R a u s c h e n s vereinfachend w e i ß e s R a u s c h e n eingesetzt worden wäre. Das korrespondierende Näherungs-Ergebnis würde dann lauten:

$$S_{vv}^{*}(\omega) = \frac{S_0}{(1 - \omega^2 \cdot T_2^2)^2 + 4(D\,\omega\,T_2)^2}$$

und entspricht der Filterkennlinie des Systems. – Natürlich ist eine solche Näherung nicht mehr brauchbar, wenn die Bandbreite $B = 1/T_2$ des Systems gleich oder größer als diejenige des Eingangssignals ist.

5.2 Systemsynthese

Die Problemstellungen der Systemsynthese sind in der Praxis außerordentlich vielgestaltig, und in den verschiedenen Anwendungsgebieten sind zahlreiche, speziell angepaßte Lösungsmethoden entwickelt worden. Im Rahmen des vorliegenden Buches kann nicht auf diese Einzelheiten eingegangen werden. Wir beschränken uns hier vielmehr zur Hauptsache auf die grundsätzlichen Aspekte.

5.2.1 Aufgabenstellung

Bei der Synthese geht es im wesentlichen darum, ein System so zu entwerfen bzw. einen bestehenden Systemteil so zu ergänzen, daß das resultierende dynamische Verhalten gewisse G ü t e v o r s t e l l u n g e n möglichst weitgehend erfüllt. Meist sind der

E i n g a n g s g r ö ß e n v e r l a u f oder mindestens bestimmte E i g e n s c h a f t e n desselben (z. B. Wirkleistungsdichtespektrum) vorgegeben, ferner mindestens qualitative A n f o r d e r u n g e n (Gütekriterien) an den Verlauf der Ausgangsgröße v (und eventuell auch von Systemvariablen). Weiterhin bestehen bei allen realen Systemen B e - g r e n z u n g e n hinsichtlich der Größe der auftretenden Ausschläge der Systemvariablen, z. B. um das System vor Beschädigung zu bewahren. Die Aufgabe kann dann als gelöst betrachtet werden, wenn ein im Rahmen der vorgegebenen Mittel r e a l i - s i e r b a r e s S y s t e m - Ü b e r t r a g u n g s v e r h a l t e n (Struktur und Parameter) gefunden worden ist, das die verschiedenen, einander teilweise widersprechenden Anforderungen in b e s t m ö g l i c h e r W e i s e erfüllt. Es handelt sich dabei um das Problem, aus einer Vielzahl möglicher Lösungen die optimale herauszufinden, mithin um ein O p t i m i e r u n g s p r o b l e m. Es ist ferner kennzeichnend für die hier vorliegende Aufgabenstellung, daß neben dynamischen Gegebenheiten und Anforderungen immer noch „fremde" Bedingungen mitberücksichtigt werden müssen. Meist sind diese Bedingungen technologischer u/o wirtschaftlicher Art.

5.2.2 Vorbereitungen, Problemlösung

Im Gegensatz zur Analyse ist bei der Synthese nur in besonders gelagerten Fällen und damit nur relativ selten eine Lösung „auf Anhieb" möglich. Vielmehr führt in der Praxis der Weg zum Resultat fast immer über ein s y s t e m a t i s c h e s P r o b i e - r e n. Dabei kann noch zwischen zwei Methoden des Vorgehens unterschieden werden: zwischen dem d i r e k t e n und dem i n d i r e k t e n S y n t h e s e v e r f a h r e n. Gelegentlich werden diese beiden Verfahren auch kombiniert.

Bevor jedoch an die eigentliche Lösung herangetreten werden kann, sind auch hier wieder beträchtliche Vorarbeiten durchzuführen, deren Umfang und Wichtigkeit nicht unterschätzt werden dürfen. Im allgemeinen handelt es sich um das Beschaffen und Aufbereiten der folgenden Unterlagen:

— Angaben über den Verlauf von u (t); Signalmodell

— unabdingbare bzw. wünschbare Anforderungen an den Verlauf von v (t)

— Anforderungen und Begrenzungen bezüglich der Systemvariablen

— gegebenenfalls Prozeßmodell eines bestehenden Teilsystems

— allgemeine Anforderungen an das zu synthetisierende System (bzw. Ergänzungssystem)

Die sachgemäße Durchführung dieser Vorarbeiten setzt neben systemdynamischen Kenntnissen meist profundes technologisches Wissen und konstruktive Erfahrung (Überblick über Realisierungsmöglichkeiten, Kosten-Zusammenhänge etc.) voraus und verlangt in der Regel die Zusammenarbeit von mehreren Spezialisten.

5.2.2.1 Direkte Systemsynthese

Bei diesem Verfahren geht man im Prinzip in zwei Schritten vor (s. Bild 5.6). Im ersten Schritt wird aus den gegebenen Anforderungen an den Ausgangsgrößenverlauf und den Begrenzungen ein a n z u s t r e b e n d e r V e r -

l a u f v*(t) ermittelt oder statt dessen ein a n z u s t r e b e n d e s Ü b e r t r a -
g u n g s v e r h a l t e n   ÜV*. In einem zweiten Schritt wird dann das gesuchte r e a -
l i s i e r b a r e Ü b e r t r a g u n g s v e r h a l t e n des zu synthetisierenden Systems
bzw. Teilsystems berechnet, wobei die generelle Struktur (meist Serie- oder Kreisschaltung) vorgegeben wird.

Die Hauptschwierigkeit liegt hier beim ersten Schritt, da mit diesem der Grad der Komplexität des zu synthetisierenden Systems und damit auch der materielle Aufwand zu
seiner Realisierung sehr stark vorbestimmt werden. Schon relativ geringfügige Änderungen an v*(t) bzw. ÜV* können z. B. zu massiver Erhöhung des Realisierungsaufwandes
führen. Daher wird oft versucht, durch Variieren von v*(t) bzw. ÜV* innerhalb der
durch die Anforderungen abgesteckten Grenzen zu einer möglichst kostengünstigen
Lösung zu kommen. Das oben erwähnte „systematische Probieren" wird also hier durch
Variation von v*(t) bzw. ÜV* verwirklicht (s. auch Bild 5.6).

Der zweite Schritt bietet dagegen kaum prinzipielle Schwierigkeiten, solange ein lineares
System generiert werden soll. Es können dann insbesondere auch die Methoden und

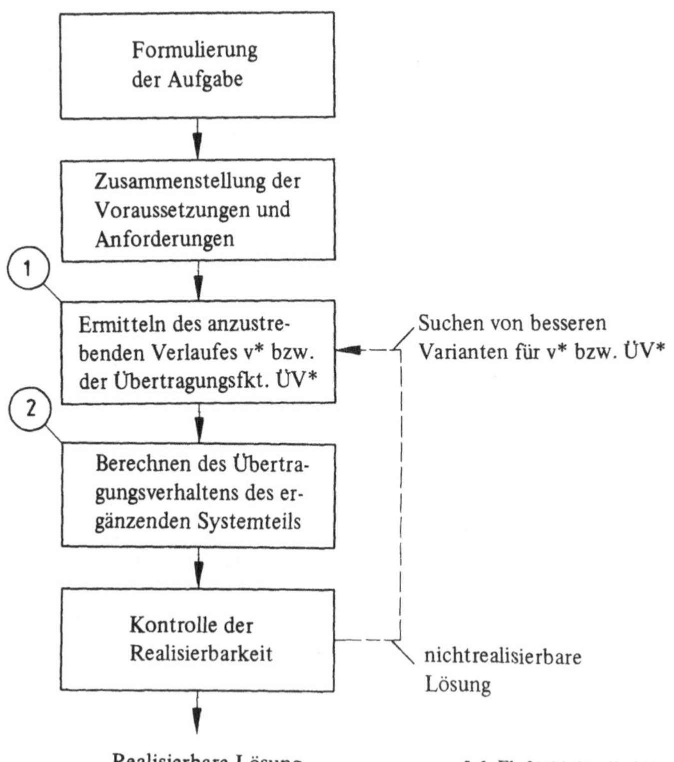

Realisierbare Lösung   5.6 Flußbild der direkten Systemsynthese

Hilfsmittel im Frequenzbereich eingesetzt werden, welche hier besonders effizient sind. Öfters wird in diesem Zusammenhang auch von graphischen Methoden Gebrauch gemacht (s. z. B. [20]).

Beispiel 5.6

Aufgabenstellung: Gegeben sei die Übertragungsfunktion F_S der Regelstrecke und die allgemeine Struktur eines Regelsystems (s. Bild 5.7). Ferner ist das anzustrebende System-Übertragungsverhalten ÜV* durch die Übertragungsfunktionen

$$F_{zx} = \frac{x(s)}{z(s)} \qquad \text{Störverhalten des Regelsystems}$$

$$F_{wx} = \frac{x(s)}{w(s)} \qquad \text{Führungsverhalten des Regelsystems}$$

beschrieben. — Gesucht sind die realisierbaren Übertragungsfunktionen F_R und F_W der unbekannten Systemteile (Regler).

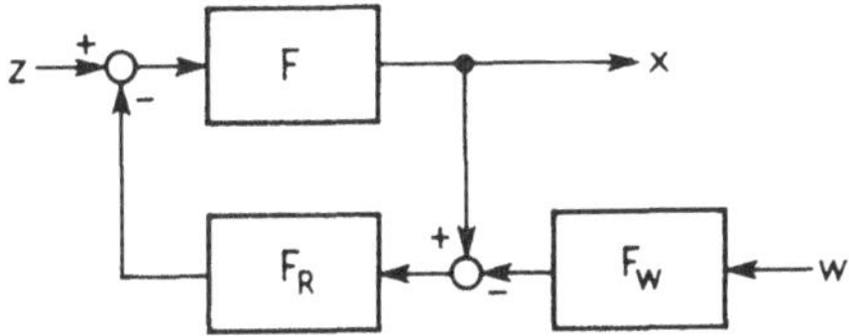

5.7
Zu Beispiel 5.6: Synthese eines Reglers

Lösungsgang: Mit Hilfe der in Abschnitt 4.3.2.2 behandelten Formeln findet man zunächst auf Grund der Struktur (Bild 5.7):

$$F_{zx} = \frac{F_S}{1 + F_R \cdot F_S} \quad \text{bzw.} \quad F_{wx} = \frac{-F_W \cdot F_R \cdot F_S}{1 + F_R \cdot F_S}$$

Durch Auflösen der ersteren Beziehung nach F_R folgt die gesuchte Übertragungsfunktion des R e g l e r t e i l s:

$$F_R = \frac{1}{F_{zx}} - \frac{1}{F_S}$$

Setzt man diesen Ausdruck in die obenstehende Beziehung für F_{wx} ein, so ergibt sich für das Übertragungsverhalten des E i n g a n g s f i l t e r s:

$$F_W = F_{wx} \cdot \frac{F_S}{F_{zx} - F_S}$$

Die Auswertung dieser beiden Resultat-Ausdrücke kann je nachdem, in welcher Beschreibungsform F_S, F_{zx} und F_{wx} vorliegen, analytisch oder graphisch-numerisch geschehen. Meist ist es dann notwendig, die gefundenen expliziten Resultat-Beziehungen noch durch mit vertretbarem Aufwand realisierbare Näherungs-Ausdrücke zu approximieren, wozu die in Abschnitt 5.3 beschriebenen M e t h o d e n   d e r   P r o z e ß - i d e n t i f i k a t i o n herangezogen werden können.

In den meisten Fällen wäre ideal:

$$F_{zx} = 0 \quad \text{und} \quad F_{wx} = 1$$

Es läßt sich aber leicht einsehen, daß diese Forderungen stets n u r n ä h e r u n g s -
w e i s e e r f ü l l b a r sind. Bei der Festlegung der anzustrebenden Übertragungsfunktionen F_{zx} bzw. F_{wx} orientiert man sich aber an diesen Idealbedingungen.

Beispiel 5.7

Aufgabenstellung: Gegeben sei ein Teilsystem (z. B. Meßsystem) mit dem Übertragungsverhalten

$$F_1 = \frac{1}{(1+sT_1)\cdot(1+sT_2)}, \quad \text{wobei} \quad T_2 = 10\,T_1$$

Durch Nachschalten eines Ergänzungsgliedes soll die Wirkung der großen Zeitkonstanten T_2 möglichst beseitigt werden und ein Übertragungsverhalten

$$F_{res} = \frac{1}{(1+sT_1)\cdot(1+sT_3)}, \quad T_3 = T_2/5$$

angestrebt werden.

Lösungsgang: Auf Grund der vorgesehenen Serieschaltung bestimmt sich das Übertragungsverhalten des Ergänzungsgliedes zu

$$F_{Erg} = \frac{F_{res}}{F_1} = \frac{\dfrac{1}{(1+sT_1)\cdot(1+sT_3)}}{\dfrac{1}{(1+sT_1)\cdot(1+sT_2)}} = \frac{1+sT_2}{1+sT_3}$$

Beim Ergänzungsglied handelt es sich somit um ein Lead-Element ($T_2 > T_3$; s. auch
Abschnitt 4.6.2.5). Die durch die System-Ergänzung erzielte Verbesserung des Übertragungsverhaltens zeigt Bild 5.8 anhand der Sprungantworten.

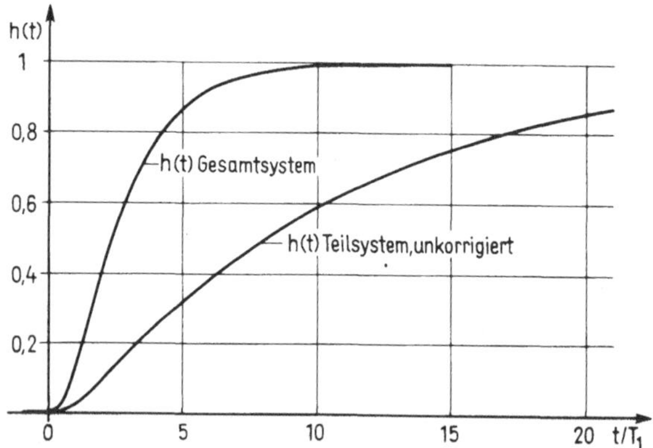

5.8 zu Beispiel 5.7. Sprungantwort des unkorrigierten bzw. des korri-
gierten Systems

Bei der Synthese von Serieschaltungen läßt sich oft auch mit Vorteil das W u r z e l -
o r t v e r f a h r e n anwenden, wie am gleichen Beispiel noch gezeigt werden soll (s.
auch Abschnitte 4.2.2.2 und 4.7.1). Die Polverteilung des Teilsystems ist in Bild 5.9a

dargestellt. Um das Verhalten wesentlich zu verbessern, muß der dominante Pol $q_2 = -1/T_2$ kompensiert werden. Dies geschieht durch eine entsprechende Nullstelle $p = -1/T_2$, die durch ein seriegeschaltetes Ergänzungsglied mit dem Ausdruck $(1 + s\,T_2)$ im Zähler seiner Übertragungsfunktion erzeugt wird. Um die Realisierungsbedingung für dieses Glied zu befriedigen, wird das Nennerglied $(1 + s\,T_3)$ beigefügt, wobei T_3 entsprechend der Aufgabenstellung klein gewählt wird ($T_3 = T_2/5$). Der entsprechende neue Pol $q_3 = -1/T_3$ liegt nun weiter links (s. Bild 5.9b), und das Gesamtverhalten ist demgemäß wesentlich günstiger als dasjenige des Teilsystems. — Das Wurzelortverfahren hat damit in anschaulicher Weise zum selben Ergebnis geführt wie der erste Lösungsgang.

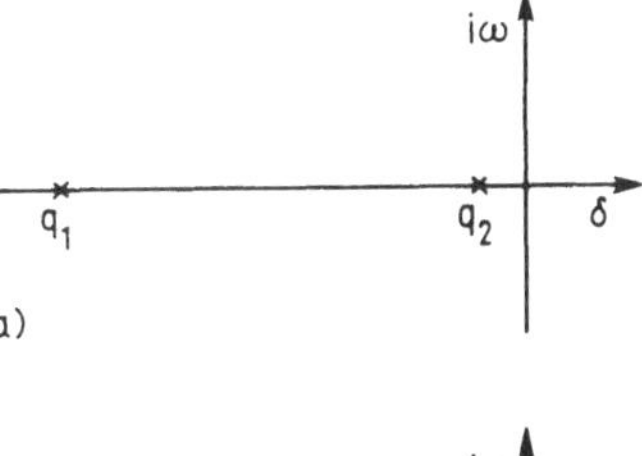

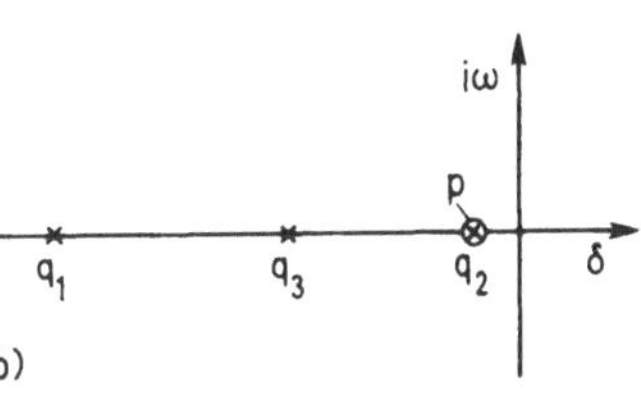

5.9
Zu Beispiel 5.7: Polverteilung
a) ursprüngliches Teilsystem; b) ergänztes System (Gesamtsystem). Nur noch die Pole q_1 und q_3 sind wirksam; q_2 wird durch die Nullstelle p kompensiert

5.2.2.2 Indirekte Systemsynthese

Bei der indirekten Synthese geht man so vor, daß man versuchsweise Strukturen für das zu synthetisierende System wählt und in der Folge deren optimale Parameter unter Benutzung der Methoden der Analyse (Abschnitt 5.1) berechnet. Die gesuchte Lösung bildet dann diejenige Struktur, welche die gestellten Bedingungen am besten erfüllt.

Bei diesem Vorgehen kann man drei Schritte unterscheiden (s. dazu Bild 5.10):

Im ersten Schritt werden m u t m a ß l i c h   b r a u c h b a r e   S t r u k t u r e n gesucht. Der zweite Schritt besteht in der E r m i t t l u n g   d e r   o p t i m a l e n   P a r a m e t e r derselben. Im dritten Schritt werden die verschiedenen Struktur-Varianten hinsichtlich ihrer Eigenschaften verglichen und die g ü n s t i g s t e   a u s g e w ä h l t.

Der e r s t e   S c h r i t t ist besonders wichtig und zugleich oft auch besonders schwierig. Besonders wichtig, weil von einer geschickten Wahl nicht nur der spätere Arbeitsaufwand, sondern auch die Güte des Endergebnisses abhängt. Schwierig deshalb, weil in komplexen Fällen neben qualitativen theoretischen Überlegungen viel Erfahrung und oft auch eine gewisse Intuition dazu gehören, um geeignete Strukturen zu finden.

Beim z w e i t e n   S c h r i t t kann durch eine leistungsfähige S u c h s t r a t e g i e [25] und eine günstige Wahl des Startsatzes der Parameter oft sehr viel Rechenarbeit eingespart werden. Nur in Ausnahmefällen ist nämlich eine rein analytische Optimierung möglich.

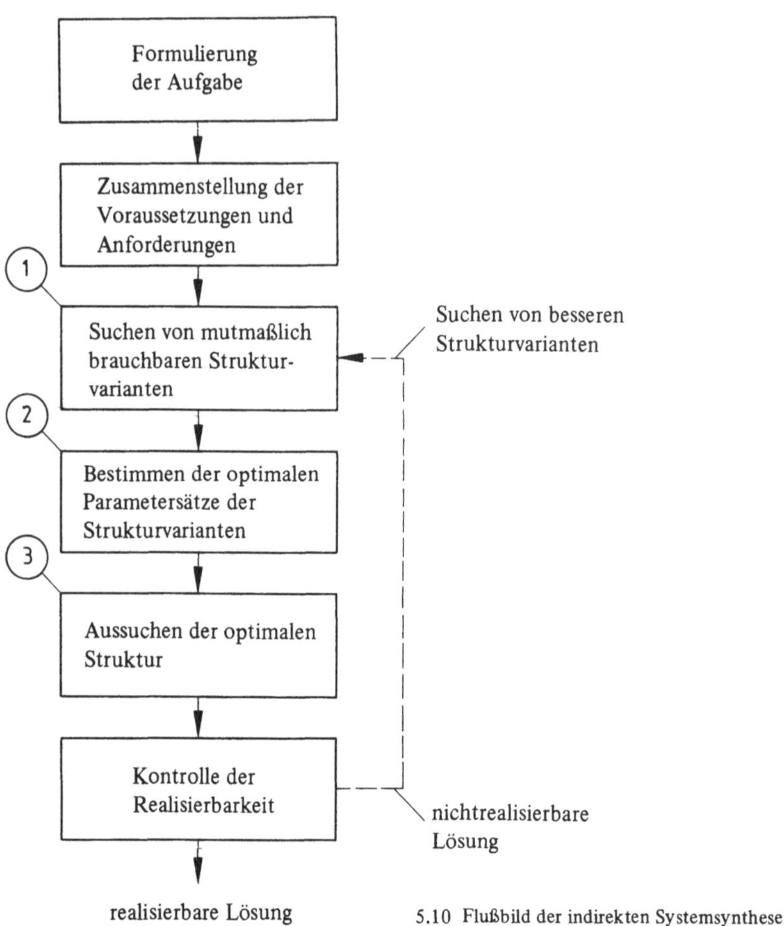

5.10 Flußbild der indirekten Systemsynthese

Beispiel 5.8

Aufgabenstellung: Durch ein Tiefpaßfilter 1. Ordnung soll der einem Meßsignal u (t) überlagerte Netzbrumm z (t) möglichst unterdrückt, der unvermeidliche dynamische Fehler jedoch tunlichst klein gehalten werden. Das Signal u sei harmonisch, seine Frequenz $f_u = 10$ Hz (s. dazu Bild 5.11 a, b). Gesucht ist die optimale Grenzfrequenz f_g des Filters (s. auch Abschnitt 4.5.5).

Lösungsgang: f_g soll so bestimmt werden, daß im gefilterten Signal die Summe von quadratischem dynamischem Meßfehler und quadratischem Brummanteil minimal wird. Nach [5][1] gilt für den mittleren quadratischen dynamischen Fehler des Meßsignals:

------

[1]) a.a.O. S. 84 ff

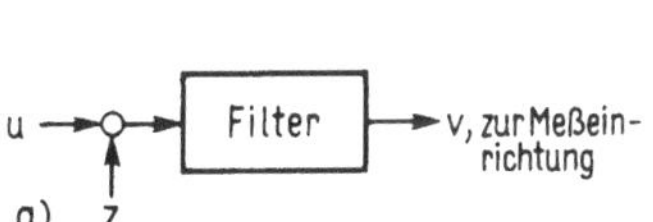

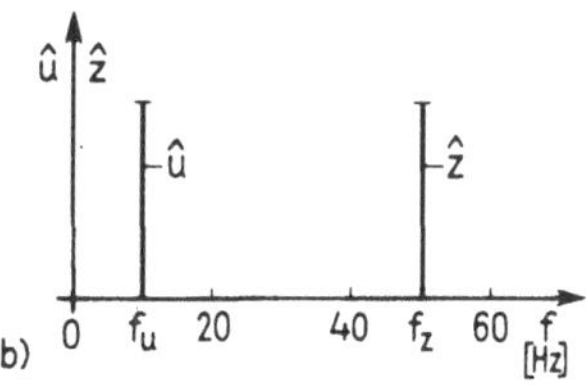

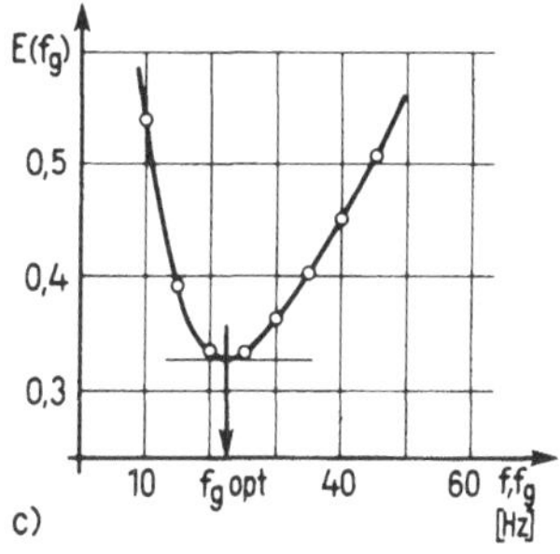

5.11
Zu Beispiel 5.8
a) Blockschema; b) Spektrum der Signalkomponenten;
c) graphische Optimierung

$$\overline{e_{dyn}^2} = \frac{\hat{u}^2}{2} \cdot |F(i\,\omega_u) - 1|^2 ; \quad \omega_u = 2\pi f_u = 20\,\pi,$$

für den mittleren quadratischen Brummanteil nach dem Filter

$$\overline{e_z^2} = \frac{\hat{z}^2}{2} \cdot |F(i\,\omega_z)|^2 ; \quad \omega_z = 2\pi f_z = 100\,\pi$$

Der Frequenzgang des Filters ist gegeben durch

$$F(i\,\omega) = \frac{1}{1 + i\,\omega\,T} = \frac{1}{1 + i\,\omega/\omega_g}$$

mit $\omega_g = 1/T = 2\pi f_g = $ Filtergrenzfrequenz

Setzt man $F(i\,\omega)$ in den Fehlertermen ein und bildet die Fehlersumme, so ergibt sich
für das zu minimierende Fehlerfunktional:

$$E(\omega_g) = \overline{e_{dyn}^2} + \overline{e_z^2} = \frac{1}{2}\left[\hat{u}^2 \cdot \left|\frac{1}{1 + i\,\omega_u/\omega_g} - 1\right|^2 + \hat{z}^2 \cdot \left|\frac{1}{1 + i\,\omega_z/\omega_g}\right|^2\right] \overset{!}{=} \min$$

Durch Ausrechnen der Betragswerte findet man schließlich

$$E(\omega_g) = \frac{1}{2}\left[\frac{\hat{u}^2}{1 + (\omega_g/\omega_u)^2} + \frac{\hat{z}^2}{1 + (\omega_z/\omega_g)^2}\right] \overset{!}{=} \min$$

Die optimale Grenzfrequenz ω_{gopt} kann z. B. g r a p h i s c h - n u m e r i s c h durch
probeweises Einsetzen von ω_g-Werten ermittelt werden (s. Bild 5.11 c). Auch eine
a n a l y t i s c h e B e s t i m m u n g ist hier noch mit vertretbarem Aufwand möglich.
Die dazu notwendige Bestimmungsgleichung liefert die Bedingung:

$$\frac{\partial E(\omega_g)}{\partial \omega_g} = 0,$$

was zu der Beziehung führt:

$$\omega_{gopt} = \sqrt{\frac{\hat{u} \cdot \hat{z} \cdot \omega_u \cdot \omega_z \cdot (\omega_u^2 - \omega_z^2) + (\hat{z}^2 - \hat{u}^2) \cdot \omega_u^2 \cdot \omega_z^2}{\hat{u}^2 \cdot \omega_u^2 - \hat{z}^2 \cdot \omega_z^2}}$$

Für unseren Fall ergibt sich daraus mit $\hat{u} = \hat{z}$:

$$\omega_{gopt} \approx 141 \ \text{rads}^{-1} \quad \text{bzw.} \quad f_{gopt} \approx 22,4 \ \text{Hz}$$

Damit lassen sich nun die Komponenten, aus denen sich das aus dem Filter austretende Signal zusammensetzt, leicht bestimmen. Für die Amplitude des Nutzsignals gilt

$$\hat{u} \cdot F(i\,\omega_u) = \hat{u} \cdot \frac{1}{\sqrt{1 + (20\,\pi/141)^2}} \approx 0,91 \ \hat{u},$$

für das Störsignal

$$\hat{z} \cdot F(i\,\omega_z) = \hat{z} \cdot \frac{1}{\sqrt{1 + (100\,\pi/141)^2}} \approx 0,45 \ \hat{z}$$

Durch die Wirkung des Filters ist mithin das Nutzsignal/Störsignal-Verhältnis von 1 im Rohsignal auf $0,91/0,45 \approx 2$ verbessert worden.

Die Untersuchung ließe sich nun mit trennschärferen Filtern höherer Ordnung wiederholen, wobei die höheren Anschaffungskosten dem Gewinn an Signalqualität gegenüberzustellen und damit ein t e c h n i s c h - w i r t s c h a f t l i c h e s O p t i m u m zu ermitteln wäre.

5.3 Systemidentifikation

Die zahlreichen Methoden der Systemidentifikation dienen alle ein- und demselben Zweck: der e x p e r i m e n t e l l e n M o d e l l b i l d u n g. Sie unterscheiden sich einerseits im Typus der verwendeten Testsignale, vor allem aber in der Art der Auswertung der unmittelbaren Meßergebnisse.

Im Rahmen dieses Buches kann lediglich ein einführender Überblick vermittelt werden, wobei nur auf einfachere Methoden näher eingegangen wird. Im übrigen muß auf die umfangreiche Spezialliteratur verwiesen werden.

5.3.1 Übersicht über die Methoden der Systemidentifikation

Allen Methoden der Systemidentifikation liegt das Prinzip zugrunde, das zu untersuchende System durch ein[1] Testsignal u anzuregen und dessen Verlauf sowie denjenigen der Ausgangsgröße(n) v (und eventuell auch von Systemvariablen x) zu messen. Aus diesen gemessenen Verläufen wird dann das gesuchte Übertragungsverhalten rechnerisch ermittelt.

---

[1] endogenes oder exogenes

Nachfolgend wird nur auf den Fall eingegangen, bei dem sich die Systemidentifikation auf je e i n Eingangs- und Ausgangssignal stützt. Damit lassen sich aber auch (quasi-) lineare Systeme mit mehreren Eingangs- und Ausgangssignalen sinngemäß behandeln.

Die verschiedenen Identifikationsverfahren lassen sich nach mehreren Gesichtspunkten gruppieren.

a) Direkte bzw. adaptive Verfahren Die d i r e k t e n V e r f a h r e n sind durch s e r i e l l e S t r u k t u r i h r e s F l u ß d i a g r a m m e s gekennzeichnet (s. Bild 5.12a). Sie werden daher auch o p e n l o o p - V e r f a h r e n genannt. Die künstlich oder durch den Prozeß oder dessen Umgebung „natürlich" erzeugten Testsignale u wirken auf das zu untersuchende System (Originalsystem) ein und lösen Ausgangssignale v aus. u und v werden gemessen und anschließend ausgewertet, wobei in der Regel zuerst ein n i c h t p a r a m e t r i s c h e s M o d e l l gewonnen wird. In einem weiteren Auswerteschritt wird dann, sofern überhaupt benötigt, ein p a r a m e t r i s c h e s M o d e l l ermittelt.

Bei den a d a p t i v e n V e r f a h r e n oder V e r f a h r e n d e s M o d e l l a b - g l e i c h s weist das Flußdiagramm grundsätzlich die Struktur einer K r e i s s c h a l - t u n g auf (s. Bild 5.12b); daher auch die Bezeichnung c o s e d l o o p - V e r f a h -

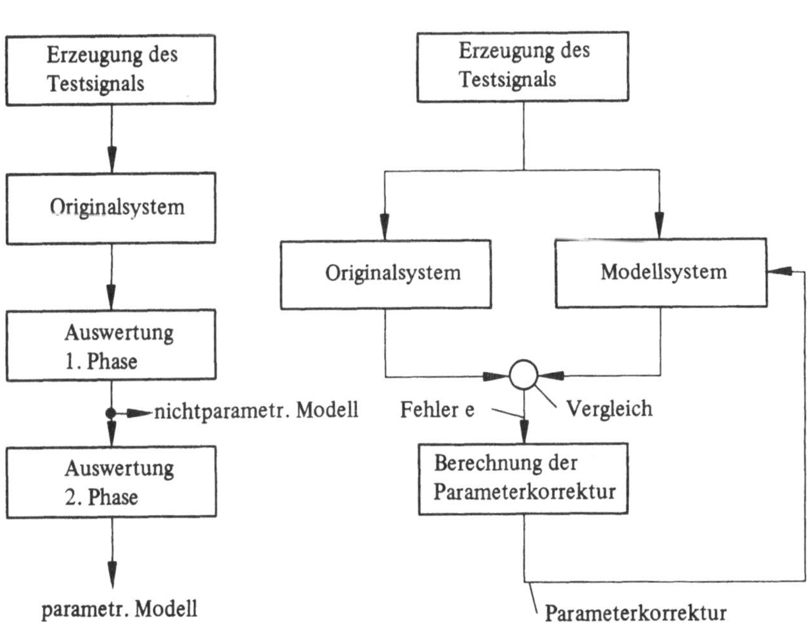

5.12 Zur Einteilung der Methoden der Systemidentifikation
 a) prinzipielles Flußdiagramm der direkten Methoden; b) prinzipielles Flußdiagramm der adaptiven Methoden

r e n. Das Testsignal wirkt hierbei gleichzeitig auf das Originalsystem wie auch auf ein (meist durch einen Digitalrechner implementiertes) Modell von vorgegebener Struktur ein. Die beiden Ausgangssignale werden in der Folge verglichen und aus der Abweichung (Fehlersignal e) Korrekturen der Modellparameter berechnet. Das Verfahren wird solange fortgesetzt, bis das Fehlersignal bzw. ein daraus berechnetes Fehlerfunktional genügend klein bzw. zu einem Minimum geworden ist. Dieser Vorgang entspricht einer direkten Gewinnung des parametrischen Prozeßmodells, ohne nichtparametrisches Modell als Zwischenstufe.

b) On line bzw. off line-Verfahren Dieses Einteilungsmerkmal betrifft den Zeitpunkt der Auswertung der Meßergebnisse. Bei den o n l i n e - V e r f a h r e n erfolgen Messung und Auswertung simultan, bei den o f f l i n e - V e r f a h r e n zu verschiedenen Zeiten. Meist wird die adaptive Systemidentifikation im on line-Verfahren durchgeführt, die direkte Identifikation off line. Doch ist diese Zuordnung nicht zwingend, und in wachsendem Umfang wird besonders auch die direkte Methode im on line-Betrieb angewendet.

5.3.2 Allgemeines Vorgehen

Der gesamte Arbeitsablauf im Zusammenhang mit einer Systemidentifikation besteht aber nicht nur aus den im vorstehenden Abschnitt angedeuteten Schritten. Vielmehr sind meist ziemlich umfangreiche und wichtige Vorarbeiten erforderlich, bevor der eigentliche Identifikationsprozeß in Gang gesetzt werden kann. Bild 5.13 zeigt ein extrem vereinfachtes Flußdiagramm des gesamten Arbeitsablaufes.

In einem ersten Schritt ist der Z w e c k des durch die Systemidentifikation zu gewinnenden Modells klarzustellen (Beispiel: Modell einer Regelstrecke zum Zweck der Bestimmung der Einstellparameter des Reglers durch Simulation). Daraus sind die Anforderungen an die M o d e l l g e n a u i g k e i t und, soweit möglich, auch an den F r e q u e n z - b e r e i c h, für den diese Genauigkeit gelten soll, abzuleiten. Diese Anforderungen bestimmen ganz wesentlich den mit den weiteren Schritten verbundenen Aufwand.

Im folgenden Schritt ist die A u f g a b e n s t e l - l u n g zu f o r m u l i e r e n, die sich weitgehend aus dem Zweck ableitet. Insbesondere ist festzu-

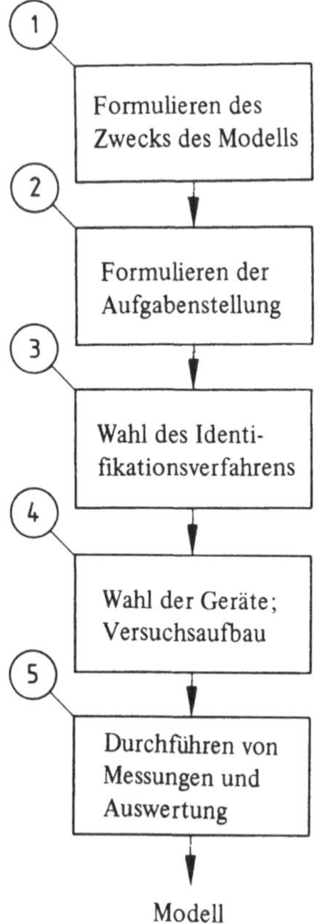

5.13 Phasen der Vorbereitung und Durchführung der Systemidentifikation

legen, ob die Ermittlung eines nichtparametrischen Modells genügt oder ob ein parametrisches entwickelt werden muß. Ferner ist auch zu entscheiden, ob das Modell im Frequenz- oder im Zeitbereich dargestellt werden soll.

In einem weiteren Schritt ist die W a h l d e r I d e n t i f i k a t i o n s m e t h o d e zu treffen. Vor allem ist zu entscheiden, ob direkte oder adaptive Verfahren zur Anwendung kommen sollen und ob off line- oder on line-Betrieb in Frage kommt. Dieser Entscheid hängt vor allem davon ab, ob ein leistungsfähiger Prozeßrechner zur Verfügung steht, da on line-Betrieb und adaptive Methoden dies voraussetzen. Aber auch die Eigenschaften des zu untersuchenden Systems (z. B. extrem langsamer oder schneller Prozeßablauf etc.) können für diesen Entscheid von Bedeutung sein.

Nach diesem Grundsatzentscheid sind die Einzelheiten zur gewählten Methode (Signalart, Auswerteverfahren) festzulegen. Hierauf wird in den Abschnitten 5.3.3 und 5.3.4 noch näher eingegangen.

Damit sind nun die erforderlichen Grundlagen zur P l a n u n g d e r V e r s u c h e und zur W a h l d e r z u r M e s s u n g u n d A u s w e r t u n g b e n ö t i g t e n G e r ä t e beisammen (4. Schritt). Die Versuchsplanung hat vor allem Rücksicht auf die betrieblichen Gegebenheiten zu nehmen, es sei denn, das System könne unter Laboratoriumsbedingungen untersucht werden. Die Verhältnisse sind dabei von Fall zu Fall anders, und das jeweils günstigste Vorgehen muß immer wieder neu erarbeitet werden. Besondere Probleme bereiten dabei nicht selten die E r z e u g u n g g e e i g n e t e r T e s t s i g n a l e und ihre Übertragung auf den Prozeß, vor allem aber die unabdingbare Forderung nach d y n a m i s c h e i n w a n d f r e i e n M e s s u n g e n [5][1]) *im ganzen wichtigen Frequenzbereich.* Soweit sich diese Bedingung nicht durch genügend „schnelle" Meßgeräte erfüllen läßt, ist durch entsprechende Maßnahmen bei der Auswertung für Fehler-Korrektur bzw. -Kompensation zu sorgen. Eingehender Überlegungen bedarf auch die zweckmäßige W a h l d e r A u s w e r t e g e r ä t e (Mittelwertbildegeräte, Korrelatoren, Fourier-Analysatoren etc.), wenn nicht die entsprechenden Operationen durch einen Prozeßrechner durchgeführt werden sollen. Im letzteren Falle wird die Hauptsorge der Beschaffung der entsprechenden Programme gelten.

Beim letzten Schritt, der D u r c h f ü h r u n g d e r M e s s u n g e n und ihrer A u s w e r t u n g, ist vor allem der unvermeidlichen Wirkung innerer und äußerer S t ö r u n g e n auf das System Rechnung zu tragen. Deren Einfluß auf das Ergebnis muß möglichst klein gemacht werden, da dieser i. a. den Hauptanteil am Resultatfehler verursacht. Dies kann bei der Messung durch Wahl möglichst großer Testsignale (so groß, wie mit Rücksicht auf den Betrieb u/o auf Nichtlinearitäten des Systems zulässig) und möglichst langer Meßdauer (meist begrenzt durch betriebliche Gründe u/o die Versuchskosten) geschehen, bei der Auswertung durch geschickte Wahl des Auswerteverfahrens. Im übrigen ist diesem Umstand bereits beim Festlegen der Identifikationsmethode (Schritt 3) gebührend Rechnung zu tragen (s. auch Abschnitte 5.3.3 und 5.3.4).

---

[1]) a.a.O. Kap. Dynamische Meßfehler

5.3.3 Wahl des Testsignals

Der Wahl der Art des Testsignals kommt ganz besondere Bedeutung zu. Theoretisch ist zwar jedes Signal verwendbar, dessen Spektrum den ganzen erforderlichen Frequenzbereich lückenlos abdeckt. Im Hinblick auf die Zusammenhänge zwischen der Signalart einerseits und Geräteaufwand, Meßdauer, Auswerteumfang und Resultatgenauigkeit andererseits stellt jedoch im konkreten Fall meist eine bestimmte Signalart die optimale dar, und andere würden zu erhöhten Kosten u/o ungenaueren Ergebnissen führen.

Bild 5.14 vermittelt einen Überblick über die verschiedenen Testsignalarten und die damit direkt bestimmbaren nichtparametrischen Modelle. Als parametrische Modelle werden fast immer entweder Übertragungsfunktion oder Differentialgleichung angestrebt, selten die Gewichtsfunktion in analytischer Form.

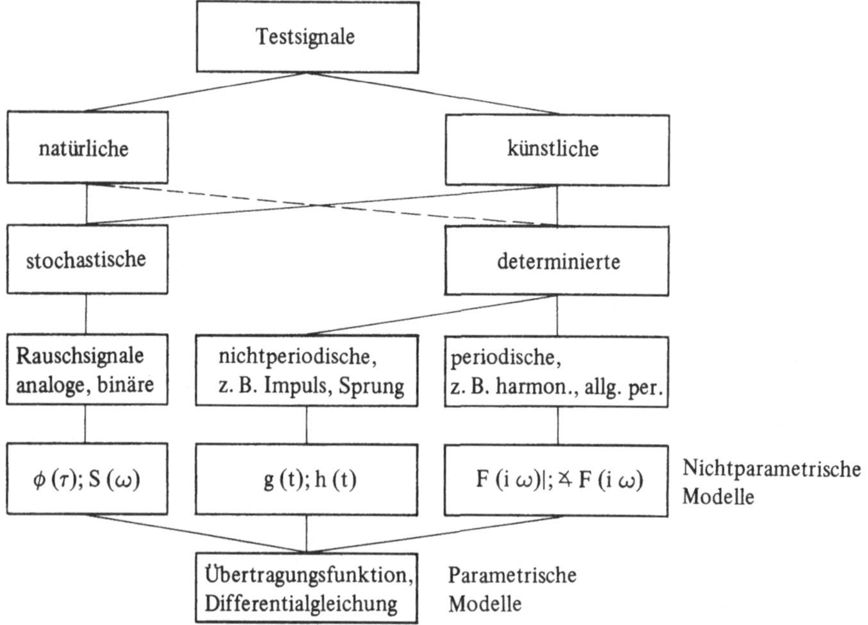

5.14 Testsignale und die damit bei direkter Systemidentifikation bestimmbaren nichtparametrischen bzw. parametrischen Modelle

Zunächst ist zwischen k ü n s t l i c h e n und n a t ü r l i c h e n T e s t s i g n a l e n zu unterscheiden. Letztere werden entweder durch den zu untersuchenden Prozeß selber erzeugt oder entstehen in der Umgebung des Systems. Solche Signale sind meist stochastische Signale (Bandrauschen), manchmal aber auch determinierte (z. B. periodische, herrührend von rotierenden oder oszillierenden Maschinenteilen) oder Mischungen von beiden Signalarten. K ü n s t l i c h e   S i g n a l e müssen besonders erzeugt werden, was für elektrische Signale vergleichsweise einfach, für andere dagegen meist mit beträchtlichem Aufwand verbunden ist. Künstliche Signale haben aber den Vorteil, daß deren Form und Größe beeinflußbar sind, was bei natürlichen i. a. nicht der Fall ist. Dasselbe gilt somit auch für die entsprechenden Spektren.

Stochastische Signale können künstlich als analoges Bandrauschen erzeugt werden. Vielfach werden statt dessen aber auch binäre Rauschsignale verwendet, da solche Signale besonders einfach zu generieren sind. Bei der primären Auswertung stochastischer Signale werden in der Regel Auto- bzw. Kreuzkorrelationsfunktionen gewonnen, seltener die entsprechenden Leistungsdichtespektren.

Determinierte Signale werden sowohl als periodische wie auch als nichtperiodische Signale verwendet. Bei den n i c h t p e r i o d i s c h e n S i g n a l e n herrschen Sprungverlauf sowie Rechteckimpuls vor. Daneben werden aber auch etwa dreieck- oder trapezförmige Signalverläufe verwendet. P e r i o d i s c h e S i g n a l e werden vor allem in Form harmonischer Signale benutzt. Daneben sind aber viele Formen allgemeinperiodischer Signalverläufe im Gebrauch (Dreieck, Rechteck, Trapez etc.), die gleichzeitig mehrere Frequenzen anregen. Meist wird dabei im Laufe der Messungen die Grundfrequenz stetig (Wobbeln) oder schrittweise über einen größeren Bereich variiert.

Bei der primären Auswertung werden im Falle nichtperiodischer Signale meist Übergangsfunktionen, seltener Gewichtsfunktionen ermittelt, bei periodischen Testsignalen wird der Frequenzgang in Form von Amplituden- und Phasengang bestimmt.

Bei der W a h l d e s T e s t s i g n a l s sind verschiedene Faktoren zu berücksichtigen. Da mit dieser Wahl auch Versuchseinrichtungen, Versuchsdauer, Auswerteverfahren und Genauigkeit der Ergebnisse weitgehend vorbestimmt werden, ist sie mit besonderer Sorgfalt zu treffen. Dabei wird mit Vorteil schrittweise vorgegangen.

1. Natürliches oder künstliches Testsignal? Dieser Entscheid hängt vor allem davon ab, ob die immer vorhandenen Störsignale z zur Systemidentifikation überhaupt geeignet sind. Dazu müssen folgende Bedingungen erfüllt sein:

— Stationarität über ausreichende Meßdauer

— Genügende Bandbreite

— Genügende Signalamplitude (Meßfehler!)

— Das Signal muß am Systemeingang meßtechnisch erfaßbar sein.

Es lohnt sich, durch Messungen die entsprechenden Unterlagen (mindestens Schrieb des Störsignals z (t), aus dem Bandbreite und Standardabweichung abgeschätzt werden können[1])) rechtzeitig zu beschaffen.

---

[1]) Die S t a n d a r d a b w e i c h u n g σ eines analogen, gaußverteilten Bandrauschsignals kann abgeschätzt werden durch $\sigma \approx b/4$, wenn b die Breite des Amplitudenbandes bedeutet, innerhalb welchem sich die Werte von z praktisch bewegen. Die obere G r e n z f r e q u e n z eines Bandrauschens kann nach [26] durch folgende Formel abgeschätzt werden (untere Grenzfrequenz meist 0):

$$\omega_g \approx 2\,\pi\,N^2/E \cdot T$$

wobei N = Zahl der Nullstellen, E = Zahl der Extremalstellen des Verlaufes von z in einem möglichst großen Zeitintervall T. Voraussetzung: $\bar{z} = 0$.

Wird nicht allen oben genannten Bedingungen durch natürliche Signale Genüge getan, so muß das Testsignal künstlich erzeugt werden.

2. Determiniertes oder stochastisches Testsignal? S t o c h a s t i s c h e   S i g n a l e werden mit Vorteil dann verwendet, wenn mit Rücksicht auf den Prozeß nur relativ kleine Amplituden bzw. Effektivwerte des Eingangssignals zulässig sind, das Stör-/Nutzsignal-Verhältnis σ_z/u_{eff} mithin groß wird (Größenordnung 1). Es ist aber zu beachten, daß dann i. a. lange Meßzeiten T notwendig werden, und zwar um so länger, je höhere Anforderungen an die Resultatgenauigkeit gestellt werden (der Fehler ist proportional $1/\sqrt{T}$). Zudem bedingt das Arbeiten mit stochastischen Testsignalen immer einen hohen Geräteaufwand, da ein Auswerten von Hand nicht in Frage kommt. Oft bleibt aber keine andere Möglichkeit als das stochastische Testsignal.

D e t e r m i n i e r t e   T e s t s i g n a l e haben ein breites Anwendungsfeld. In Form von   n i c h t p e r i o d i s c h e n   S i g n a l e n   (Sprung, Impuls) werden sie vor allem dann verwendet, wenn das Stör-/Nutzsignal-Verhältnis σ_z/u_{eff} klein ist (Größenordnung 0,1) u/o mäßige Genauigkeitsansprüche gestellt werden. Dann können bei vergleichsweise kurzen Meßzeiten und einfacher Auswertung — oft sogar von Hand — durchaus brauchbare Ergebnisse erzielt werden. Ist das Verhältnis σ_z/u_{eff} ungünstiger u/o werden höhere Genauigkeiten verlangt, dann bleibt immer noch die Möglichkeit, durch wiederholtes Messen die Resultatfehler hinreichend klein zu machen (Verlaufsmittelung).

Bei höheren Genauigkeitsansprüchen u/o ungünstigem Verhältnis σ_z/u_{eff} sind aber p e r i o d i s c h e   T e s t s i g n a l e i. a. vorzuziehen, trotz der wesentlich größeren gesamten Meßzeit. Die Auswertung ist jedoch auch hier, verglichen mit dem Fall stochastischer Signale, verhältnismäßig einfach. Werden   h a r m o n i s c h e   T e s t s i g n a l e verwendet, so ist sogar ein Auswerten von Hand vielfach noch möglich. Allerdings erfolgt dieses durch Spezialgeräte (Frequenzgang-Meßplatz, Korrelator) schneller und präziser.

Gelegentlich werden auch periodische und nichtperiodische Testsignale   k o m b i n i e r t eingesetzt, was besonders bei sehr langsam ablaufenden Prozessen eine erhebliche Zeitersparnis bringen kann. Man untersucht dann den niederfrequenten Teil des Spektrums anhand der Sprung- oder Impulsantwort, den höherfrequenten Teil mit Hilfe des Frequenzgangs.

5.3.4 Auswertung

Durch die Auswertung soll aus den unmittelbaren Meßresultaten (Verläufe von u (t) und v (t)) das gesuchte   e m p i r i s c h e   P r o z e ß m o d e l l ermittelt werden. Bei der direkten Methode der Systemidentifikation geschieht dies praktisch immer in der Weise, daß zuerst ein   n i c h t p a r a m e t r i s c h e s   M o d e l l , d.h. eine graphische oder tabellarische Beschreibung einer Antwortfunktion oder eines Frequenzganges bestimmt wird. Wird ein   p a r a m e t r i s c h e s   M o d e l l gewünscht, so muß die entsprechende mathematische Beschreibung (Antwortfunktion, Übertragungsfunktion,

Differentialgleichung) aus dem nichtparametrischen Modell in einem weiteren Arbeits-
gang abgeleitet werden. Bei der adaptiven Systemidentifikation wird dagegen das parametrische Modell i. a. d i r e k t gebildet; ein nichtparametrisches Modell fällt hierbei
nicht an.

Zur Durchführung dieser Auswerte-Operationen sind zahlreiche Methoden entwickelt
worden. Wir beschränken uns hier im wesentlichen darauf, die Grundlagen aufzuzeigen,
auf welche sich diese Methoden stützen. Im übrigen wird auf die einschlägige Literatur
verwiesen [12][1]).

5.3.4.1 Direkte Verfahren der Systemidentifikation

Das im Einzelfall anzuwendende
Auswerteverfahren richtet sich vor allem nach der Art der benutzten Testsignale. Deshalb wird dieses Merkmal hier auch für die Gruppierung dieser Verfahren herangezogen.

a) Nichtperiodische determinierte Testsignale Aus den gemessenen Verläufen von u (t)
und v (t) ist zunächst das nichtparametrische Modell, meist in Form einer Übergangsfunktion h (t), zu ermitteln. Wie dies geschehen kann und mit welchem Rechenaufwand,
hängt zunächst davon ab, wie nahe der tatsächliche Verlauf von u (t) dem theoretischen
Testsignalverlauf (ideale Sprungfunktion, Nadelfunktion) kommt. Bei trägen Prozessen
kann der Einfluß eines „unsauberen" Testsignals oft vernachlässigt und das gemessene
v (t) direkt als Sprung- bzw. Impulsantwort interpretiert werden. I. a. ist jedoch entweder bereits während der Messung (durch Einschalten passender Vorhalt-Elemente)
oder aber bei der Auswertung eine entsprechende Korrektur vorzunehmen. Weicht
u (t) indessen zu stark vom theoretischen Verlauf einer Sprung- oder Nadelfunktion ab,
so muß zu anderen Auswertemethoden gegriffen werden, die allerdings mit wesentlich
größerem Rechenaufwand verbunden sind.

Eine solche Methode fußt auf der früher hergeleiteten Beziehung (5.1):

$$u (t) * g (t) = v (t)$$

wobei g (t) die gesuchte Gewichtsfunktion des zu identifizierenden Systems darstellt.
Sie kann somit durch i n v e r s e F a l t u n g (Deconvolution) aus u (t) und v (t) berechnet werden. Die numerische Durchführung dieser Operation ist allerdings umständlich und praktisch nur mit Hilfe eines Digitalrechners durchführbar. Sie liefert aber bei
im Prinzip beliebigen[2]) u (t) brauchbare Ergebnisse.

Eine andere Auswerte-Möglichkeit bei an sich beliebigem u (t) besteht in der numerischen Ermittlung des Frequenzgangs auf der Basis der Definitionsgleichung (3.4):

$$F (i \, \omega) = \frac{v (i \, \omega)}{u (i \, \omega)}$$

---

[1]) In diesem guten Übersichtsbuch sind zahlreiche weitere Literaturstellen zu finden.
[2]) Immer unter der Voraussetzung, daß u (t) den an ein Testsignal zu stellenden allgemeinen Anforderungen genügt (s. Abschnitt 3.3.1.2).

u (i ω) bzw. v (i ω) sind hierbei die Fourier-Transformierten der Eingangs- bzw. Ausgangssignale u (t), v (t) und aus deren gemessenen Verläufen durch numerische Transformation zu ermitteln. Auch bei der Anwendung dieses Auswerteverfahrens ist der Einsatz eines Digitalrechners praktisch unumgänglich.

Zur Bildung eines p a r a m e t r i s c h e n M o d e l l s aus dem einmal vorliegenden nichtparametrischen steht eine große Zahl von Verfahren zur Verfügung, namentlich für Übergangsfunktionen. Einige dieser Verfahren werden in [12] ausführlich beschrieben. Nachfolgend wird eines davon als Beispiel behandelt.

Allen diesen Verfahren ist gemeinsam, daß eine Modellstruktur oder mindestens der Typus derselben vorgegeben wird. Die unbekannten Parameter werden dann nach einer für die jeweilige Methode typischen Rechenanweisung ermittelt. Im allgemeinen ist damit keine Parameter-Optimierung verbunden.

Methode von Strejc [15] Als Modellstruktur wird bei diesem Verfahren ein Verzögerungsglied n-ter Ordnung mit gleichen Zeitkonstanten T/n benutzt, wobei n zunächst nicht festgelegt ist. Die entsprechende Übertragungsfunktion lautet somit:

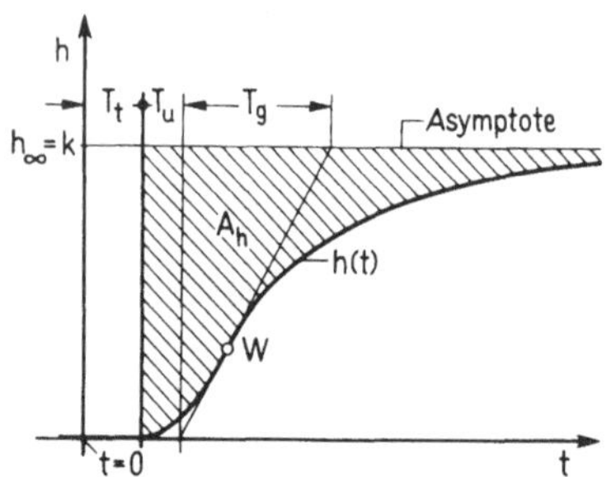

$$F_M (s) = \frac{k}{(1 + s \cdot T/n)^n}$$

Dieses Verfahren ist dementsprechend nur anwendbar auf monoton verlaufende Übergangsfunktionen gemäß Bild 5.15.

5.15
Zur Identifikationsmethode von Strejc

Das Vorgehen zur Bestimmung der Parameter n und T stützt sich nun auf die Eigenschaft von Verzögerungselementen der durch vorstehende Gleichung beschriebenen Art, daß Lage des Wendepunktes W und Neigung der Wendetangente der normierten Übergangsfunktion eindeutig von der Ordnungszahl n abhängen. Daraus leitet sich die folgende Anweisung ab (s. auch Bild 5.15):

1. Man zeichne die gemessene Übergangsfunktion h (t) auf, nach Vornahme allfälliger dynamischer Korrekturen wegen „unsauberen" Testsignalverlaufes. Die Verstärkung k folgt aus den Asymptotenwerten mit k = v (∞)/u (∞).

2. Enthält das System ein seriegeschaltetes Totzeitglied, so bestimme man dessen Zeitkonstante T_t auf deduktivem Wege und zeichne sie im Bild der Übergangsfunktion ein.

3. Man bestimme, z. B. durch Planimetrieren, die Größe der schraffierten Fläche A_h und berechne daraus die Summe der Zeitkonstanten

$$T = \sum_{i=1}^{n} T_i = \frac{A_h}{k}$$

4. Man zeichne die Wendetangente ein und bestimme die Zeitwerte T_u und T_g und daraus das Verhältnis T_u/T_g. Aus Diagramm Bild 5.16 entnehme man den korrespondierenden Wert der Ordnungszahl n.

Damit sind sämtliche Parameter des obigen Ansatzes bekannt, wozu gegebenenfalls noch die Zeitkonstante T_t kommt.

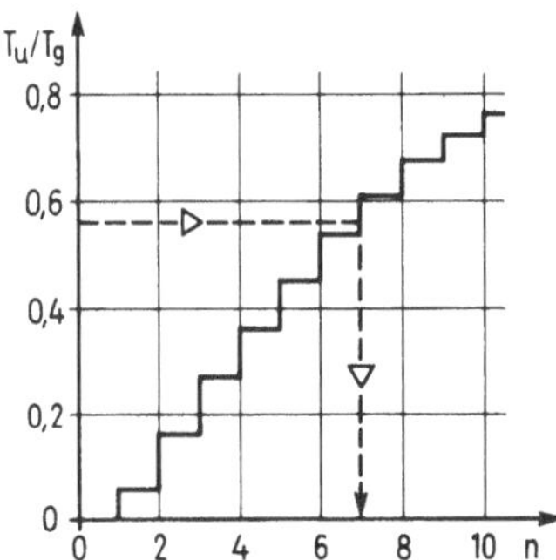

5.16
Diagramm zur Bestimmung der Ordnungszahl n

b) Periodische Testsignale Das nichtparametrische Prozeßmodell ist hier praktisch immer ein Frequenzgang. Im Falle von h a r m o n i s c h e n T e s t s i g n a l e n und vernachlässigbarem Einfluß von Nichtlinearitäten im zu untersuchenden System ist die Bestimmung von Amplitudenverhältnis und Phasenwinkel direkt aus den registrierten Verläufen von u und v sehr einfach (s. Bild 5.17). R und φ ergeben sich auf Grund der Beziehungen

$$R(\omega_0) = \left.\frac{\hat{v}}{\hat{u}}\right|_{\omega=\omega_0} \quad,$$

$$\varphi(\omega_0) = 2\pi \cdot \left.\frac{T_\varphi}{T_0}\right|_{\omega=\omega_0} \quad,$$

$$\omega_0 = 2\pi/T_0$$

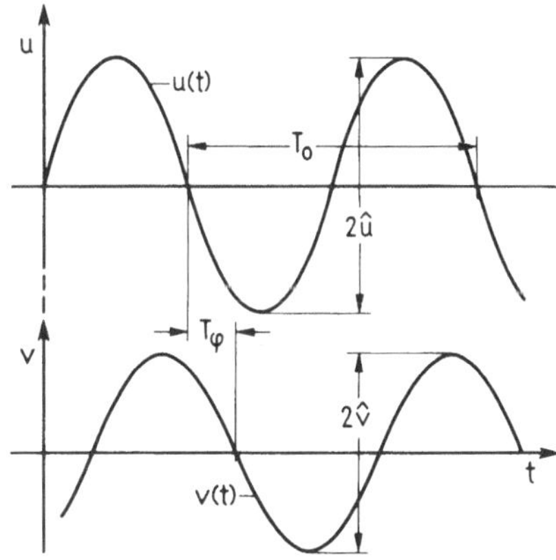

5.17
Zur Bestimmung des Frequenzganges

Bei vom harmonischen abweichendem Verlauf des Testsignals u/o bei merklicher Signalverzerrung des Ausgangssignals durch Nichtlinearitäten im System werden die Fehler bei Anwendung obiger Auswertemethode i. a. zu groß. Man kann dann z. B. durch Fourier-Reihenentwicklung von Eingangs- und Ausgangssignal je deren G r u n d h a r - m o n i s c h e bestimmen und damit dann wieder in der oben angegebenen Weise verfahren. Bei Testsignalen, die g l e i c h z e i t i g m e h r e r e F r e q u e n z e n k r ä f t i g g e n u g a n r e g e n, empfiehlt sich die Verwendung besonderer Auswertemethoden [12]. Dasselbe gilt auch, wenn das Ausgangssignal durch Rauschen stark gestört ist (Korrelationsverfahren) [12].

Bei der Gewinnung des parametrischen Prozeßmodells, d. h. hier einer formelmäßig beschriebenen Übertragungs- bzw. Frequenzgang-Funktion geht es im Regelfall darum, zum Ansatz

$$F (i\,\omega) = \frac{\displaystyle\prod_{\alpha=1}^{m} (1 + T_\alpha \cdot i\,\omega)}{\displaystyle\prod_{\beta=1}^{n} (1 + T_\beta \cdot i\,\omega)}$$

die Parameter T_α, T_β zahlenmäßig aus dem entsprechenden nichtparametrischen Modell zu bestimmen. Dazu sind mehrere Verfahren entwickelt worden, über die in [27] ein Überblick gegeben wird.

Graphische Verfahren zu diesem Zweck gehen meist von der B o d e - D a r s t e l l u n g d e s F r e q u e n z g a n g e s aus. Die Ordnungszahl kann hierbei aus der maximalen Steigung der Asymptote des Amplitudenganges bestimmt werden; die Zeitkonstanten lassen sich aus den Eckfrequenzen ermitteln (s. dazu auch Abschnitt 4.6.2.3).

Rechnerische Verfahren bestimmen die Parameter entweder in der Weise, daß die Abweichung zwischen gemessenem und Modellfrequenzgang an bestimmten Punkten zum Verschwinden gebracht wird oder daß diese Abweichungen für eine große Zahl von Stützpunkten nach einem Fehlerkriterium minimiert werden. Bei einzelnen dieser Verfahren muß die Ordnung (m, n) vorgewählt werden, was meist eine mehrmalige Durchrechnung notwendig macht. Bei anderen Methoden wird die Ordnung des Modells selbsttätig ermittelt. Bei allen ist der Rechenaufwand erheblich, weshalb sie ohne Digitalrechner praktisch nicht anwendbar sind. Eine detaillierte Beschreibung einiger dieser Verfahren wird in [12] gegeben. Nachfolgend wird als Beispiel ein typisches derartiges Verfahren beschrieben.

Verfahren von Staffin und Staffin [28] Als Modellansatz wird die folgende Frequenzgang-Anschrift verwendet

$$F (i\,\omega) = \frac{e_0 + e_1 (i\,\omega) + \ldots + e_m (i\,\omega)^m}{a_0 + a_1 (i\,\omega) + \ldots + a_n (i\,\omega)^n} \; ; \quad m < n$$

welche in die Form gebracht wird

$$F (i\,\omega) = \frac{[e_0 - e_2 \cdot \omega^2 + e_4 \cdot \omega^4 - \ldots] + i\,[e_1\,\omega - e_3 \cdot \omega^3 + e_5 \cdot \omega^5 - \ldots]}{[a_0 - a_2 \cdot \omega^2 + a_4 \cdot \omega^4 - \ldots] + i\,[a_1\,\omega - a_3 \cdot \omega^3 + a_5 \cdot \omega^5 - \ldots]}$$

$$= \frac{C (\omega) + i \cdot D (\omega)}{E (\omega) + i \cdot F (\omega)}$$

Die unbekannten Koeffizienten e_j, a_j des Ansatzes werden nun in der Weise bestimmt, daß dieser Ansatz auf eine hinreichende Anzahl von Meßwerten angewendet wird, für die der Frequenzgang-Vektor

$$F (i\,\omega)_M = Re (\omega) + i \cdot Im (\omega)$$

jeweils bekannt ist. Für solche Werte gilt damit

$$\frac{C(\omega) + i \cdot D(\omega)}{E(\omega) + i \cdot F(\omega)} = Re(\omega) + i \cdot Im(\omega)$$

woraus sich durch Trennen von Real- und Imaginärteil ergibt:

$$C(\omega) = Re(\omega) \cdot E(\omega) - Im(\omega) \cdot F(\omega)$$

$$D(\omega) = Re(\omega) \cdot F(\omega) + Im(\omega) \cdot E(\omega)$$

Ausgeschrieben lauten diese beiden Beziehungen:

$$[e_0 - e_2 \cdot \omega^2 + e_4 \cdot \omega^4 - \ldots] = Re(\omega) \cdot [a_0 - a_2 \cdot \omega^2 + a_4 \cdot \omega^4 - \ldots]$$
$$- Im(\omega) \cdot [a_1 \cdot \omega - a_3 \cdot \omega^3 + a_5 \cdot \omega^5 - \ldots]$$

$$[e_1 \cdot \omega - e_3 \cdot \omega^3 + \ldots] = Re(\omega) \cdot [a_1 \cdot \omega - a_3 \cdot \omega^3 + a_5 \cdot \omega^5 - \ldots]$$
$$+ Im(\omega) \cdot [a_0 - a_2 \cdot \omega^2 + a_4 \cdot \omega^4 - \ldots]$$

Für jeden Meßpunkt $F(i\,\omega_1)_M$, $F(i\,\omega_2)_M$ etc. läßt sich ein solches Paar von Bestimmungsgleichungen angeben. Da im ganzen laut Ansatz $m + n + 2$ Unbekannte zu bestimmen sind, werden folglich $(m + n + 2)/2$ Meßpunkte benötigt. So wären z. B. zur Bestimmung der Koeffizienten des Ansatzes

$$F(i\,\omega) = \frac{e_0 + e_1 \cdot (i\,\omega)}{a_0 + a_1 \cdot (i\,\omega) + a_2 \cdot (i\,\omega)^2 + a_3 \cdot (i\,\omega)^3}$$

drei Meßpunkte bzw. 6 Gleichungen erforderlich. Dies macht deutlich, daß eine Auswertung von Hand nur für ganz einfache Ansätze in Frage kommt.

c) Stochastische Testsignale Setzt man zur direkten Systemidentifikation stochastische Signale ein, so unterscheidet sich die Auswertung von derjenigen bei determinierten Signalen nur im ersten Schritt, d. h. nur bei der Ermittlung des nichtparametrischen Modells. Bei der anschließenden Bestimmung des entsprechenden parametrischen Modells werden dieselben Methoden verwendet, wie sie unter a) und b) bereits beschrieben worden sind.

Im Regelfall werden aus den stochastischen Verläufen von $u(t)$ und $v(t)$ zunächst die K r e u z k o r r e l a t i o n s f u n k t i o n $\phi_{uv}(\tau)$ und die A u t o k o r r e l a t i o n s - f u n k t i o n $\phi_{uu}(\tau)$ numerisch gebildet, meist mit Hilfe eines Korrelators. Daraus werden durch anschließende Fourier-Transformation (Gl. (2.35)) die korrespondierenden L e i s t u n g s d i c h t e s p e k t r e n $S_{uv}(\omega)$ bzw. $S_{uu}(\omega)$ gewonnen. Das nichtparametrische Frequenzgangmodell findet sich daraus schließlich mit Hilfe der Beziehung [24]:

$$F(i\,\omega) = \frac{S_{uv}(\omega)}{S_{uu}(\omega)} \tag{5.7}$$

Eine andere Möglichkeit der Auswertung ergibt sich aus der Beziehung [24]:

$$\phi_{uu}(\tau) * g(\tau) = \phi_{uv}(\tau) \tag{5.8}$$

die mit Gl. (5.7) über eine Fourier-Transformation verknüpft ist. Sind $\phi_{uu}(\tau)$ und $\phi_{uv}(\tau)$ einmal ermittelt worden, so kann daraus durch i n v e r s e F a l t u n g in

Analogie zum in Abschnitt 5.3.4.1 besprochenen Vorgehen die Gewichtsfunktion $g(\tau)$ des Systems gefunden werden. Eine anschließende Fourier-Transformation liefert wiederum den Frequenzgang $F(i\,\omega)$ in numerischer Beschreibungsform:

$$\mathscr{F}\{g(\tau)\} = F(i\,\omega)$$

Schließlich kann auch die Gewichtsfunktion $g(\tau)$ oder ihr Zeitintegral, die Übergangsfunktion $h(\tau)$, direkt als nichtparametrisches Prozeßmodell benutzt werden, wobei zur Gewinnung des parametrischen Modells eine der im Zusammenhang mit nichtperiodischen Testsignalen erwähnten Auswertemethoden herangezogen werden kann.

5.3.4.2 Adaptive Verfahren der Systemidentifikation Es wurde bereits erwähnt, daß bei diesen Verfahren durch das Testsignal gleichzeitig das zu untersuchende System und ein auf einem Rechner programmiertes Modell angeregt werden. Aus der Differenz der Ausgangssignale

$$e(t) = v(t) - v_M(t)$$

leitet man dann Hinweise für die Verbesserung der Parameterwerte ab. Die Gewinnung dieser Hinweise und die darauf gründende Parameter-Anpassung erfolgen ebenfalls durch einen Rechner, d. h. automatisch.

Die Verlaufsabweichung e ist i. a. abhängig vom Zeitpunkt, aber auch von den Parametern des Original- und des Modellsystems P bzw. P_M, mithin:

$$e = e(t, P, P_M)$$

Meist wird die Parameterkorrektur nicht aus e selber, sondern aus einem daraus gebildeten, wiederum parameterabhängigen F e h l e r f u n k t i o n a l

$$E = E(e)$$

abgeleitet. Besonders gebräuchlich ist ein quadratisches Fehlerfunktional. Der für einen bestimmten Modellansatz bestmögliche Parametersatz ist jeweils dann gefunden, wenn

$$E \overset{!}{=} \min \quad \text{bzw. sämtliche} \quad \frac{\partial E}{\partial P_{Mi}} = 0$$

Da das Funktional E nie explizit analytisch gegeben ist, besteht nur die Möglichkeit, durch n u m e r i s c h e   S u c h s t r a t e g i e e n den optimalen Parametersatz zu finden. Die verschiedenen Methoden der adaptiven Systemidentifikation unterscheiden sich denn auch hauptsächlich durch die jeweils angewandte Suchmethode.

Auf ein weiteres Eingehen auf diese Verfahren wird hier verzichtet und statt dessen auf die Literatur verwiesen [12]. Dies vor allem deshalb, weil die adaptive Systemidentifikation in der Praxis bisher nur relativ geringe Bedeutung erlangt hat. Es gibt mehrere Gründe für diese Zurückhaltung bei der Anwendung: Zunächst ist das adaptive Verfahren um so schwieriger durchzuführen, je weniger über das Originalsystem apriori bekannt und je höher dessen Ordnung und damit die Zahl der zu bestimmenden Parameter ist. Unangenehm ist ferner, daß sich dank der grundsätzlichen Kreisstruktur des Identifikationssystems Stabilitätsprobleme ergeben können. Der hohe Rechenaufwand fällt neben diesen schwerwiegenden Nachteilen dagegen kaum ins Gewicht.

6 Anhang

6.1 Operationsregeln und kleines Lexikon der Fourier-Transformation

Operationsregeln der Fourier-Transformation

1	Definition der Fourier-Transformation: $$\mathscr{F}\{x(t)\} = x(i\,\omega) = \int_{-\infty}^{+\infty} x(t) \cdot e^{i\,\omega\,t}\, dt = \mathrm{Re}\,(\omega) + \mathrm{Im}\,(\omega)$$ $$\mathrm{Re}\,(\omega) = \int_{-\infty}^{+\infty} x(t)\cdot\cos(\omega\,t)\,dt; \quad \mathrm{Im}\,(\omega) = i\cdot\int_{-\infty}^{+\infty} x(t)\cdot\sin(\omega\,t)\,dt$$
2	Umkehrformel: $$^{-1}\mathscr{F}\{x(i\,\omega)\} = x(t) = \frac{1}{2\,\pi}\int_{-\infty}^{+\infty} x(i\,\omega)\cdot e^{i\,\omega\,t}\,d\omega$$
3	Linearität, Superpositionsprinzip: $x(t) = a\cdot x_1(t) + b\cdot x_2(t) \;\circ\!\!-\!\!\!-\!\!\!-\!\!\bullet\; x(i\,\omega) = a\cdot x_1(i\,\omega) + b\cdot x_2(i\,\omega)$
4	Zeitverschiebung: $x(t)\;\circ\!\!-\!\!\!-\!\!\bullet\; x(i\,\omega); \quad x(t - t_0)\;\circ\!\!-\!\!\!-\!\!\bullet\; e^{-i\,\omega\,t_0}\cdot x(i\,\omega)$
5	Frequenzverschiebung: $x(t)\;\circ\!\!-\!\!\!-\!\!\bullet\; x(i\,\omega); \quad e^{i\,\omega_0\,t}\cdot x(t)\;\circ\!\!-\!\!\!-\!\!\bullet\; x[i(\omega - \omega_0)]$
6	Differentiation im Zeitbereich: $\dfrac{d^n}{dt^n}\,x(t)\;\circ\!\!-\!\!\!-\!\!\bullet\;(i\,\omega)^n\cdot x(i\,\omega)$
7	Faltung: $x(t) = \int_{-\infty}^{+\infty} x_1(\tau)\cdot x_2(t-\tau)\,d\tau \;\circ\!\!-\!\!\!-\!\!\bullet\; x(i\,\omega) = x_1(i\,\omega)\cdot x_2(i\,\omega)$
8	Parceval'sche Formel: $$\int_{-\infty}^{+\infty} x^2(t)\,dt = \frac{1}{2\,\pi}\cdot\int_{-\infty}^{+\infty} |x(i\,\omega)|^2\,d\omega$$

Kleines Lexikon der Fourier-Transformation (Fortsetzung)

	$x(t)$		$\mathcal{F}\{x(t)\} = x(i\omega)$	
1	$\delta(t)$		$x(i\omega) = R_e(\omega)$ $= 1$	
2	1		$x(i\omega) = R_e(\omega)$ $= 2\pi\,\delta(\omega)$	
3	$\varepsilon(t)$		$x(i\omega) = R_e + Im$ $R_e(\omega) = \pi\,\delta(\omega)$ $Im(\omega) = -i/\omega$	
4	$\cos(\omega_0 t)$		$x(i\omega) = R_e(\omega)$ $= \pi\,\delta(\omega - \omega_0)$ $+ \pi\,\delta(\omega + \omega_0)$	
5	$\sin(\omega_0 t)$		$x(i\omega) = Im(\omega)$ $= i\pi\,\delta(\omega + \omega_0)$ $- i\pi\,\delta(\omega - \omega_0)$	
6	$e^{-a\cdot|t|}$ $(a > 0)$		$x(i\omega) = R_e(\omega)$ $= \dfrac{2a}{a^2 + \omega^2}$	

6.2 Operationsregeln und kleines Lexikon der Laplace-Transformation

Operationsregeln der Laplace-Transformation

	Bildbereich s	Zeitbereich t
	D e f i n i t i o n d e r e i n s e i t i g e n L a p l a c e - T r a n s f o r m a t i o n	
1	$x(s) = \int\limits_0^\infty e^{-st} \cdot x(t)\, dt$	$x(t) \hspace{3cm} (t > 0)$
	L a p l a c e - U m k e h r f o r m e l	
2	$x(s);\ (s = \delta + i\,\omega;\ \ \delta > 0)$	$x(t) = \dfrac{1}{2\pi i} \cdot \int\limits_{\delta - i\infty}^{\delta + i\infty} e^{st} \cdot x(s)\, ds \ \ (t > 0)$
3	$k \cdot x(s)$	$k \cdot x(t)$
4	$x_1(s) + x_2(s)$	$x_1(t) + x_2(t)$
5	$x_1(s) \cdot x_2(s)$	$x_1(t) * x_2(t) = \int\limits_0^t x_1(\tau) \cdot x_2(t - \tau)\, d\tau$
6	$s \cdot x(s) - x(t = 0)$	$\dfrac{d}{dt} x(t)$
7	$s^2 \cdot x(s) - s \cdot x(t = 0) - x'(t = 0)$	$\dfrac{d^2}{dt^2} x(t)$
8	$\dfrac{1}{s} \cdot x(s)$	$\int\limits_0^t x(\tau)\, d\tau$
9	$e^{-as} \cdot x(s) \hspace{1cm} (a > 0)$	$\begin{cases} x(t - a) \text{ für } t > a \\ \hspace{1cm} 0 \text{ für } t < a \end{cases}$
10	$\dfrac{d}{ds} x(s)$	$-t \cdot x(t)$
11	$\int\limits_s^\infty x(\sigma)\, d\sigma$	$\dfrac{x(t)}{t}$
12	$x(as) \hspace{1.5cm} (a > 0)$	$\dfrac{1}{a} \cdot x(t/a)$
13	$x(s + a) \hspace{0.5cm} a$ darf komplex sein	$e^{-at} \cdot x(t)$
14	$x(s - a) \hspace{0.5cm} a$ darf komplex sein	$e^{+at} \cdot x(t)$
15	$\lim\limits_{s \to \infty} s \cdot x(s) = \lim\limits_{t \to 0} x(t)$	
16	$\lim\limits_{s \to 0} s \cdot x(s) = \lim\limits_{t \to \infty} x(t)$	
	$[s \cdot x(s)$ analytisch in rechter Halbebene einschließlich Imaginär-Achse.$]$	

Kleines Lexikon der Laplace-Transformation

	Bildfunktion $x(s)$	Zeitfunktion $x(t)$
1	1	$\delta(t)$ (Dirac-Funktion, zur Zeit $t = 0$)
2	$\dfrac{1}{s}$	$1 = \epsilon(t)$ (Heaviside-Funktion)
3	$\dfrac{1}{1 + as}$	$\dfrac{1}{a} \cdot e^{-t/a}$
4	$\dfrac{1}{(1 + as)(1 + bs)}$	$\dfrac{e^{-t/a} - e^{-t/b}}{a - b}$
5	$\dfrac{1}{(1 + as)^2}$	$\dfrac{1}{a^2} \cdot t \cdot e^{-t/a}$
6	$\dfrac{1}{(1 + as)(1 + bs)(1 + cs)}$	$\dfrac{a(b - c)\,e^{-t/a} + b(c - a)\,e^{-t/b} + c(a - b)\,e^{-t/c}}{(a - b)(a - c)(b - c)}$
7	$\dfrac{1}{(1 + as)(1 + bs)^2}$	$\dfrac{a}{(b - a)^2}\,e^{-t/a} + \dfrac{(b - a)\,t - ab}{b\,(b - a)^2}\,e^{-t/b}$
8	$\dfrac{1}{(1 + as)^3}$	$\dfrac{1}{2\,a^3}\,t^2 \cdot e^{-t/a}$
9	$\dfrac{1}{(1 + as)^4}$	$\dfrac{1}{6\,a^4}\,t^3 \cdot e^{-t/a}$
10	$\dfrac{1}{s(1 + as)}$	$1 - e^{-t/a}$
11	$\dfrac{1}{s(1 + as)(1 + bs)}$	$1 + \dfrac{a\,e^{-t/a} - b\,e^{-t/b}}{b - a}$
12	$\dfrac{1}{s(1 + as)^2}$	$1 - \dfrac{a + t}{a} \cdot e^{-t/a}$
13	$\dfrac{1}{s(1 + as)(1 + bs)(1 + cs)}$	$1 - \dfrac{a^2}{(a - b)(a - c)}\,e^{-t/a} - \dfrac{b^2}{(b - a)(b - c)}\,e^{-t/b}$ $- \dfrac{c^2}{(c - a)(c - b)}\,e^{-t/c}$
14	$\dfrac{1}{s(1 + as)(1 + bs)^2}$	$1 - \dfrac{a^2}{(a - b)^2}\,e^{-t/a} + \left[\dfrac{t}{a - b} + \dfrac{b(2\,a - b)}{(a - b)^2}\right]e^{-t/b}$
15	$\dfrac{1}{s(1 + as)^3}$	$1 - \left[1 + \dfrac{t}{a} + \dfrac{t^2}{2\,a^2}\right]e^{-t/a}$

Kleines Lexikon der Laplace-Transformation (Fortsetzung)

	Bildfunktion x(s)	Zeitfunktion x(t)
16	$\dfrac{1}{s^2}$	t
17	$\dfrac{1}{s^2\,(1+as)}$	$t - a + a \cdot e^{-t/a}$
18	$\dfrac{1}{s^2\,(1+as)\,(1+bs)}$	$t - a - b + \dfrac{b^2 \cdot e^{-t/b} - a^2 \cdot e^{-t/a}}{b-a}$
19	$\dfrac{1}{s^2\,(1+as)^2}$	$t - 2a + (t + 2a) \cdot e^{-t/a}$
20	$\dfrac{1}{s^2\,(1+as)\,(1+bs)\,(1+cs)}$	$t - (a + b + c) - \dfrac{1}{(a-b)\,(b-c)\,(c-a)} \cdot$ $[a^3\,(b-c)\,e^{-t/a} + b^3\,(c-a)\,e^{-t/b} +$ $+ c^3\,(a-b)\,e^{-t/c}]$
21	$\dfrac{1}{s^2\,(1+as)\,(1+bs)^2}$	$t - a - 2b + \dfrac{a^3\,e^{-t/a}}{(a-b)^2} + \dfrac{b\,t\,e^{-t/b}}{(b-a)} +$ $+ \dfrac{b^2\,(2b-3a)}{(b-a)^2}\,e^{-t/b}$
22	$\dfrac{1}{s^2\,(1+as)^3}$	$t - 3a + \left(3a + 2t + \dfrac{t^2}{2a}\right) e^{-t/a}$
23	$\dfrac{1}{s^3}$	$\dfrac{1}{2}\,t^2$
24	$\dfrac{1}{s^3\,(1+as)}$	$\dfrac{t^2}{2} - at + a^2\,(1 - e^{-t/a})$
25	$\dfrac{1}{s^3\,(1+as)\,(1+bs)}$	$\dfrac{t^2}{2} - (a+b)\,t - \dfrac{b^3\,(1-e^{-t/b}) - a^3\,(1-e^{-t/a})}{(a-b)}$
26	$\dfrac{1}{s^3\,(1+as)^2}$	$\dfrac{t^2}{2} - 2at + 3a^2 - a\,(t + 3a)\,e^{-t/a}$
27	$\dfrac{1}{s^3\,(1+as)^3}$	$\dfrac{t^2}{2} - 3at + 6a^2 - \left(6a^2 + 3at + \dfrac{t^2}{2}\right) e^{-t/a}$

Kleines Lexikon der Laplace-Transformation Fortsetzung

	Bildfunktion $x(s)$	Zeitfunktion $x(t)$
28	$\dfrac{s}{1 + as}$	$-\dfrac{1}{a^2} \cdot e^{-t/a} + \dfrac{1}{a} \cdot \delta\,(t = 0)$
29	$\dfrac{s}{(1 + as)\,(1 + bs)}$	$\dfrac{a \cdot e^{-t/b} - b \cdot e^{-t/a}}{ab\,(a - b)}$
30	$\dfrac{s}{(1 + as)^2}$	$\dfrac{1}{a^3} \cdot (a - t) \cdot e^{-t/a}$
31	$\dfrac{s}{(1 + as)\,(1 + bs)\,(1 + cs)}$	$\dfrac{(c - b)\,e^{-t/a} + (a - c)\,e^{-t/b} + (b - a)\,e^{-t/c}}{(a - b)\,(b - c)\,(a - c)}$
32	$\dfrac{s}{(1 + as)\,(1 + bs)^2}$	$\dfrac{-b^2 \cdot e^{-t/a} + [b^2 + (a - b)\,t]\,e^{-t/b}}{b^2\,(a - b)^2}$
33	$\dfrac{s}{(1 + as)^3}$	$\left(\dfrac{t}{a^3} - \dfrac{t^2}{2\,a^4}\right) \cdot e^{-t/a}$
34	$\dfrac{1}{s^n}$	$\dfrac{t^{n-1}}{(n - 1)!}$
35	$\dfrac{1}{(1 + as)^n}$	$e^{-t/a} \cdot \dfrac{t^{n-1}}{a^n\,(n - 1)!}$
36	$\dfrac{1}{s^2 + c_1\,s + c_0}$	$\begin{cases} \dfrac{1}{\sqrt{c_0^2 - \dfrac{c_1^2}{4}}} \cdot e^{-c_1\,t/2} \cdot \sin\left(t \cdot \sqrt{c_0 - \dfrac{c_1^2}{4}}\right); \\ \qquad\qquad\qquad (c_0 > c_1^2/4) \\[2ex] \dfrac{1}{\sqrt{\dfrac{c_1^2}{4} - c_0}} \cdot e^{-c_1\,t/2} \cdot \sinh\left(t \cdot \sqrt{\dfrac{c_1^2}{4} - c_0}\right); \\ \qquad\qquad\qquad (c_0 < c_1^2/4) \end{cases}$
37	$\dfrac{1}{s^2 + c_0}$	$\begin{cases} \dfrac{1}{\sqrt{c_0}} \cdot \sin\left(\sqrt{c_0} \cdot t\right); \qquad (c_0 > 0) \\[2ex] \dfrac{1}{\sqrt{-c_0}} \cdot \sinh\left(\sqrt{-c_0} \cdot t\right); \quad (c_0 < 0) \end{cases}$
38	$\dfrac{s}{s^2 + c_0}$	$\begin{cases} \cos\left(\sqrt{c_0} \cdot t\right); \qquad\qquad (c_0 > 0) \\ \cosh\left(\sqrt{-c_0} \cdot t\right); \qquad\quad (c_0 < 0) \end{cases}$

Literaturverzeichnis

[1] C a m p b e l l, G.A., F o s t e r, R.M.: Fourier Integrals for practical Applications. Bell Telephone System Monograph B 584

[2] C o o l e y, J.W., T u k e y, J.W.: An Algorithm for the Machine Calculation of Complex Fourier Series. Math. Comp. Vol. 19, 1965

[3] D o e t s c h, G.: Anleitung zum praktischen Gebrauch der Laplace-Transformation. Oldenbourg-Verlag 1967 (3. Aufl.)

[4] H ä n n y, J.: Regelungstheorie. Verl. Leemann Co, 1946

[5] P r o f o s, P.: Handbuch der industriellen Meßtechnik. Vulkan-Verlag 1977 (2. Aufl.)

[6] I s e r m a n n, R.: Theoretische Analyse der Dynamik industrieller Prozesse. BI-Hochschultaschenbücher 1971

[7] G u p t a, S.C.: Performance of Process Models. Preprint of the III IFAC Congress, London 1966

[8] S t r o b e l, H.: System-Analyse, Akademie-Verlag 1975

[9] M o r f, R.: Analyse de la qualité des modèles mathématiques de systèmes dynamiques nonlinéaires. Diss. ETH Zürich 1980

[10] W i n k l e r, G.: Stochastische Systeme – Analyse und Synthese. Akad. Verlagsgesellschaft, Wiesbaden 1977

[11] L a n d g r a f, C., S c h n e i d e r, G.: Elemente der Regelungstechnik. Springer-Verlag 1970

[12] I s e r m a n n, R.: Experimentelle Analyse der Dynamik von Regelsystemen. BI-Hochschultaschenbücher 1971

[13] G w i n n e r, K.: Modellbildung technischer Prozesse unter besonderer Berücksichtigung der bei der Regelung und Überwachung benötigten Modellvereinfachung. PDV-E51 (1975), Fraunhofer-Gesellschaft Karlsruhe

[14] M a l a k a t a s, N.: Verfahren der Modellvereinfachung durch lineare Approximation bei durch Systeme von quadratischen Differentialgleichungen beschriebenen Prozessen. Diss. ETH Zürich 1980

[15] S t r e j c, V.: Näherungsverfahren für aperiodische Übergangscharakteristiken. Regelungstechnik 1959, S. 124

[16] P r a u t s c h, A.: Beitrag zur Wendetangentenmethode für lineare proportionale Verzögerungsglieder. msr 1965, S. 10

[17] B r o w n, G.S., C a m p b e l l, D.P.: Principles of Servomecanisms. Verlag Wiley, 1948

[18] G r ü n w a l d, E.: Lösungsverfahren der Laplace-Transformation. Archiv für Elektrotechnik 1941, S. 379

[19] O p p e l t, W.: Kleines Handbuch technischer Regelvorgänge. Verlag Chemie, 1972 (5. Aufl.)

[20] G i l o i, W., L a u b e r, R.: Analogrechnen. Springer Verlag 1963

[21] P r o f o s, P.: Die Regelung von Dampfanlagen. Springer Verlag 1962

[22] C o l l a t z, L.: Differentialgleichungen. Verlag Teubner 1967 (5. Aufl.)

[23] A m m o n, W.: Schaltungen der Analogrechentechnik. Oldenbourg-Verlag 1966

[24] S c h l i t t, H.: Systemtheorie für regellose Vorgänge. Springer Verlag 1960

[25] W i l d e D o u g l a s, I.: Optimum Seeking Methods. Verlag Prentice-Hall 1964

[26] P r o f o s, P.: Zur praktischen Abschätzung der Grenzfrequenz analoger stochastischer Signale bei der Beurteilung der dynamischen Eignung von Meßsystemen. Neue Technik 1976, S. 169

[27] S t r o b e l, H.: Systemanalyse mit determinierten Testsignalen. VEB Verlag Technik 1968

[28] S t a f f i n, H.K., S t a f f i n, R.: Approximation of Transfer Functions from Frequency Response Data. Instruments and Control Systems, Vol. 38 (1965), S. 137

Sachverzeichnis

Teubner Studienbücher Fortsetzung

Physik Fortsetzung

Mayer-Kuckuk: **Atomphysik**
Eine Einführung. 2. Aufl. 233 Seiten. DM 28,–

Mayer-Kuckuk: **Kernphysik**
Eine Einführung. 3. Aufl. 349 Seiten. DM 30,80

Raeder u. a.: **Kontrollierte Kernfusion**
Grundlagen ihrer Nutzung zur Energieversorgung. 408 Seiten. DM 34,–

Rohe: **Elektronik für Physiker**
Eine Einführung in analoge Grundschaltungen. 247 Seiten. DM 24,80

Walcher: **Praktikum der Physik**
4. Aufl. 408 Seiten. DM 28,–

Wiesemann: **Einführung in die Gaselektronik**
Grundlagen der Elektrizitätsleitung in Gasen
282 Seiten. DM 25,80

Mechanik

Becker: **Technische Strömungslehre**
Eine Einführung in die Grundlagen und technischen Anwendungen
der Strömungsmechanik. 4. Aufl. 152 Seiten. DM 17,80

Becker/Bürger: **Kontinuumsmechanik**
Eine Einführung in die Grundlagen und einfache Anwendungen
228 Seiten. DM 32,– (LAMM)

Becker/Piltz: **Übungen zur Technischen Strömungslehre**
2. Aufl. 136 Seiten. DM 16,80

Böhme: **Strömungsmechanik nicht-newtonscher Fluide**
280 Seiten. DM 34,– (LAMM)

Hahn: **Bruchmechanik**
Einführung in die theoretischen Grundlagen. 221 Seiten. DM 34,– (LAMM)

Magnus: **Schwingungen**
Eine Einführung in die theoretische Behandlung von Schwingungs-
problemen. 3. Aufl. 251 Seiten. DM 26,80 (LAMM)

Magnus/Müller: **Grundlagen der Technischen Mechanik**
2. Aufl. 300 Seiten. DM 28,80 (LAMM)

Müller/Magnus: **Übungen zur Technischen Mechanik**
292 Seiten. DM 28,80 (LAMM)

Wieghardt: **Theoretische Strömungslehre**
Eine Einführung. 2. Aufl. 237 Seiten. DM 26,80 (LAMM)